JN099485

はじめに

この本を手に取る人で、「防災」という言葉を聞いたことがない人はいないでしょう。でも、「防災って何？」と質問されて、ずばり答えられる人はどれほどいるでしょうか。読んで字のごとく「災いを防ぐこと」はもちろん正解ですが、それだけではありません。「防災」の世界はとても広く、深く、複雑なのです。

防災について科学技術の視点から取り組むことを「防災科学技術」と呼びます。防災科学技術は単独・単一の学問ではありません。実にいろいろな学問が関わる「総合科学技術」です。中学・高校の科目でいえば、自然現象のメカニズムは理科、将来予測の計算は数学、影響を受ける経済や文化は社会、脅威を伝える表現は国語・美術・音楽…など、ほぼすべての科目が関係しています。逆にいえば、「防災は自分の好きな科目から入っていく」ことができるのです。

そして、防災科学技術は、学問のための学問ではありません。人と社会に役立つことを目的とした学問です。福沢諭吉の「学問のすゝめ」には「今かかる実なき学問は先ず次にし、もっぱら勤しむべきは人間普通日用に近き実学なり」という言葉があります。今日にも身近で起こるかもしれない災害に対し、いまあるすべての能力を総動員して立ち向かう学問、防災科学技術はまさにこの「実学」といえるでしょう。

本書は、最新の知識や動向を反映した「防災科学技術の入門書」です。広く深く複雑な「防災科学技術」の世界のほんの一部にすぎません。でも、自らの身を守る科学技術、社会の役に立つ科学技術である「防災科学技術」に触れることで、皆さんが将来、研究者、技術者、実務者、あるいは一個人として生きていくうえで、きっと大事なヒントがたくさん得られることと思います。そしてなにより、皆さんが私たちとともに「災害に強い社会」をつくるメンバーになってくれることを、楽しみに待っています。

ようこそ、「防災科学技術」の世界へ！

2023年６月

国立研究開発法人防災科学技術研究所

臼田裕一郎

INDEX

Chapter 2 予測のための科学 37

（AdobeStock）

Chapter 1

災害・防災とは何か？

地震、津波、火山噴火、雨、風、雪などの自然現象は、世界中で日々、発生している。それが人命や生活に影響を与える災害にまで発展するかどうかは、自然現象の規模のほかに、建物の耐震性や堤防などの整備、人々の避難への意識、医療体制や政治経済のシステムなど、社会が持つ要因に依存している。Chapter1 では、災害や防災の「定義」を概観する。さらに、平時の社会のあり方から災害後の復興までをトータルに見据えた「レジリエンス」という最新の考え方も紹介する。

災害とは？　防災とは？

「災害」とは、文字通り「災い」であり「害」である。そして、「防災」とは、文字通り「災いを防ぐこと」である。しかし、それだけではない。これらについて考えを深めるために、まずは定義から捉えていきたい。

■「自然災害」とは、自然現象で人や社会に被害が出ること

日本では台風による豪雨、洪水、がけ崩れ、土石流などが毎年のように起き、時には大規模な地震が発生する。2011年の東北地方太平洋沖地震のように、巨大な津波が押し寄せてくることもある。このような自然現象とどのように付き合うか、古来、日本人は常に頭を悩ませてきた。

そもそも「自然災害」とは、どういうことを指す言葉なのだろうか。一般的には、「自然現象によって人命や社会に被害が出ること」を指す。個人においては生命、財産が、社会においては社会的なインフラや資産に被害が生じることである。

災害対策基本法の第二条によれば、災害とは、「暴風、竜巻、豪雨、豪雪、洪水、崖崩れ、土石流、高潮、地震、津波、噴火、地滑りその他の異常な自然現象または大規模な火事若しくは爆発その他その及ぼす被害の程度においてこれらに類する政令で定める原因により生ずる被害をいう」とある。「その他の異常な自然現象」とは、『自然災害科学・防災の百科事典』（日本自然災害学会編）によれば、山崩れや土地隆起、土地の沈降、雹害や霜害、旋風、冷害や干害などを指す。これらには明記されていないが、台風も、これによって暴風、豪雨、洪水、高潮が発生するので、当然対象となる自然現象である。

ここで大事なことは、災害が「現象」を指す言葉ではなく、「被害」を指す言葉であるということである。よく、地震は災害、台風は災害と言ってしまいがちだが、実は、これらは現象であり、このままでは災害とは言えない。被害が発生して初めて災害となる。

国際的な定義としては、国連防災機関（UNDRR）による用語集の中で「災害」に相当する言葉として「Hazard（ハザード）」「Disaster（ディザスター）」が次のように示されている（『自然災害科学・防災の百科事典』より）。

・Hazard ＝「死亡、負傷、その他健康への影響、資産損害、社会経済的混乱または環境劣化をもたらし得る事柄、現象あるいは人間活動」

・Disaster ＝「被災し得る人や資産、脆弱性と対応能力の条件に応じて、人的、物的、経済的もしくは環境的な面のどれか一つまたはそれ以上に対する損失と影響をもたらす、あらゆる規模の地域共同体または社会の機能の深刻な混乱」

このようにHazardは現象、Disasterは災害という形で分けている。

このうち、自然現象に起因する被害が自然災害である。

（AdobeStock）

● さまざまな自然現象の例

地震

津波

大雨

火山噴火

洪水

干ばつ

土砂崩れ

豪雪

● 自然現象によって生じる被害（＝自然災害）の例

人的被害

建物被害

停電や断水などインフラ被害

経済被害

社会的混乱

社会的衰退

（地震の写真は[一財]消防防災科学センターの「災害写真データベース」、津波は岩手県宮古市提供、その他はAdobeStock）

■「誘因」×「素因」=「災害」

自然災害が発生するメカニズムをもう少し細かく見てみよう。

地震、火山噴火、豪雨などの自然現象は自然災害を生み出す「誘因」と呼ぶ。「自然災害を誘発する原因」という意味だ。これらに影響を受けるのが、地形や地盤といった自然条件や、建物の構造や社会システムといった社会条件である。これらを「素因」という。この誘因と素因が組み合わさって、ケガや建物倒壊など、発生する被害が「自然災害」となるのである。

したがって、自然災害の発生有無や、発生した場合の規模の大小は、この「誘因」「素因」によって異なる。

たとえば、地震(誘因)が起きても、地盤(自然素因)が強固であれば、揺れは大きくならない。さらに、その上に建つ建物の耐震性(社会素因)が高ければ、建物が倒壊する可能性は低くなる。同じように、雨(誘因)が強く降っても、緩衝地となり得る遊水防災公園を有する(社会素因)ことで、地域の増水を低減させることができ、被害を抑えることができる。

「誘因」は自然現象なので、コントロールすることは難しい。同じく、「素因」のうち「自然素因」はなかなか変えられないが、「社会素因」は私たち人間が作っているものなので、変えることができる。ここがポイントである。

■「防災」は「社会素因」のひとつ

一方、「防災」とは何か。文字通り、「災害を防ぐ」ことだが、災害対策基本法では、「災害を未然に防止し、災害が発生した場合における被害の拡大を防ぎ、及び災害の復旧を図ることをいう」(第二条第二号)と定義されている。

「防災=災害を防ぐ」ということで、未然に「災害が起こらないようにする」ことに限定するのではなく、起きた後の「被害の拡大を防ぐ」「災害の復旧を図る」ということも防災として含んでいることに着目したい。右ページ下図のコップの例で説明しよう。ハザード(自然現象)が同じでも、それを受け止める社会防災力(コップの大きさ)が違えば、被害(災害)の大きさが変わる。そこで、コップを大きくすることが「災害を未然に防止する」ことであり、あふれた水が広まらないようにするのが「被害の拡大を防ぐ」ことであり、あふれた水をいち早く拭き取るのが「復旧を図る」ことである。その重要性や効果については、Chapter1-4「『レジリエンス』で防災を考える」に詳しく記述する。

たとえ話を元に戻すと、「防災」とは「社会素因」の一部であるということができる。いかに「防災」に取り組み、「社会素因」を強いものとし、災害に打ち克つかということが、私たちの社会にとって重要なことなのである。

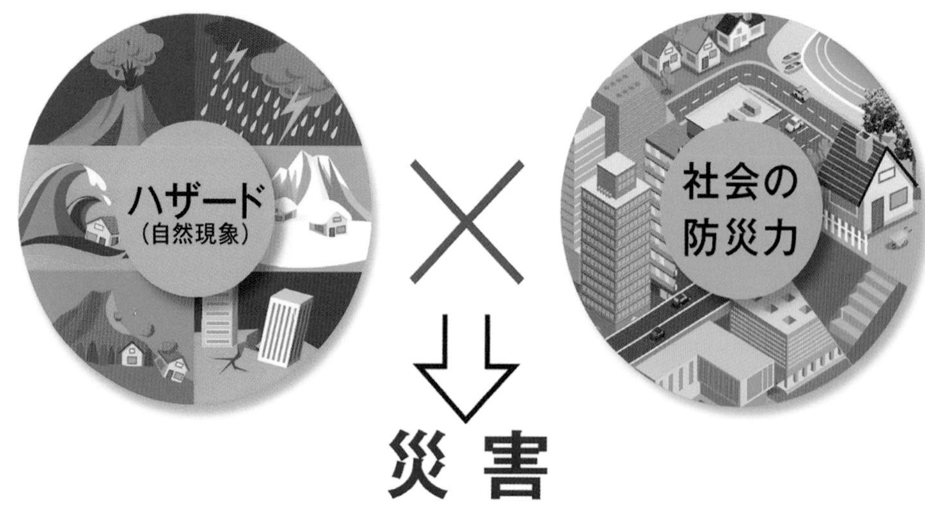

● 災害はどう発生するのか

誘因（ハザード）

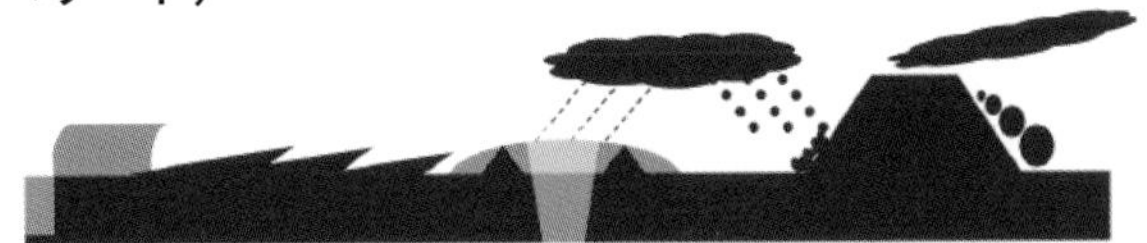

・暴風、竜巻、豪雨、豪雪、洪水、崖崩れ、土石流、高潮、地震、津波、噴火、地滑り

素因

・自然素因＝地形、地盤、気候など自然環境として備わる性質
・社会素因＝人口、建物、施設など人間・社会に関わる状況

災害発生

建物倒壊、火事、水死、ケガ、経済混乱などの被害

●「災害」とは？

同じハザード（自然現象）も、それを受けとめる社会の防災力によって被害の度合いは大きく変わる。

（図版：防災科研）

近年の災害

地震は往々にして大きな被害をもたらし、大雨は毎年のように日本各地を襲っている。さらには火山噴火や大雪によっても人命が失われることがあり、インフラに大きな被害が出ることもある。昨今、どんな災害が発生しているのか、改めて確認し、日頃から防災意識を高めておくことが必要だ。

死傷者や不明者の人数、倒壊建物数などは、主に内閣府Webサイトの「災害状況一覧」による（2023年３月末閲覧）。

【地震】

● 平成7年（1995年）兵庫県南部地震（阪神・淡路大震災）

１月17日５時46分、兵庫県の淡路島北部を震源地とするマグニチュード（M）７．３の地震が発生した。活断層による内陸型地震で、大都市の直下で起こった「直下型地震」である。この地震が「平成７年（1995年）兵庫県南部地震」であり、この地震によって引き起こされた災害を「阪神・淡路大震災」と呼ぶ。神戸という都市で発生した大災害であり、当時は「戦後最悪」の災害であった。

兵庫県神戸市、芦屋市、西宮市、淡路島北部などで震度７だったことが後の調査で判明し、死者6434人、行方不明者３人、負傷者４万3792人という大きな被害をもたらした。1981年以前の「旧耐震基準」で建てられた建物を中心に倒壊し、家屋は全壊が約10万5000棟、半壊が約14万4000棟、死者の約８割が建物や家具の下敷きになった圧死や窒息死であった。神戸市長田区などで大規模な火災も発生し、消火が追い付かず、焼死した人も少なくない。水道やガスなどのライフライン、鉄道や高速道路などの交通にも大きな影響が及んだ。

この災害をきっかけに、地震の観測網の整備、活断層の調査、耐震性能の研究など、防災科学技術の研究がさらに推進されることとなった。避難所の運営、復興の過程における再建支援などにも目が向けられ、国の政策としては「耐震改修促進法」「被災者生活再建支援法」などが制定された。ボランティアが全国から集まり、「ボランティア元年」といわれる。「心のケア」が注目され始めた災害でもあった。

● 平成23年（2011年）東北地方太平洋沖地震（東日本大震災）

３月11日14時46分、三陸沖の太平洋上を震源地とし、Ｍ９．０という日本の観測史上最大、世界でも1900年以降で４番目の規模の巨大地震が発生した。日本海溝から沈み込む太平洋プレートと、その上に乗ったオホーツクプレート（または北米プレート）との境界で発生した海溝型の地震である。太平洋側で長さ450㎞、幅200㎞の巨大な範囲がずれ動いた。

宮城県北部で震度７、東京でも５強を観測するなど、東日本を中心に広範囲が揺れた。建物の倒壊などは少なかったが、東北から関東にかけての太平洋側で津波による被害が甚大であり、気象庁の検潮所では福島県相馬市で９．３ｍを観測、遡上した高さでは40m以上と見られる場所もあった。

死者・行方不明者は岩手・宮城・福島など13都道県で見られ、警察庁によると死者１万5900人、行方不明者2523人、その多くは津波が原因である。総務省消防庁によると、避難生活における震災関連死を含む死者は１万9765人に及ぶ（いずれも2023年３月現在）。明治以降では大正12年（1923年）の関東大震災（死者・行方不明者：約10万5000人、理科年表より）、明治29年（1896年）の明治三陸地震津波（同：約２万2000人、出典同）に次ぐ甚大な被害をもたらす災害となった。

東京電力福島第一原子力発電所では、放射性物質が放出される事態となり、福島県の避難者は最大で約16万人に及んだ。都市部では高層ビルが揺れる長周期地震動、液状化被害、鉄道が止まったことによる帰宅困難者の問題なども注目された。

▲阪神・淡路大震災：火災で焼け跡になった街。　（AdobeStock）

▲東日本大震災：津波が引いた後の惨状。（岩手県山田町）

●平成28年（2016年）熊本地震

▲熊本地震：熊本城の石垣が崩落。

４月14日21時26分、熊本県熊本地方でＭ６．５の地震が発生し益城町で震度７、続く４月16日１時25分にもＭ７．３の地震が発生して益城町と西原村で震度７が観測された。布田川、日奈久断層帯によるもので、震度７もの地震が連続して発生したのは観測史上初めてのことだった。この地震によって家屋倒壊、土砂災害等が発生し、地震による直接の死者は50人、重軽傷者2800人以上を出した。住宅被害は全壊、半壊及び一部破損を合わせて約20万棟。余震の発生が多かったことや、長引く避難生活などで亡くなった震災関連死が200人を超えるのも特徴である。

●平成30年（2018年）大阪府北部地震

▲大阪府北部地震：揺れによってずれた石灯篭の土台。

６月18日７時58分に大阪府北部を震源とするＭ６．１の地震が発生。大阪市北区、高槻市、枚方市、茨木市、箕面市で震度６弱を記録、近畿地方で広く揺れが観測された。断層による内陸型地震である。この地震による死者は６人、うち２人がブロック塀の崩落に巻き込まれて死亡、１人は小学生だった。住家被害は大阪府を中心に全半壊が約500棟だった。

●平成30年（2018年）北海道胆振東部地震

▲北海道胆振東部地震：道路に大きな亀裂が生じた。

９月６日３時７分、北海道胆振地方中東部でＭ６．７の地震が発生、厚真町で震度７を観測した。200カ所以上で土砂災害が発生し、この地震による死者・行方不明者43人の多くは土砂災害による犠牲者である。札幌市を中心として大規模停電が発生し、道内全域の約295万戸が停電するブラックアウトとなった。

【火山噴火】

● 平成23年（2011年）霧島山（新燃岳）噴火

宮崎県と鹿児島県の県境に位置する霧島山（新燃岳）で１月19日、小規模なマグマ水蒸気爆発による噴火が起きた。26日から本格的なマグマ噴火が始まり、噴火警戒レベルは３（入山規制）に引き上げられた。噴火は９月まで続いた。市街地でも降灰や噴石が確認され、噴石や空振で自動車のガラスや太陽光パネルが破損する例がみられた。灰の除去作業中にはしごから落ちるなどして、負傷者は52人が確認されている。

新燃岳ではその後も噴火は起こっている。

◀新燃岳の噴火煙。（AdobeStock）

● 平成27年（2015年）口永良部島噴火

鹿児島県の口永良部島で５月29日10時ごろに爆発的噴火が発生、噴煙が9000m以上上がり、噴石が飛散、火砕流も発生した。噴火警戒レベルが３（入山規制）から５（避難）へ引き上げられ、噴火後20分ほどで島民には避難指示が出された。当時、島には島民や旅行者など137人が滞在していたが、全員がフェリーなどで屋久島へ避難し、無事だった。

避難指示は12月25日に一部地域を除き解除、噴火警戒レベルは翌年６月に３に引き下げられ、６月25日に避難指示がすべて解除された。

● 平成26年（2014年）御嶽山噴火

９月27日11時52分、長野県と岐阜県の県境に位置する御嶽山で７年ぶりに水蒸気噴火が起こった。御嶽山は、標高3067mと国内では14番目の高さで、活火山としては富士山に続く標高の複合成層火山である。

噴火が始まるまで、噴火警戒レベルは１だった。行楽シーズンであり、昼時と重なって山頂付近は多くの登山者がいたため、噴火によって噴出された噴石等により死者・行方不明者63人、負傷者69人を出し、戦後の火山災害では最悪の犠牲者を出す惨事となった。

噴火にともない、火砕流が３㎞流下し、気象レーダーの観測から噴煙は火口から約7000mの高さまで上がったと推定される。大きな噴石は約１㎞も離れた場所でも確認された。

▲御嶽山噴火の様子。（提供：国土交通省近畿地方整備局）

【気象災害：水害】

● 平成26年（2014年） 8月豪雨（広島豪雨災害）

この年は８月に入り、第11号、12号の２つの台風に続いて前線や湿った大気の影響を受けたため、長期間にわたって大雨の降りやすい状態が続き、北海道から九州にかけて記録的な大雨となった。19日から20日未明にかけては、九州北部地方や中国地方で局地的に猛烈な雨が降り、20日未明には広島県で１時間に約120㎜の猛烈な雨を観測した。

広島市では100カ所以上で土砂災害が発生して山側の住宅地を襲い、死者77人の被害を出した。避難の難しい深夜から未明にかけての災害であった。避難を促すタイミングについて議論されるきっかけの１つとなった。また、線状降水帯の発生についても注目された。

▲広島豪雨災害：大規模に崖が崩落 （提供：気象庁）。

● 平成27年（2015年） 9月関東・東北豪雨

台風第18号が９月９日に愛知県に上陸した後、日本海に進んで温帯低気圧となった。通過していく過程で湿った空気が流れ込んだ関東や東北では記録的な雨量となった地域があった。10日の早朝から鬼怒川の数カ所で水があふれ、12時50分に堤防１カ所が決壊。これにより茨城県常総市では鬼怒川と小貝川に挟まれた地域が広範囲で水に浸かった。死者20人、負傷者82人のほか、全半壊や床上浸水などの家屋が約１万棟の災害となった。

▲関東・東北豪雨：鬼怒川堤防が決壊した。

● 平成28年（2016年） 台風第10号

８月29日から30日にかけて台風第10号が日本列島に接近し、岩手県大船渡市付近に上陸した。この台風の影響による大雨で、北海道及び東北地方の各地で河川の氾濫が発生した。この災害で特徴的なのは台風第10号が特異なコースをたどったことだ。八丈島付近で発生した後に日本の南海上を南西に進み、南大東島地方付近で反転するかのように北寄りに向きを変え日本の東海上を北上し、８月30日夕方に大船渡市付近に上陸した。東北地方太平洋側への台風上陸は、気象庁が統計を取り始めて以来初だった。

死者・行方不明者29人の人的被害が生じた。岩手県岩泉町で小本川等の氾濫により高齢者福祉施設の入所者９人が死亡した。

●平成29年（2017年）７月九州北部豪雨

梅雨前線が西日本に停滞し、線状降水帯が形成され、７月５日から６日にかけて九州北部を中心に大雨となった。気象庁は５日に福岡県と大分県に大雨特別警報を出した。特に福岡県の被害は大きく、朝倉市を中心に死者37人、行方不明者２人、大分県では死者３人、広島県でも死者２人となった。また、西日本から東日本にかけて住宅被害が発生、停電、断水、電話の不通等ライフラインにも被害が発生したほか、鉄道の運休等の交通障害も発生した。

▲九州北部豪雨：朝倉市寺内ダム周辺の被災現場。

●平成30年（2018年）台風第21号

台風第21号が９月４日に徳島県に上陸したあと近畿地方を縦断し、四国や近畿地方では猛烈な風と雨に見舞われた。高知県室戸市室戸岬では最大風速48.2m／s（秒速）、最大瞬間風速55.3m／s、大阪府田尻町関空島（関西空港）では最大風速46.5m／s、最大瞬間風速58.1m／sを記録、観測史上第１位となった地点もあった。大雨と「吸い上げ効果」により潮位が上昇したことで、大阪各地で浸水の被害が発生。関西空港にも浸水し、関西空港の連絡橋にタンカーが衝突して破損した。

▲台風第21号：強風でタンカーが連絡橋に衝突。

（提供：国土交通省近畿地方整備局）

●平成30年（2018年）７月豪雨（西日本豪雨）

停滞していた前線や台風第７号の影響で西日本を中心に広い範囲で大雨となり、７月６日夕方に長崎県、福岡県、佐賀県に大雨特別警報が発表されると、その範囲は広がり、８日までに１府10県という広い範囲で大雨特別警報が出された。48時間雨量、72時間雨量などが多くの地点で観測史上１位となり、大雨が長時間続いたのが特徴だった。

岡山県では高梁川や小田川が決壊、広島県や愛媛県など全国の2500カ所以上で土砂災害が発生。この３県を中心に死者・行方不明者271人、家屋の全半壊等が２万棟以上、家屋浸水約３万棟の極めて甚大な被害が広範囲で発生した。特に倉敷市真備町で犠牲者が目立ち、50人以上が死亡した。

▲西日本豪雨：土砂に押し流された家屋。

● 令和元年(2019年) 台風第15号(房総半島台風)

台風第15号が９月７日から９日にかけて伊豆諸島や関東地方南部に猛烈な雨や風をもたらした。千葉市で瞬間風速57.５ｍ／ｓを観測するなど、多くの地点で観測史上１位の最大風速や最大瞬間風速を記録した。千葉県では暴風による倒木や土砂崩れなどの影響で大規模な停電が発生し、最大で約93万戸に影響が及んだ。停電に起因する断水も発生した。千葉県、東京都、神奈川県を中心に家屋5000棟以上が全半壊し、千葉県房総半島での被害が大きかったため、房総半島台風と呼ばれる。

▲房総半島台風：屋根の被害を受けた民家（千葉県館山市）。

● 令和２年（2020年） 7月豪雨（熊本豪雨）

梅雨前線の活動により西日本や東日本で大雨となり、７月３日から31日までの総降水量は長野県や高知県の多いところで2000㎜を超えたところもある。九州では４日から７日にかけて記録的な大雨となり、熊本県、鹿児島県、福岡県など７県に大雨特別警報が発表された。人的被害は熊本県が多く、人吉市で20人、球磨村では特別養護老人ホームの浸水被害で亡くなった14人を含む25人、全国で死者・行方不明者は88人にのぼる。東北では最上川（山形県）があふれた。

▲熊本豪雨：被災した熊本県人吉市の国宝・青井阿蘇神社の橋。

● 令和元年（2019年） 台風第19号（東日本台風）

台風19号が10月12日に伊豆半島に上陸、静岡県や新潟県、関東甲信地方、東北地方など広範囲で記録的な大雨となり、10日からの総雨量は神奈川県箱根町で1000㎜に達した。東京都を含む関東甲信越と東北の13都県に大雨特別警報が発表された。吉田川（宮城県）、阿武隈川（福島県）、千曲川（長野県）を始め、140カ所以上で河川の堤防が決壊、土砂災害も950件以上発生し、広範囲に甚大な被害をもたらした。

鉄道への被害も目立ち、長野県の北陸新幹線の車両基地が浸水、上田電鉄別所線で橋梁が落下、神奈川県の箱根登山鉄道も土砂災害などの影響で運行できなくなった。死者は福島県や宮城県など、あわせて108人に及び、浸水家屋は３万棟以上となった。

▲東日本台風：自衛隊が臨時のお風呂を設置した。

【気象災害：大雪】

●平成26年（2014年）2月の大雪

低気圧が本州の南岸を北東へ進み、上空の寒気の影響で、太平洋側を中心に広い範囲で雪が降った。２月14日から16日にかけては、関東甲信地方でも大雪となり、東京や横浜で30cm前後、群馬県前橋市で73㎝、山梨県甲府市で114㎝など、過去の最大値を大幅に上回った所も多い。埼玉県には大雪警報が出された。

この大雪による死者は26人、負傷者は約700人。死因は屋根の雪下ろし中の転落、雪の重みで倒壊した建物や落雪そのものの下敷きになる、雪に埋もれた車内での一酸化炭素中毒、などである。

また、首都圏を中心に道路、鉄道、航空の交通機関などに影響をもたらした。ビニールハウスの損壊など農業被害も多かった。

▲大雪に覆われた東京・八王子駅前。（提供：八王子市）

●平成30年（2018年）1月の大雪と寒波、２月の大雪

2017年12月から翌年２月にかけての冬は日本付近に寒気が流れ込み、全国的に気温が低くなった。2017年秋から続いたラニーニャ現象や、偏西風の蛇行などによるものと考えられる。

１月22日から23日にかけて、東京都千代田区で23㎝の積雪を観測するなど、太平洋側でも大雪となった。26日には埼玉県さいたま市でマイナス９．８℃を観測し、最低気温の記録を更新した。

２月３日から８日にかけて大雪となり、石川県加賀市で177㎝、福井県大野市で153㎝の降雪があった。特に福井県の国道では立ち往生する車が相次ぎ、長い車列で身動きが取れないまま夜を明かす車が続出した。雪に埋もれた車の中などで18人が亡くなった。冬期全体では死者116人だった。

▲大雪に見舞われた福井県鯖江市：歩道を除雪。（提供：国土交通省近畿地方整備局）

＊提供先を明記していない写真は［一財］消防防災科学センター「災害写真データベース」の提供。

「リスク」で防災を考える

なぜ災害が起こるのか、なぜ防災力を高めることが重要なのかはわかった。では、どういう防災を行っていったらよいのだろうか。そのひとつの切り口として、「リスク」という考え方から見ていこう。

■リスクとは何か

リスクという言葉を聞いたことはあるだろう。漠然と「危険なこと」「悪いこと」と捉えられがちな言葉で、当然、自然災害も「危険なこと」「悪いこと」として、リスクという言葉と一緒によく使われる。

しかし、実はリスクとは、「危険なこと」「悪いこと」そのものを表す言葉ではなく、それが起こる“可能性”のことを表す言葉である。発生確率や頻度と言ってもよいだろう。また、「危険なこと」「悪いこと」は物事によってその“程度”が異なる。大きさや、影響の度合いとも言い換えられる。ケガを例にするなら、すり傷も骨折も、ケガという意味では同じ「危険なこと」「悪いこと」だが、その程度は大きく異なる。

そこで、リスクとは「危険なことが起こる“可能性”と“程度”のかけ算」と考えることができる。

■自分のリスクを考えてみる

以下の手順で、自分にとってのリスクを考えてみよう。P21はその例だ。

（1）まず、自分の身の回りで起こりうる「危険なこと」「悪いこと」と思うことを、5、6個あげてみよう。思い浮かんだら、それを、自分に及ぼす“影響（程度、大きさ）”の順に、上から下に並べてみる。

（2）次に、それが起こる“頻度（可能性、発生確率）”の順に、右側にスライドしていこう。そうすると、縦軸を“影響”、横軸を“頻度”とした分布図（リスクマトリックス）ができる。

（3）最後に、分布図の中に十字に線を引き、4つのエリアに分けてみよう。

■リスクへの対策「回避」「低減」「移転」「保有」

大事なことはここからだ。自分にとって「危険なこと」「悪いこと」を分布図に示してどんなメリットがあるのか。

それは対策のためである。リスクへの対策としては、「回避」「低減」「移転」「保有」の4つの対策がある。それを、この分布図を使ってあてはめていくことができるのだ。

頻度が高く、影響も大きいグラフの右上ゾーンは「①回避」。自然災害の場合、発生源である自然現象を止めることは困難なので、その頻度が高く影響も大きいのであれば、それを受ける人間側が動くしかない。引っ越しがこれにあたる。

頻度が高くても影響が小さいものは、「②低減」策が良い。日本は地震の頻度が国際的にかなり高いが、その現象の頻度は下げられない。しかし、例えば、耐震補強、家具の固定により、地震という現象が頻発しても、被害を受ける影響を低減することが可能となる。

頻度は低いが影響が大きいものは「③移転」する。つまり、保険をかけるなどリスクを他者に移す対策が有効となる。災害が発生しても、復旧するための費用を保険で賄うことができれば、影響を小さくすることができるだろう。

最後に、頻度が低く影響が小さいものはそのリスクを「④保有」する。自らの生活を維持できるのであれば、そのリスクを許容するということも1つの対策である。

● リスクマトリックスで考える

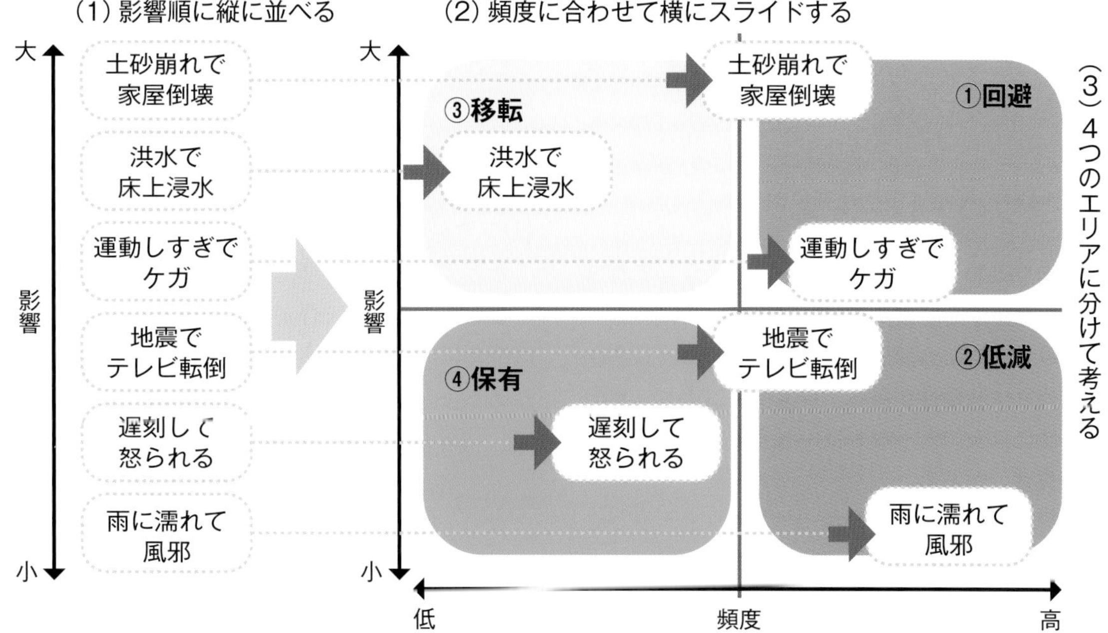

(1) 自分がリスクだと思うことを、影響が大きい順に並べる。
(2) それが起こる頻度の順に右にスライドさせる。
(3) できあがった分布図の上に十字を描く。4つのエリアごとに、リスクへの対策が異なる。

(図版:防災科研)

● リスク対策のパターン

① リスク回避

・発生頻度が高く、被害程度も大きい。
・自然災害の場合、ハザードを止めるのは困難。
・対策としては、引っ越しなど。

② リスク低減

・発生頻度は高いが、被害程度は小さい 。
・被害程度を下げる対策が考えられる。耐震化、家具の固定など。

③ リスク移転

・発生頻度は低いが、被害程度は大きい。
・リスクをほかに移す対策が考えられる。保険をかける、復旧費用等を準備しておく、など。

④ リスク保有

・発生頻度は低く、被害程度も小さい。
・リスクを保有する対策が考えられる。何もしない、受け入れる。

リスクをゼロにすることは難しい。特に、災害大国と呼ばれる日本においては、ゼロリスクは不可能に近い。しかし、漠然と「危険なこと」「悪いこと」と考え、闇雲に対策をするのではなく、このように手順を踏んで分類して考えると、対策を導き出しやすくなる。

■リスクのトレードオフ

リスクに対して対策をとるには、どうしてもコストが発生する。また、リスクにもいろいろあり、そのリスク間にも関係性がある。さらに、リスクの反対には利便性がある。リスク、コスト、利便性の間には次のようなトレードオフ（両立できない関係性）がある。

【リスク⇔コストのトレードオフ】

コストをかければかけるほどリスクは減らせるが、コストは無尽蔵にかけられるわけではない。どこかで折り合いをつける必要がある。

【リスク⇔リスクのトレードオフ】

たとえば、ダムや堤防は規模を大きくすればするほど洪水の発生リスクを下げることができるが、ひとたび決壊すると発生する被害リスクは上がることとなる。また、河川の上流と下流、右岸と左岸、どちらかを守れば、どちらかの被害が大きくなる。

【リスク⇔利便性のトレードオフ】

たとえば、親水公園は景 観が良く、子どもの遊び場としても利便性が高い。一方で、親水公園は近くに川がある場合が多く、急な増水の可能性がある。

■やってみよう

以下にあるリスクマトリックスの枠を使って、実際に自分のリスクを考えてみよう。

【リスクメモ】

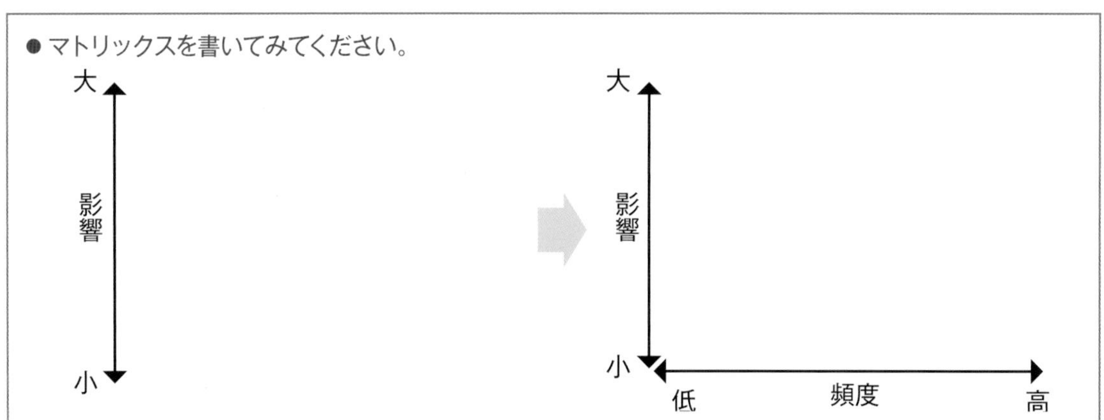

●対策を書いてみてください。

①リスク回避……
②リスク低減……
③リスク移転……
④リスク保有……

COLUMN 国難級災害が迫っている

災害名	規模	30年以内発生確率	震度	被災地人口	想定死者数	がれき量	被害額	備考
首都直下地震（政府発表）	M7.3	70%	7	約2540万人（震度6弱以上）	約2.3万人	9800万トン	95兆円	首都機能の喪失を伴うスーパー都市災害 避難者数:720万人
南海トラフ巨大地震（政府発表）	M9.0	70～80%	7	約4073万人（震度6弱以上）	約23.1万人	3.1億トン	220兆円	影響人口（津波浸水深:30cm以上）：6088万人 災害救助法が707市町村に発令されるスーパー広域災害 建物倒壊:135万棟
東京水没（荒川氾濫、高潮など）				約378万人（ゼロメートル地帯、浸水域、2週間以上水没）	約15.9万人	5410万トン	91兆円	全半壊棟数:約73万棟 スーパー環境汚染災害

（講演資料「国難災害の課題の全体像」より関西大学社会安全研究センター長・河田恵昭氏作成）
https://www.scj.go.jp/ja/event/pdf3/330-s-1022-2-s2.pdf

「30年以内に南海トラフ巨大地震が発生する確率は70～80%」というニュースは耳にしたことがあるだろう。東海～四国九州沖海底の南海トラフでの地震は、過去の記録からほぼ一定間隔で繰り返し発生していることがわかっている。首都圏では、首都直下地震や、荒川による大水害などが懸念されている。いずれも、大きな被害が出ることは避けられない。社会的、経済的な影響も甚大と考えられるため、「国難級災害」と呼ばれる。

国難級災害の発生は、遠い未来の話ではない。災害を乗り越えるための「レジリエントな社会」をつくることが、いまこそ求められているのである。

● 災害救助法の適用実績に見る日本の災害

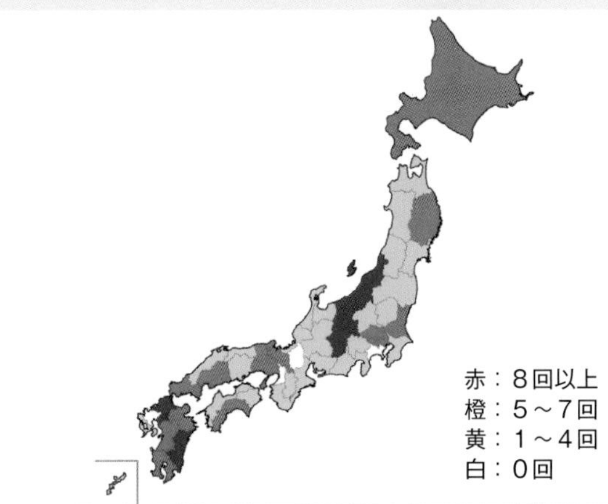

この図は、1995年から2017年にかけて災害救助法が適用された都道府県及びその回数を示したものである。災害救助法が適用されるということは、市町村だけでは対応できず、都道府県や国が強く支援しなければならない規模の災害であることを意味する。

また、1つの災害において災害救助法が同時に多数の自治体に適用されるケース、つまり「広域災害」も増えている。そのため、自治体の垣根を超えた広域的な協力体制がいっそう必要とされているのである。

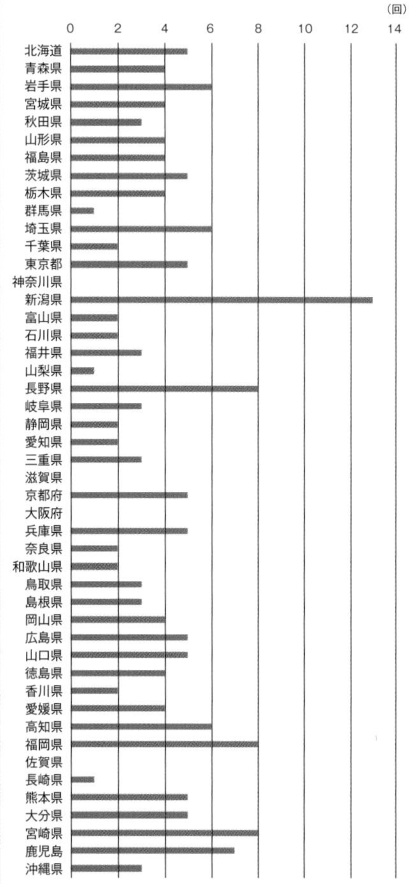

（資料：平成30年度防災白書「災害救助法の適用実績」より中小企業庁作成）

4 「レジリエンス」で防災を考える

東日本大震災発生を契機に、「レジリエンス」という言葉を多く耳にするようになった。日本が世界に発信した「仙台防災枠組」は、「レジリエンス」とともに「ビルド・バック・ベター（より良い復興）」という概念を打ち出した。この切り口から防災について考えてみよう。

■防災に必要な「レジリエンス」とは？

「レジリエンス」という言葉をご存じだろうか。ずばり当てはまる日本語がないのだが、よく「復元力」や「しなやかさ」を意味するといわれる用語で、物資や精神、組織の性質や能力を表すときに使われる。防災の分野でも、東日本大震災発生以降にこの言葉がよく使われるようになった。

図（右ページの「レジリエンスの考え方」）で説明すると次のようになる。

まず災害が起きると、その被害により社会の機能がガクッと低下する。普段の生活の水準を100とすると、災害が起きると、水準は50とか30といったレベルに落ちるため、いつもの生活ができなくなる。

そこから復旧を図るが、元通りの生活を取り戻すまでに時間がかかる。したがって、図のピンク色の三角形の部分が被害＝災害の大きさとなる。

このグラフを「レジリエンスカーブ」と呼ぶ。レジリエンスとは、このグラフのように、一度凹んでも元に戻る力のことである。そして、この三角形をいかに小さくするかが、「レジリエンス」の概念に基づく防災の考え方である。

まず、右ページ中段左側の図のように、災害が発生して社会の機能が低下することに対し、「抵抗力を高めて被害抑止」することで、そのレベルを少しでも低くする。起こり得る被害を考えたうえで発生を想定しておけば、傷を浅くすることができる。耐震強化を行ったり、防波堤を築いたりすることで、社会の機能が下がるレベルを少しでも小さくできれば、被害の総量を減らすことができる。

次に、右ページ中段右側の図のように、低下した機能を元通りに戻すため「回復力を高めて復旧

COLUMN 昔から使われていた「レジリエンス」という言葉

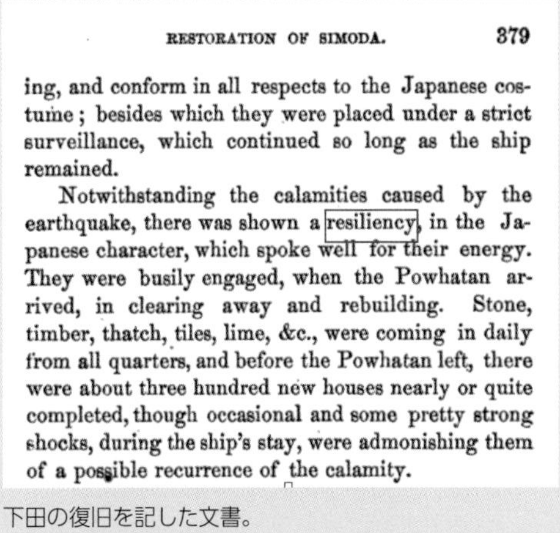

RESTORATION OF SIMODA. 379

ing, and conform in all respects to the Japanese costume; besides which they were placed under a strict surveillance, which continued so long as the ship remained.

Notwithstanding the calamities caused by the earthquake, there was shown a resiliency, in the Japanese character, which spoke well for their energy. They were busily engaged, when the Powhatan arrived, in clearing away and rebuilding. Stone, timber, thatch, tiles, lime, &c., were coming in daily from all quarters, and before the Powhatan left, there were about three hundred new houses nearly or quite completed, though occasional and some pretty strong shocks, during the ship's stay, were admonishing them of a possible recurrence of the calamity.

下田の復旧を記した文書。

「レジリエンス」という言葉が科学の分野で使われたのは、1625年、哲学者フランシス・ベーコンが初めてといわれている。その後、1857年には、黒船で有名なペリーに随行していたロバート・トームズという人が、安政東海地震で被災した下田（現・静岡県下田市）の街で活発に復旧活動する人たちを見て、「resiliency」と表現している。日本の「レジリエンス」は今も昔も「世界に誇る力」なのだ。

Robert Tomes: The Americans in Japan: An Abridgment of the Government Narrative of the U.S. Expedition to Japan, Under Commodore Perry, 1857

時間の短縮」を図る。支援体制を充実させたり、災害対応業務を迅速化させたりすることができれば復旧の速度は上がる。これが回復力である。

この２つを組み合わせることで、図下部のように「総合的な防災力の向上」を達成し、被害の三角形を最小にするわけだ。

抵抗力と回復力の両方に共通するのは、いずれも「災害により機能が低下する」ということを前提にしていることだ。防災というと、災害が起こらないようにすることと限定しがちだが、Chapter1-1で述べたとおり、災害が起きた後の被害の拡大を防いだり、迅速な復旧を図ったりすることも防災である。その考え方が、この図には表れている。

● レジリエンスの考え方

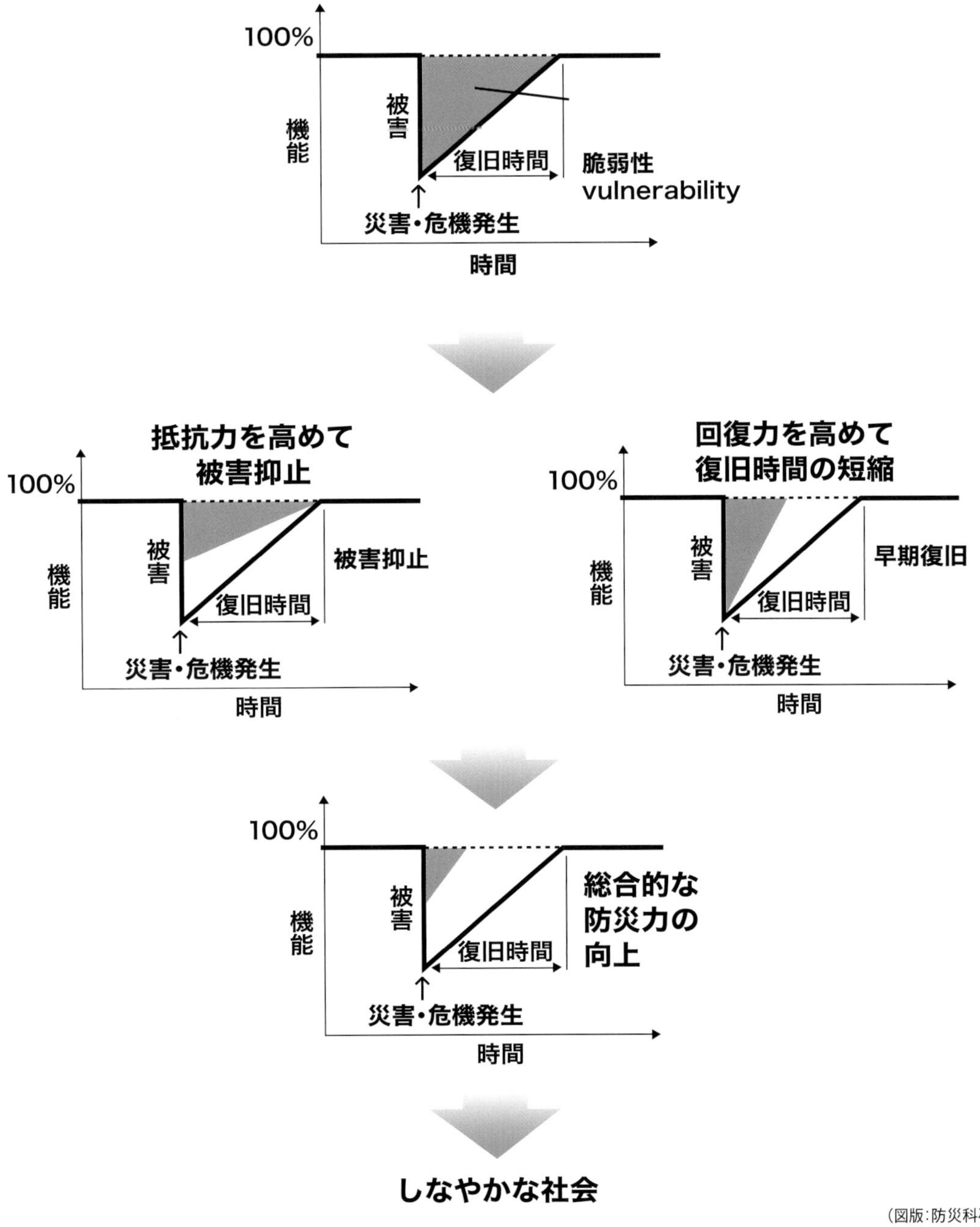

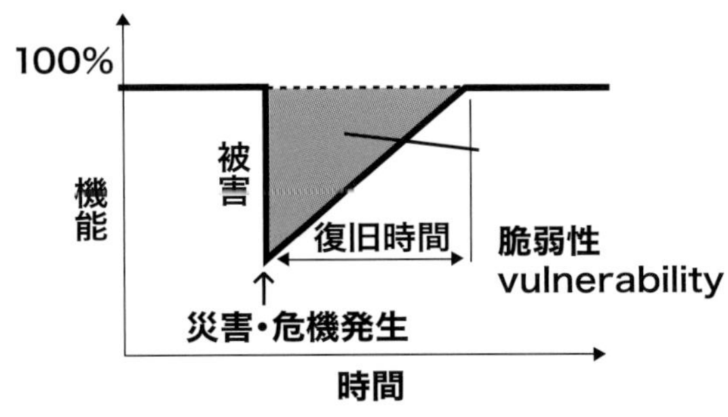

100%
被害
機能
復旧時間
脆弱性
vulnerability
災害・危機発生
時間
抵抗力を高めて
被害抑止
100%
被害
機能
復旧時間
被害抑止
災害・危機発生
時間
回復力を高めて
復旧時間の短縮
100%
被害
機能
復旧時間
早期復旧
災害・危機発生
時間
100%
被害
機能
復旧時間
総合的な
防災力の
向上
災害・危機発生
時間
しなやかな社会

（図版：防災科研）

●ビルド・バック・ベターとニューノーマル

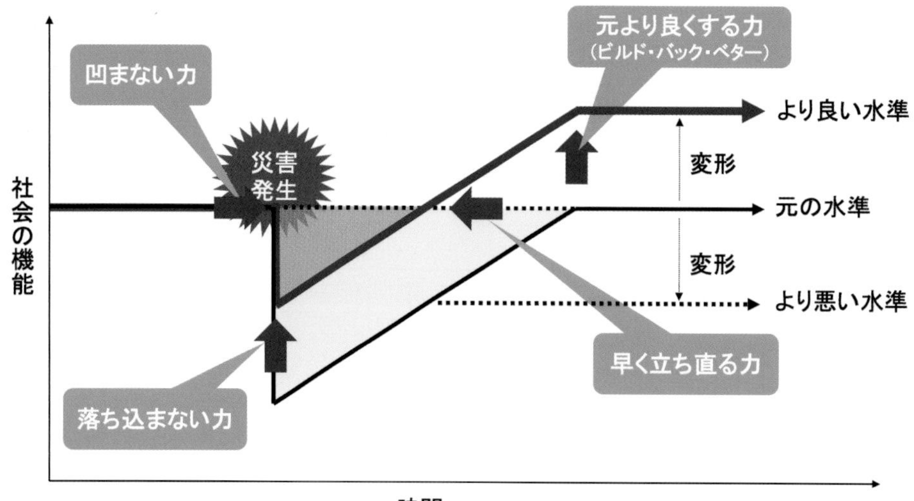

（図版：防災科研）

■より良い状態を生み出す「ビルド・バック・ベター」

2011年の東日本大震災発生を契機として2015年に「第３回国連防災世界会議」が仙台で開かれ、そこで策定されたのが「仙台防災枠組2015－2030」である。

2030年までの国際的な防災の取り組みの指針として定められたもので、右図にある通り、期待される成果に向けて、７つのグローバルターゲットに対して、2030年までに達成すべき具体的な目標を掲げている。たとえば、①の死亡者数であれば、「災害による世界の10万人当たり死亡者数について、2020年から2030年の間の平均値を2005年から2015年までの平均値に比して低くすることを目指し、2030年までに世界の災害による死亡者数を大幅に削減する」という形である。

そして、この目標を達成するために、すべての関係者が優先すべき行動が４つ定められている。このうち、優先行動４の「効果的な応急対応に向けた備えの強化と、復旧・復興過程におけるより良い復興の実施」。災害で既存の生活が失われると、早くもとの生活に戻りたいと考えるが、必ずしももとに戻すのでなく、つくり直してより良いものにしていく。これがビルド・バック・ベター（より良い復興）の考え方である。

では、ビルド・バック・ベターとレジリエンスにはどういう関係があるのか。これも「レジリエンスカーブ」で考えるとわかりやすい。

防災とは、レジリエンスカーブで生じる三角形を最小にすることであると前述した。三角形を最小にするためには、災害が発生した際に機能が「落ち込まない力」と、そこから「早く立ち直る力」が大事であり、これに狭い意味での防災である「災害を起こさない力＝凹まない力」を加えたものが、災害対策基本法に定義された防災である。

そこにさらにもう１つ、「もとより良くする力」を加えよう。これは、レジリエンスカーブを押し上げることになり、三角形をさらに小さくする力となる。これが「ビルド・バック・ベター」である。

■ニューノーマルという考え方

2019年に始まった新型コロナウイルス感染症拡大時によく使われるようになった言葉が「ニューノーマル」だ。これまで普通だった生活スタイル（ノーマル）が大きく変わり、新しい生活スタイル（ニューノーマル）になったということである。

たとえば、感染防止の観点から会議のために集合することが不可能となり、各種の会議は軒並みオンライン会議に変更されるということが起きた。いまや、オンライン会議は選択肢の１つとして、しっかり市民権を得ている。

大事なことは、これをより良いニューノーマルとして認めていこうと考えること。「会議ができない」だけで終わってしまっては悪い変化でしかないが、オンライン会議ができるようになって自宅にいながらにして会議に参加できるようになったと捉えれば、これは良い変化とも位置づけられる。このように、変化を良いほうに捉えることもビルド・バック・ベターの好例といえるだろう。

●ビルド・バック・ベター「より良い復興」

「仙台防災枠組 2015-2030」

期待される成果
(Expected outcome)

人命・暮らし・健康と、個人・企業・コミュニティ・国の経済的・物理的・社会的・文化的・環境的資産に対する災害リスク及び損失を大幅に削減する

目標
(Goal)

ハザードへの暴露と災害に対する脆弱性を予防・削減し、応急対応及び復旧への備えを強化し、もって強靭性を強化する、統合されかつ包摂的な、経済的・構造的・法律的・社会的・健康的・文化的・教育的・環境的・技術的・政治的・制度的な施策を通じて、新たな災害リスクを防止し、既存の災害リスクを削減する

グローバルターゲット
(Global Targets)

①死亡者数
②被災者数
③直接経済損失
④医療・教育施設被害
⑤国家・地方戦略
⑥開発途上国への支援
⑦早期警戒情報アクセス

優先行動
(Priorities for action)

各行動は、国・地方レベル、グローバル・地域レベルに焦点を当てる。

優先行動 1	優先行動 2	優先行動 3	優先行動 4
災害リスクの理解	災害リスク管理のための災害リスク・ガバナンスの強化	強靭性のための災害リスク削減のための投資	効果的な応急対応に向けた備えの強化と、より良い復興（ビルド・バック・ベター）の実施

ステークホルダーの役割
(Role of stakeholders)

市民社会、ボランティア、コミュニティ団体の参加（特に、女性、子ども・若者、障害者、高齢者）	学術機関、科学研究機関との連携	企業、専門家団体、民間金融機関、慈善団体との連携	メディアによる広報・普及

国際協力とグローバルパートナーシップ
(International cooperation and global partnership)

一般的考慮事項（国際協力の際の留意事項）	実施方法	国際機関からの支援	フォローアップ行動

（内閣府平成27年度版防災白書より）

5 わが国における防災対策

日本では1959年の伊勢湾台風をきっかけとして災害対策基本法が制定された。その後、いくつかの大きな災害を経て、国の施策は見直しが続けられてきた。日本の防災における体制や、実際に災害が起きたときの対応はどのようになっているのだろうか。

■伊勢湾台風後にできた「災害対策基本法」

伊勢湾台風は死者・行方不明者5000人以上という甚大な被害を出し、国による災害対策は根本的な見直しを余儀なくされた。それまでは防災は地域ごとに行うものというのが国の認識だったが、このときから「防災は国全体で考えていかなければならないもの」として意識されるようになった。

こうして、災害が起こったときの国や自治体の動きを明確にする目的で、災害対策基本法が1961年に制定された。1995年に起こった阪神・淡路大震災、2011年に発生した東日本大震災などによっても災害対策基本法の見直し、改訂が行われ、改正が行われてきた。これ以外にも、水防法、土砂災害防止法、地震防災対策特措法、活動火山対策特措法、原子力災害対策特措法など、さまざまな法律がある。さらに地震については南海トラフ地震対策特措法、首都直下地震対策特措法など個別の地震に対する特措法もある。

こうした法律に基づいてさまざまな基本計画が策定されている。災害対策の基本となる災害対策基本法のもとで、内閣総理大臣をはじめ国務大臣や有識者で構成する中央防災会議が設置され、防災基本計画が策定されている。都道府県では都道府県防災会議のもとで地域防災基本計画、市町村でも市町村の防災会議のもとで地域防災計画がつくられる、という構造になっている。そして、東日本大震災の後にできたのが「地区防災計画」である（Chapter3-24）。さらに「マイ・タイムライン」という個人で考える防災対策も生み出された（Chapter3-25）。

■省庁や指定機関の役割

現在、日本には防災に特化した省は存在しないため、国土交通省、総務省消防庁等の各省庁それぞれが役割分担している。それを内閣府が全体的に取りまとめているのが日本の体制である。

基本的には市町村が災害対策の実際の対応を担う。住民の住環境をより詳細に把握しているのは市町村であるという観点からだ。一方、都道府県は市町村を後方で調整するのが役割だ。災害に近い現場で実際に対策を行う市町村と、それを調整する都道府県や国、という具合に役割分担しているのである。

さらに、指定公共機関として、防災科研などの研究機関のほか、日本銀行、電力会社、NHK、NTTなど公共性の高い組織・団体が指定されている。たとえばNHKは、指定公共機関として、大規模な災害が起きたときは、被災者の生命と財産を守るため、防災情報を正確・迅速に伝える責務があるとしている。

大事なことは、Chapter1-1で示したように、防災とは「災害が起こらないようにする」だけでなく、起きた後の対応まで含むことである。P29の災害危機管理のサイクルの図に示すように、平時と災害時の対応を総合的・複合的に取り組み、これを繰り返すことで、社会の防災力を向上させることが重要である。

● 災害危機管理のサイクル

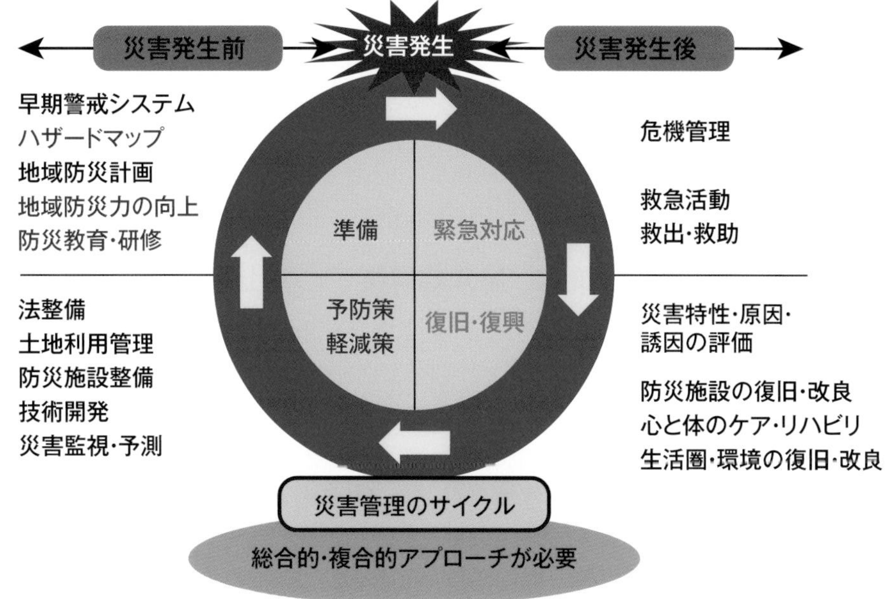

（一般社団法人平和政策研究所「政策オピニオン」研究会資料を京都大学大学院教授・寶（たから）馨（かおる）氏が改変／https://ippjapan.org/pdf/Opinion203_KTakara.pdfより）

● 防災計画作成の関係

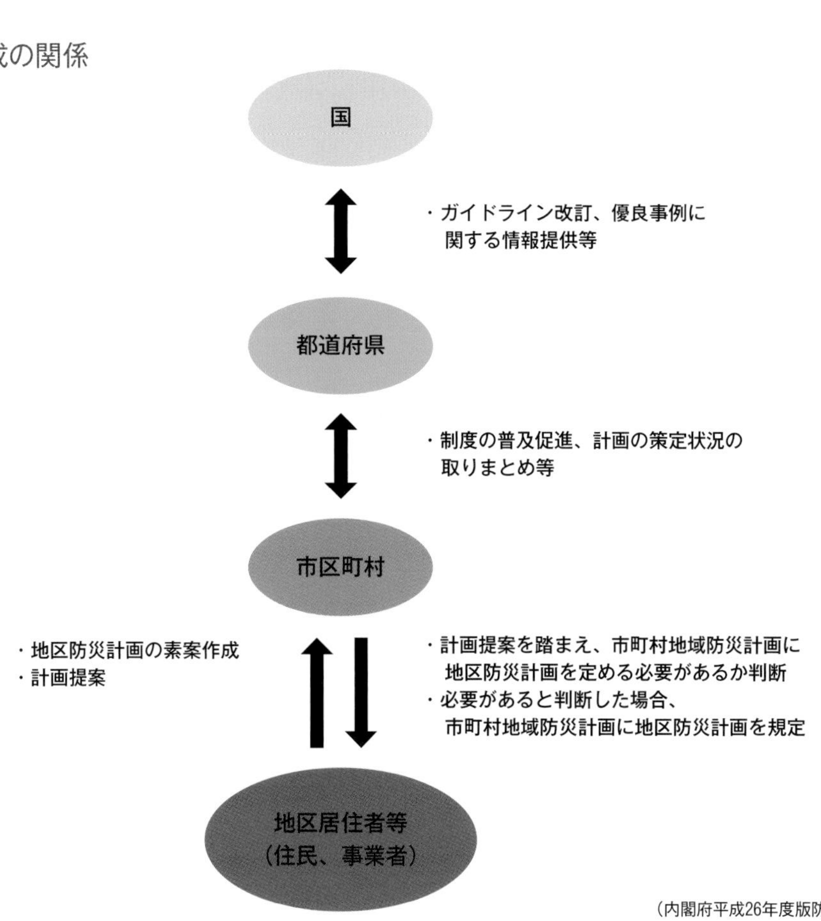

（内閣府平成26年度版防災白書より）

●防災基本計画の構成と体系

災害に共通する対策

【自然災害】

地震災害対策　津波災害対策　風水害対策　火山災害対策　雪害対策

【事故災害】

海上災害対策　航空災害対策　鉄道災害対策　道路災害対策

原子力災害対策　危険物等災害対策　大規模火事災害対策　林野火災対策

（災害対策の順序に沿った記述）

災害予防・事前対策  災害応急対策  災害復旧・復興対策

（具体的な対応を記述：各主体の責務を明確化）

国 ⇔ 地方公共団体 ⇔ 住民等

（内閣府令和４年度防災白書をもとに編集部作成）

● 主な災害対策関係法律の類型別整理表

類型	予防	応急	復旧・復興
災害対策基本法			
地震 津波	・大規模地震対策特別措置法 ・津波対策の推進に関する法律 ・地震防災対策強化地域における地震対策緊急整備事業に係る国の財政上の特別措置に関する法律 ・地震防災対策特別措置法 ・南海トラフ地震に係る地震防災対策の推進に関する特別措置法 ・首都直下地震対策特別措置法 ・日本海溝・千島海溝周辺海溝型地震に係る地震防災対策の推進に関する特別措置法 ・建築物の耐震改修の促進に関する法律 ・密集市街地における防災街区の整備の促進に関する法律 ・津波防災地域づくりに関する法律 ・海岸法	・災害救助法 ・消防法 ・警察法 ・自衛隊法 ・災害時等における船舶を活用した医療提供体制の整備の推進に関する法律	<全般的な救済援助措置> ・激甚災害に対処するための特別の財政援助等に関する法律 <被災者への救済援助措置> ・中小企業信用保険法 ・天災による被害農林漁業者等に対する資金の融通に関する暫定措置法 ・災害弔慰金の支給等に関する法律 ・雇用保険法 ・被災者生活再建支援法 ・株式会社日本政策金融公庫法 ・自然災害義援金に係る差押禁止等に関する法律 <災害廃棄物の処理> ・廃棄物の処理及び清掃に関する法律 <災害復旧事業> ・農林水産業施設災害復旧事業費国庫補助の暫定措置に関する法律 ・公共土木施設災害復旧事業費国庫負担法 ・公立学校施設災害復旧費国庫負担法 ・被災市街地復興特別措置法 ・被災区分所有建物の再建等に関する特別措置法 <保険共済制度> ・地震保険に関する法律 ・農業保険法 ・森林保険法 <災害税制関係> ・災害被害者に対する租税の減免、徴収猶予等に関する法律 <その他> ・特定非常災害の被害者の権利利益の保全等を図るための特別措置に関する法律 ・防災のための集団移転促進事業に係る国の財政上の特別措置等に関する法律 ・大規模な災害の被災地における借地借家に関する特別措置法
火山	・活動火山対策特別措置法		
風水害	・河川法 ・海岸法	・水防法	
地滑り 崖崩れ 土石流	・砂防法 ・森林法 ・地すべり等防止法 ・急傾斜地の崩壊による災害の防止に関する法律 ・土砂災害警戒区域等における土砂災害防止対策の推進に関する法律 ・宅地造成及び特定盛土等規制法		
豪雪	・豪雪地帯対策特別措置法 ・積雪寒冷特別地域における道路交通の確保に関する特別措置法		
原子力	・原子力災害対策特別措置法		・大規模災害からの復興に関する法律

（内閣府令和４年度防災白書より）

6 予測・予防・対応とは?

災害、防災、リスク、レジリエンス。概念的なことは見えてきた。それでは、具体的にはどのような対策・行動をとっていくのが効果的か。そのとき重要となるのが「予測・予防・対応」である。

■予測・予防・対応で具体的な対策・行動を考える

この Chapter 1で述べてきた通り、自然災害とは「自然現象により生じる被害のこと」であり、防災とは「災害を未然に防止し、災害が発生した場合における被害の拡大を防ぎ、及び災害の復旧を図ること」である。これをより効果的に行うための概念が、「リスク」であり「レジリエンス」ということになる。

では、これらの概念に則り、どのような対策・行動をとっていくのが効果的か。そこで重要となるのが「予測・予防・対応」である。

「予測」とは、災害がいつ、どこで、どの程度の規模で発生するのかを知ること。たとえば自治体が出すハザードマップや政府が出す被害想定などを確かめ、大災害が発生したら、個人や組織がどのような被害を被り、社会的なインフラがどのようなダメージを受けるのかを確認しておくこと。自然災害だけでなく、テロや感染症、不審者の出没や犯罪発生の場合も同様の対処が必要だ。

「予防」とは、いかに被害を未然に防ぐか、あるいは最小限にとどめるかの対策を講じておくこと。たとえば地震なら、自宅やオフィスなど建物の耐震性や家具の固定など、地震対策を実施すること。自宅やオフィスにこもっても数日間過ごせるだけの備蓄などソフト対策も重要だ。

「対応」は、災害が発生したときに、初動対応や避難行動・救護活動を実施すること。活動のためのマニュアルを事前にしっかり整備しておくことも重要だ。

この3つの関係を、もう少し詳しく見ていこう。まず「予測」においては、地震や洪水など自然現象(ハザード)がどのようなメカニズムのもとに起こるかを知ることから始まる。昔は災害というものは神様が起こすものだとか、人知を超えていて人間には何もできないものだと認識されていたが、昨今は観測・調査やシミュレーション技術などが進み、自然現象に対する理解が深まり、発生メカニズムが解明されてきたものもある。

メカニズムが見えてきたら、それに応じて、被害を受けないための「予防」の対策を講じる。ただし、対策のために費やすコストには限りがあるから、被害がより大きくなりそうなもの、発生頻度が高いものを掛け算したリスクの大きさに応じて、かけるコストを振り分ける必要がある。被害は、自然現象の程度が人間の対策を超えたときに起こるため、あらかじめ適切な対策がとられていれば、自然現象が起こっても被害を最小限にとどめることができるはずだ。

しかし、どんなに入念な予防をしても被害を受けることはある。予想外のことが起こったり、予想よりももっと規模や程度の大きなことが起こったりすると、やはり被害が生じてしまう。

そこでお手上げになってしまうのではなく、そこから立ち直っていくプロセスが始まる。これが「対応」である。

つまり、自然現象が起きるまでにやるべきことが「予測」と「予防」で、起こってからやるべきことが「対応」ということになる。

予測、予防、対応はどれが欠けても安全・安心な生活は成り立たない。そこで、何があっても乗り越えていける力である「レジリエンス」、すなわち「予測力」「予防力」「対応力」という3つの力の総合力を高めることが求められる。

● 地震発生後の対応の流れ（南海トラフ地震の例）

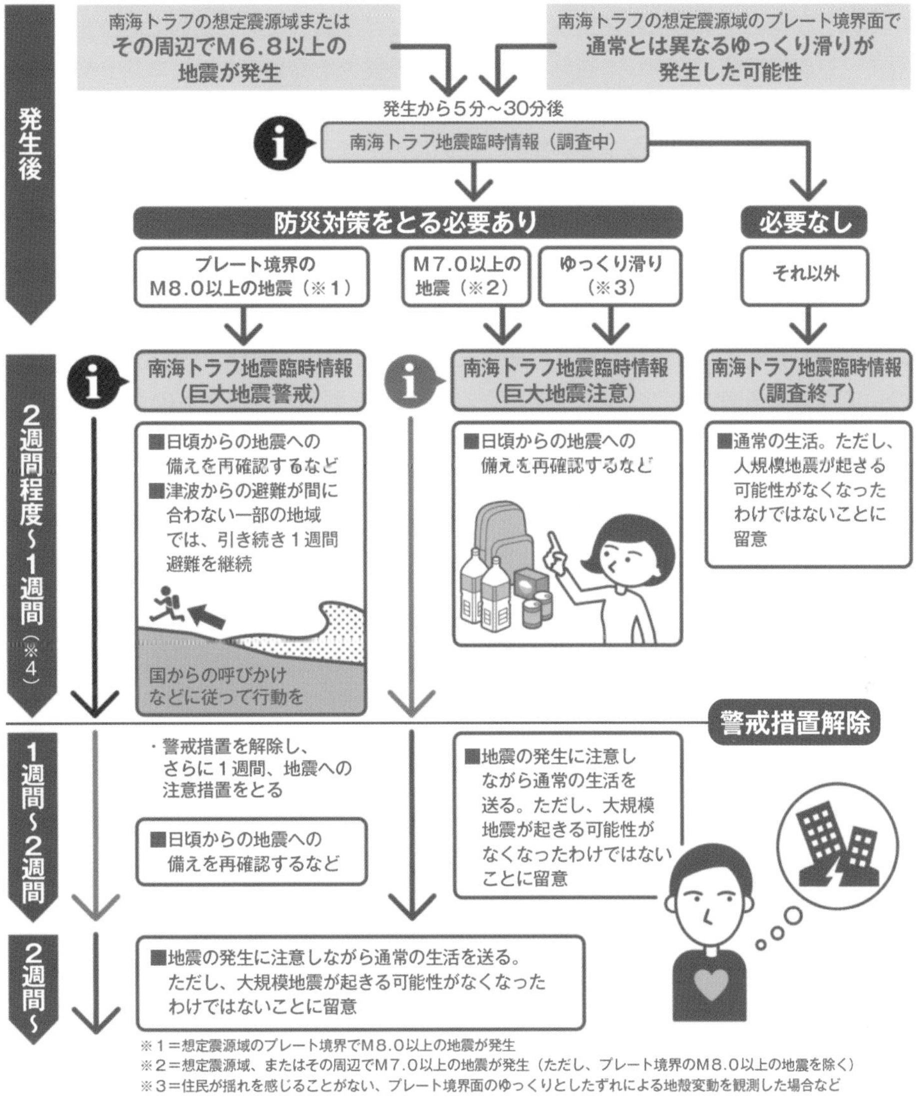

発生後

南海トラフの想定震源域または**その周辺でM6.8以上の地震が発生**

南海トラフの想定震源域のプレート境界面で**通常とは異なるゆっくり滑りが発生した可能性**

↓ 発生から５分～30分後

南海トラフ地震臨時情報（調査中）

防災対策をとる必要あり

- プレート境界のM8.0以上の地震（※１）
- M7.0以上の地震（※２）
- ゆっくり滑り（※３）

必要なし

- それ以外

２週間程度～１週間（※４）

南海トラフ地震臨時情報（巨大地震警戒）

■日頃からの地震への備えを再確認するなど
■津波からの避難が間に合わない一部の地域では、引き続き１週間避難を継続

国からの呼びかけなどに従って行動を

南海トラフ地震臨時情報（巨大地震注意）

■日頃からの地震への備えを再確認するなど

南海トラフ地震臨時情報（調査終了）

■通常の生活。ただし、大規模地震が起きる可能性がなくなったわけではないことに留意

警戒措置解除

１週間～２週間

・警戒措置を解除し、さらに１週間、地震への注意措置をとる

■日頃からの地震への備えを再確認するなど

■地震の発生に注意しながら通常の生活を送る。ただし、大規模地震が起きる可能性がなくなったわけではないことに留意

２週間～

■地震の発生に注意しながら通常の生活を送る。ただし、大規模地震が起きる可能性がなくなったわけではないことに留意

※１＝想定震源域のプレート境界でM8.0以上の地震が発生
※２＝想定震源域、またはその周辺でM7.0以上の地震が発生（ただし、プレート境界のM8.0以上の地震を除く）
※３＝住民が揺れを感じることがない、プレート境界面のゆっくりとしたずれによる地殻変動を観測した場合など

南海トラフ地震が発生したら
地震発生　揺れを感じたらまず身を守る行動を

家庭で　頭を保護して机の下など、頑丈な場所に隠れる

屋外で　ブロック塀や電柱、自動販売機など、倒れる危険性のある場所から離れる

沿岸部で　津波の発生・襲来に備えて、安全な場所に避難する

（内閣府資料より）

■個人が高める予測力・予防力・対応力のリテラシー

防災においては、防災に関する情報を知っているだけではなく、適切に理解・解釈して活用する力が必要だ。そのため、「予測力」「予防力」「対応力」について、一人ひとりがリテラシーを高めることが大事である。

まず「予測」の面では、自分たちが住んでいる地域、社会、自分自身の健康状態、あるいは家族の状態について考えたときに、「これから先にどんなことが起こるか」を考え、科学的な根拠のある情報に基づいて将来を予測することが、予測という面でのリテラシーのレベルを上げていくことになる。たとえば、ここ数十年のうちにかなりの確率で南海トラフ地震が起こることがわかっているので、自分の住んでいる地域のリスクを考慮したうえで「自分たちは、何をしなければいけないか」を考えていくことが予測面でのリテラシーだといえる。

次に「予防」という側面でのリテラシーとは何か。予防力を高めるためにコストや労力をかけてハード面やソフト面の対策を行う。たとえば地域の役所では、建築関係の人が耐震化を進めたり、保健の人が健康被害の予防をしたり、あるいは学校の先生たちが避難訓練を計画したりというように、それぞれのセクションでそれぞれの専門家が、自分たちがしなくてはいけないことを考えて予防している。そして、リスクに応じて「回避」「低減」「移転」を判断し、コストのかけ方を選んでいる(Chapter1-3)。コストとパフォーマンスのトレードオフを考え、自らが良いものを選んで予防策を採用していく。これが「予防」のリテラシーといえる。

そして最後に「対応」のリテラシーである。どんなに予測と予防の精度を高めても、人知を超えた現象が起こるのが自然災害であるから、被害を

＊予測のリテラシー

→ 科学的根拠のある情報に基づいて将来を予測。
→ 予想される大災害に対して、自分たちが何をしなければならないかを考える。

＊予防のリテラシー

→ 予防力を高めるためにコストや労力をかけてハード面やソフト面の対策を施す。
→ リスクに応じて「回避」「低減」「移転」を判断し、コストのかけ方を選ぶ。

＊対応のリテラシー

→現場でやること。
❶ 命を守ること。
❷ 毎日の生活を取り戻すこと。
❸「より良い復興」を考える。以前と同水準ではなく、より良い生活にする。

→自助・共助・公助。
❶ 自分で自分を守る「自助」。
❷ 周囲と助け合う「共助」（または互助）。
❸ 国や自治体などの「公助」。

（内閣府資料などをもとに編集部作成）

完璧に防ぐことは難しい。それでも被害を最小限に抑えるために、自然現象が起こった瞬間から対応することが必要になる。

その対応としては「現場でやること」と、「後方支援すること」の2つのタイプの活動がある。現場でやることはさらに3つに分けられる。

一つ目は「命を守ること」。これは最重要課題といっていいだろう。

二つ目は「毎日の生活を取り戻すこと」。ライフラインが絶たれた状態が長く続くと命に危険が及ぶのだから、命が助かったら次は日々の生活を取り戻さなければならない。さらにはきれいに街が立て直されても人々の仕事が失われたままだったり、生活するのに十分な収入が得られなくなったりしたままだと復興したとはいえない。生活が再建されてこそ、復興が達成されたといえるのだ。

三つ目は「より良い復興」である。どうせ復興するなら、災害が起きる前よりももっと良い生活にしよう。そしてまた災害が起きたときに、同じような被害を受けることがないようにしよう。これが前述の「ビルド・バック・ベター」で、国連の仙台防災枠組（P27図参照）でも採用されている考え方である。

そして、対応のリテラシーで大事なのは自助・共助・公助である（Chapter3-23）。国や自治体など「公助」だけに頼っていては災害対策ができないので、自分で自分を助ける「自助」、そして、周囲の人と助け合う「共助」という3つで力を合わせて立ち直っていくことが求められる。

「共助」は、医療、年金、介護保険、社会保険制度など制度化された相互扶助のことをいい、以前から知り合っていた人たちの間で助け合うことを「互助」とする言い方もある。

防災を国や自治体など人任せにするのではなく自分ごととして捉えてリテラシーを高め、3つの力を自在に組み合わせて実践する姿勢が一人ひとりに求められている。

（AdobeStock）

COLUMN 震災遺構は災害の記憶を街に刻む

「奇跡の一本松」――東日本大震災時、岩手県陸前高田市の高田松原の中で唯一倒木をまぬがれた松である。この松は震災の翌年、枯死していることがわかり、議論の末、防腐処理や倒木を防ぐ処理が行われ、その場に保存されることになった。この松から採取した枝と松ぼっくりから育てられた後継樹も育てられ、近くに植えられている。このほかにも震災の記憶を伝えるものとして、旧女川(おながわ)交番(宮城県女川町)や旧門脇小学校(宮城県石巻市)などがある。

こうした震災時の遺構をモニュメントとして保存したものを「震災遺構」という。震災遺構には復興交付金が活用される場合もあり、各市町村で震災遺構が選定されている。こうした震災遺構の意義としては、「津波被害の記憶を風化させることなく次世代に継承させるため」「津波の恐ろしさを視覚的に訴えることに役立つ」「震災や津波の脅威を伝え、防災意識の高まりを促すことに役立つ」などである。

震災遺構にはこれらに加えて、地域のアイデンティティとなる意義もある。震災遺構があることで人々に「ここから立ち上がってきた」という思いを醸成することに繋がり、地域の誇りになっていく。モニュメントを前にして、語り部が震災体験を人々に話すことで、語り手自身が元気を取り戻していくということもあり得る。

ただし、震災遺構をそのままの形で保存することは多額の費用が必要とされることや、震災のつらい記憶を思い出したくないという声もあり、各被災地でさまざまな議論が重ねられたことは知っておきたい。

ともあれ、被災地を訪れた際には震災遺構を訪れ、防災の意識を新たにするとともに、その意義についても考えてみたいものだ。

▲宮城県仙台市沿岸部荒浜地区の住宅基礎が震災遺構として残されている。荒浜地区には約800世帯、2200人が暮らしていたが、津波によりこの地区だけで190人以上が犠牲になった。
https://www.arahama.sendai311-memorial.jp/residential_foundation/index.html
(写真撮影:今野公美子)

◀陸前高田市の高田松原津波復興祈念公園内に保存されている「奇跡の一本松」
(AdobeStock)

(AdobeStock)

Chapter 2 予測のための科学

7 地震の観測網

日本列島はプレート境界に囲まれているため地震が多く発生し、また国土に人々が密集して住んでいることから、被害地震が多く発生する。このため、日本ではすでに100年以上の地震観測の歴史があり、現在も不断に研究開発が進められている。地震を観測する技術は今、どこまで進展しているのだろうか。

●全国を網羅する、陸域と海域での地震・津波・火山の観測網

「陸海統合地震津波火山観測網（MOWLAS）」
・高感度地震観測網（Hi-net）
・全国強震観測網（K-NET）
・基盤強震観測網（KiK-net）
・広帯域地震観測網（F-net）
・基盤的火山観測網（V-net）
・日本海溝海底地震津波観測網（S-net）
・地震・津波観測監視システム（DONET）
https://www.mowlas.bosai.go.jp

■全国をカバーする観測網

地震が多発する日本では長年、地震観測が続けられてきた。そんな中で1995年１月17日兵庫県南部地震が発生した。この地震により生じた激甚な阪神・淡路大震災の教訓を踏まえ、日本ではどこでも地震が起こるという前提のもと、世界でも類を見ない密度で日本列島をほぼ均一にカバーする基盤的地震観測網が整備された。基盤的地震観測網としては、高感度地震観測網（Hi-net：High Sensitivity Seismograph Network Japan)、全国強震観測網（K-NET：Kyoshin Network)、基盤強震観測網（KiK-net：Kiban Kyoshin Network)、広帯域地震観測網（F-net：Full Range Seismograph Network of Japan）がある。また、火山の観測網としては基盤的火山観測網（V-net：The Fundamental Volcano Observation Network）がある。

海域においては、2011年３月11日に発生した東北地方太平洋沖地震（東日本大震災）を受け、太平洋側の海域を震源とする地震や津波の早期検知や情報伝達などを目的として日本海溝海底地震津波観測網（S-net：Seafloor observation network for earthquakes and tsunamis along the Japan Trench）が整備された。また、南海トラフ巨大地震を見据えて、紀伊半島沖から室戸岬（むろとみさき）沖にかけては地震・津波観測監視システム（DONET：Dense Oceanfloor Network system for Earthquakes and Tsunamis）が整備されている。

これら７つの観測網は、陸海統合地震津波火山観測網「MOWLAS（モウラス：Monitoring of Waves on Land and Seafloor)」として統合運

全国各地から送られてくる地震の観測データの説明をする防災科研の青井真氏（地震津波火山ネットワークセンター長）（撮影：佐藤 龍）

用されており、MOWLASはその名の通り、陸域と海域を統合させた地震・津波・火山の観測網を全国的に網羅するものである。

また現在、南海トラフ巨大地震想定震源域の観測空白域を解消するため、九州の日向灘沖に南海トラフ海底地震津波観測網（N-net：Nankai Trough Seafloor Observation Network for Earthquakes and Tsunamis ）の構築が進められており、2024年度末に完成する見込みだ。詳しくはP46～47で説明する。

■陸域の地震観測

阪神・淡路大震災を契機に構築された陸域の観測網は、地震による被害の軽減と将来の対策に向けた地震現象の解明を目指し、具体的には、①長期にわたる地震発生確率の評価、②地殻活動の現状把握や推移予測、③地震動や津波予測の高度化、④地震に関する情報の早期伝達、を目的としている。全国どこで地震が起こっても、その様子は地震直後にしっかり捉えられるようになっている。

まずはそれぞれの観測網について詳しく見ていこう。高感度地震観測網（Hi-net）は、人が感じることができないような小さな地震を観測するための高感度な地震観測網である。微弱な揺れを正確に記録するため、地表の人工的なノイズを避け、井戸の中に地中深く（100～3500m）掘った中に観測機器を設置して観測している。約20km間隔で全国に約800カ所の観測点がある。このように精緻な観測を行うことで、防災科研では毎日数百から千個程度の地震を検知している。

Hi-netとは対照的に被害の出るような非常に強い揺れを正確に観測するための強震観測網には、全国強震観測網（K-NET）と基盤強震観測網（KiK-net）の2つがある。基盤強震観測網（KiK-net）はHi-netと同じ観測施設に、地表と地中にペアで強震計を設置した観測網である。また、K-NETは阪神・淡路大震災の直後の1996年6月から運用が開始された、日本列島全域を約25kmメッシュでほぼ一様に覆うように全国約1000地点の地表に強震計（加速度計）が設置された観測網で、得られた強震（加速度）記録から計測震度を計算することが可能である。

広帯域地震観測網（F-net）は、地震による速

● MOWLASの観測点配置図

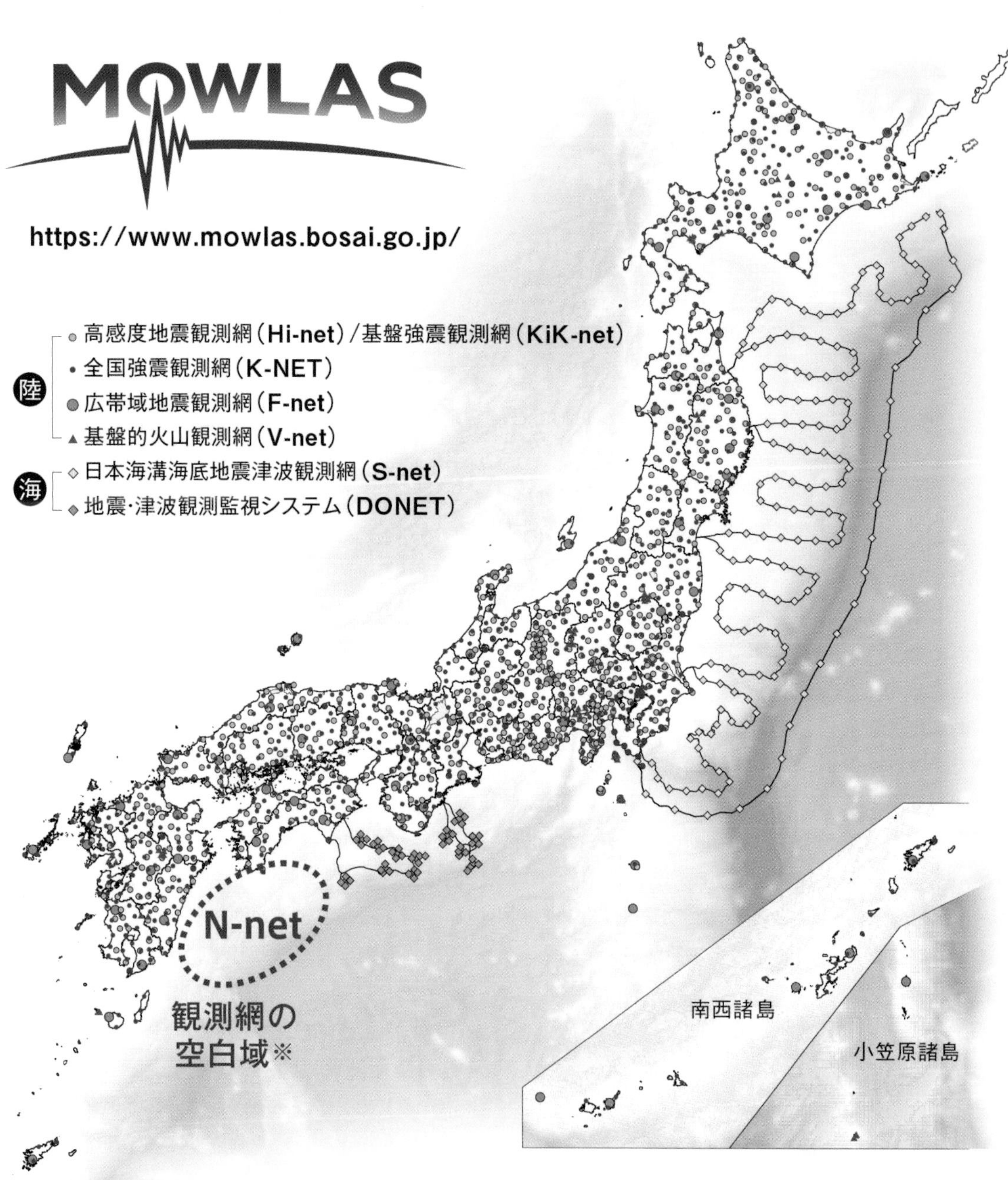

※南海トラフ地震の想定震源域のうち、観測網が設置されていない海域（高知県沖～日向灘）に、南海トラフ海底地震津波観測網「N-net」を構築中。

● K-NET観測装置

●K-NET観測装置の内部

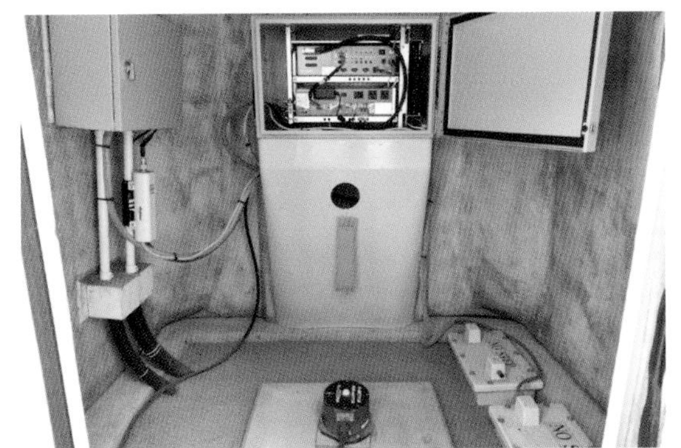

K-NETはすべて地表に設置されていて、得られた加速度記録から計測震度を計算することが可能。1996年6月の運用開始以来、K-NETやKiK-netで観測された約80万波形の強震波形データが公開されている。

い揺れから非常にゆっくりとした揺れまで、幅広い周期の地震を計測できる観測網である。この観測機器は温度変化や気圧変動の影響を受けにくくするために、数十mのトンネルを掘り、その奥に地震計を設置している。F-netは全国に約70カ所、おおむね100㎞間隔で設置されている。

このように種類の違う観測機器を用意するのは、小さな地震から大きな地震までを1種類の機器ですべてを観測することができないからだ。小さな地震を捉えることが得意な計器と、大きな地震を捉えることが得意な計器、それにゆっくりとしたペースで揺れる長周期の地震を捉えることが得意な計器の大きく3種類を用いて観測することで、体で感じることのできない小さな地震から大きな地震までを正確に観測することができる。

■地震観測データの利活用

MOWLASによる観測データは気象庁や大学などによる観測データと一元化され、防災科研がデータセンターの役割を担うことで誰もが容易にデータにアクセスできるようになっており、世界中の研究者がこれらのオープンデータを用いてさまざまな研究に活用している。

研究だけでなく、防災という観点でも観測データは利活用されている。気象庁が発信する緊急地震速報や津波警報などは、MOWLASの観測データがリアルタイムに気象庁に伝送されたものも活用されているのだ。

地震が発生して約1分半後にはテレビなどで発表される震度も、気象庁が600カ所、防災科研が800カ所、都道府県等が2800カ所持っている観測点のデータが一元化されることで、どこで地震が起きても地震発生直後に全国すべての市町村の震度情報が発表できる仕組みになっている。

■「予防」のためのデータ活用

地震や津波の観測網で得られたデータは、建物の耐震化のためにも使われている。入力地震動、つまりどんな揺れが起こったかを再現して実験やシミュレーションに使うことで、地震工学にも活用できるということである。

また、地震や津波のハザード評価にも使われており、国や市区町村などが作成している地震や津波のハザードマップの作製にも活用されている。

民間企業でも観測データが活用されている。たとえば、東日本旅客鉄道株式会社（JR東日本）などJR各社に防災科研からリアルタイムで観測記録が送られ、閾値を超える大きな地震を感知した場合には新幹線を減速し、できるだけ早く停車させることができるような仕組みになっている。

海域での地震津波観測網

地震の発生を直前に予知することは現在の科学技術では困難であるが、地震や津波を観測することで、震度や、津波の波高や到達時刻などを即時に予測することはできるようになってきた。即時予測をより早め、精度を高めるために、観測網は陸域だけでなく海域にも張り巡らされている。

■DONET、S-netとは

津波がいつ到達しその津波波高はどれくらいなのかを、海の中に設置された観測機器によって観測することで予測する取り組みが進められている。また、海域で観測することで、緊急地震速報などを早める研究もされている。

南海トラフ地震の発生に備えるための海域での地震津波観測網として、地震・津波観測監視システム（DONET）が構築され、2016年に完成した。また、2011年３月11日の東北地方太平洋沖地震後に、太平洋側の日本海溝に沿った海域による観測網が手薄であることを受け、防災科研によって、日本海溝海底地震津波観測網（S-net）が構築され、2016年から運用が始まっている。

東北地方太平洋沖地震では、地震発生後３分までの間に気象庁が津波警報の第一報を発表することはできたものの、津波の大きさを正確に予測することができず、結果的には過小評価することとなって避難に遅れが出た。実際のエネルギーの40分の１程度と評価してしまったことによって、津波の当初予測は約１～６ｍと発表されたが、沖合での観測データなどをもとに、第２報で３～10ｍに更新された。早い段階で正確な予測ができなかったという反省を踏まえ、海域での地震や津波の観測の重要性が改めて認識され、S-netが構築されることとなった。

S-netは世界最大規模の海底の地震津波観測網で、地震による揺れを観測するための地震計と津波を観測するための水圧計を組み込んだ観測装置を光海底ケーブルで接続し、海底に設置して観測するシステムだ。これを日本海溝から千島海溝南西部にかけての東日本の太平洋沖に計150カ所、全長約5500㎞の長さで設置して、24時間連続でリアルタイムに観測データを取得する。S-netにより、地震動は最大30秒程度早く、津波は最大20分程度早く直接検知できることが期待される。

■海域で地震や津波を観測する仕組み

これら海域の地震と津波の観測は、どのような仕組みで行っているのだろうか。

観測網をどのように敷設するかというと、まず東日本の太平洋沖を６つの海域に分け、地震計や水圧計、通信装置、電源などが格納された観測装置を、30㎞間隔で海底ケーブルにより数珠（じゅず）つなぎにした状態で、ケーブル敷設船を使用して海底に設置する。観測データは、海底ケーブルの両端または片端に設置された陸上局に向かって送信される。ケーブルの両端２カ所に陸上局を配置して双方向に送信することで、海底地すべりなどでケーブルが切断された場合にも観測を継続し、データを回収することが可能となる。

地震は、地上での地震観測網と同様、地震計を用いて海底面での揺れを観測する。では津波はどのように観測するのか。そのためには水圧計を用いる。水圧は上に載っている海水の量によって変化する。海の深い地点ほど水圧が高まるのは、上にある水の量が多くなるためだ。津波が起こると上にある海水の量が変化し、その変動を水圧計が捉えることで津波が起こったことがわかる。

では、通常の波（海域で吹いている風によって生じる波浪）と津波はどのように区別するのだろ

● S-net（日本海溝海底地震津波観測網）

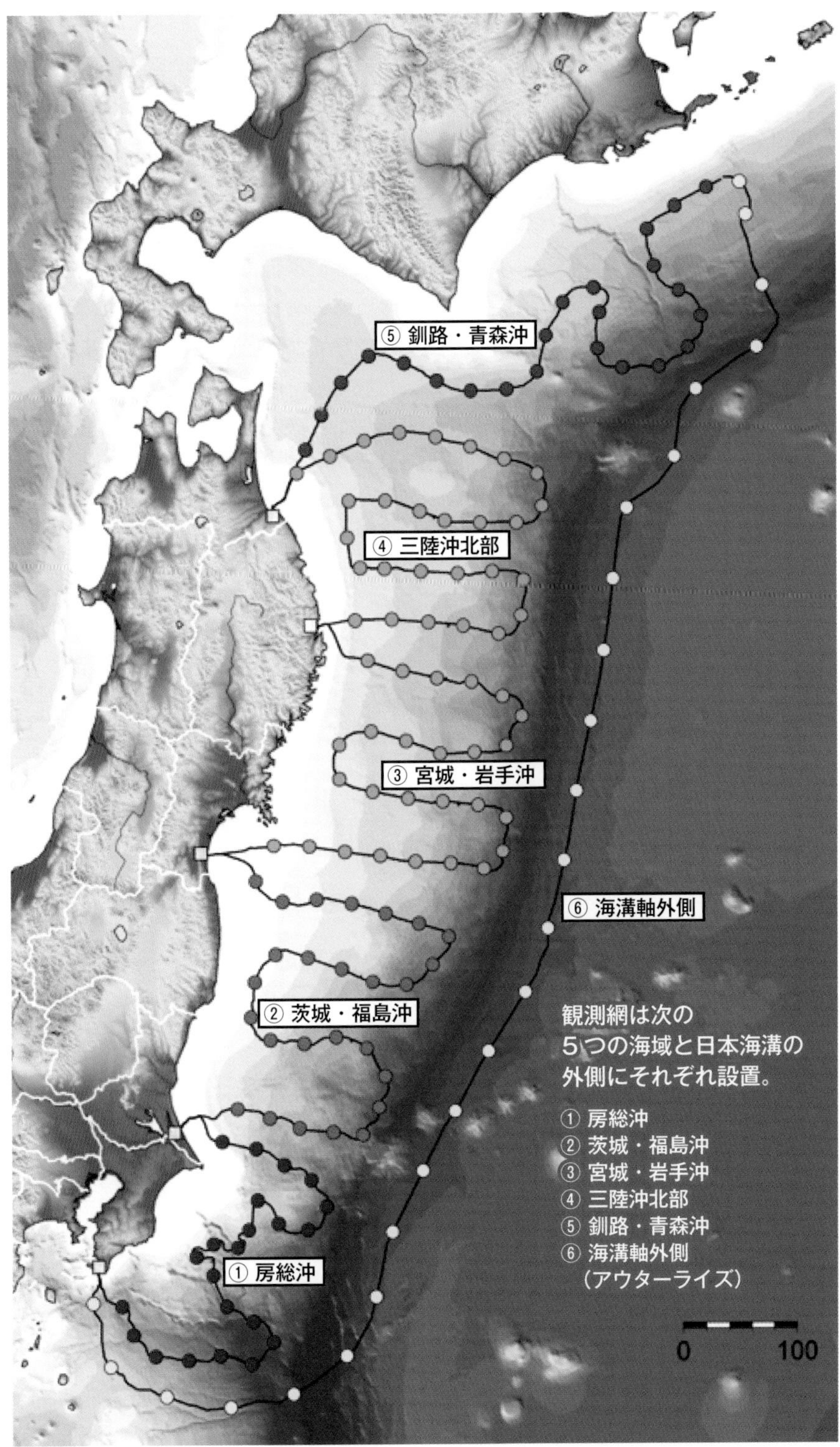

海域の地震像の解明のためにも海底における観測データは必要不可欠。地震計と水圧計が一体となった観測装置を海底ケーブルで接続した観測システムを、日本海溝から千島海溝海域に至る東日本太平洋沖の海底に設置し、24時間連続でリアルタイム観測データを取得する。観測装置は150カ所に設置されており、ケーブル全長は約5500km。 海溝型地震や発生直後の津波を直接的に検知し、迅速かつ確実な情報伝達により被害の軽減や避難行動などの防災対策に貢献することが期待される。

うか。通常の波は波長が数ｍから数百ｍ程度の海面付近の局所的な現象であるため、海の深いところに置かれた観測機器では水圧の変化は検知されない。しかし津波は、波長が数㎞から数百㎞程度という非常に長い波長を持ち、海底から海面までの海水全体が変動する現象で広い範囲で水圧の変化が起こるため、海底に設置した水圧計が水圧の変化を捉えることができる。S-netやDONETで用いられている水圧計は非常に性能の高いもので、１㎝以下の微小な津波から数ｍを超える大津波も検知することができる。

■津波遡上の予測など新たな研究に活用

現在の気象庁の津波警報は、全国を66の津波予報区に分け、それぞれにどれくらいの高さの津波が何分後に来るかという、津波波高と到達時刻の予想を目的としている。東北地方太平洋沖地震では警報が出てもなかなか避難しない人や、いったん避難しても家族や家のことが気になって自宅に戻って亡くなった人も多くいた。そこで、津波の到達時間だけでなく、地上のどこの地点まで津波が遡上し、どれくらいの浸水深になるかを、リアルタイムで予測する研究が進められている。

●海底への観測装置の設置

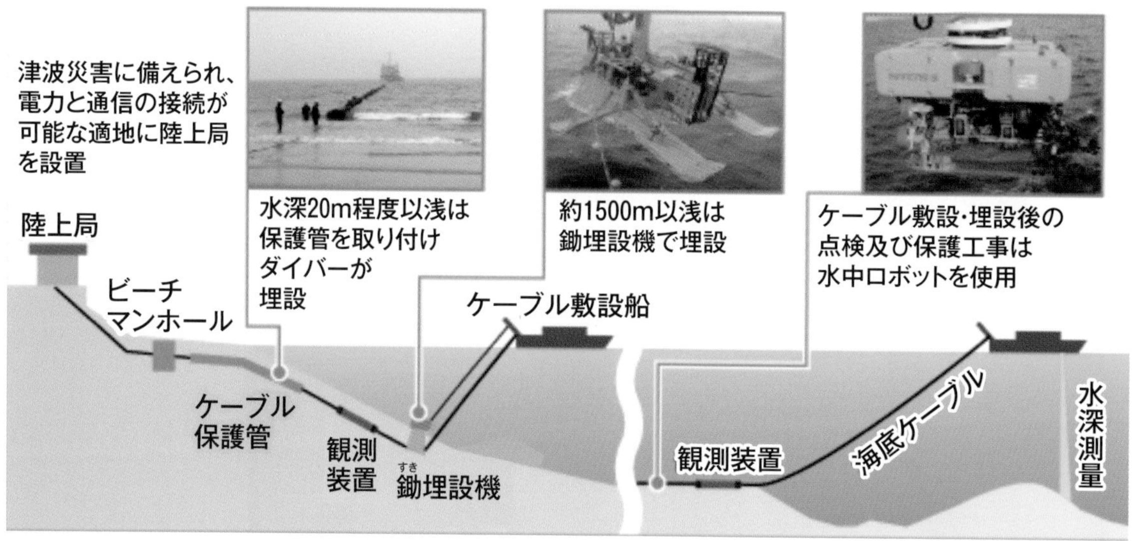

● S-net観測網の構成

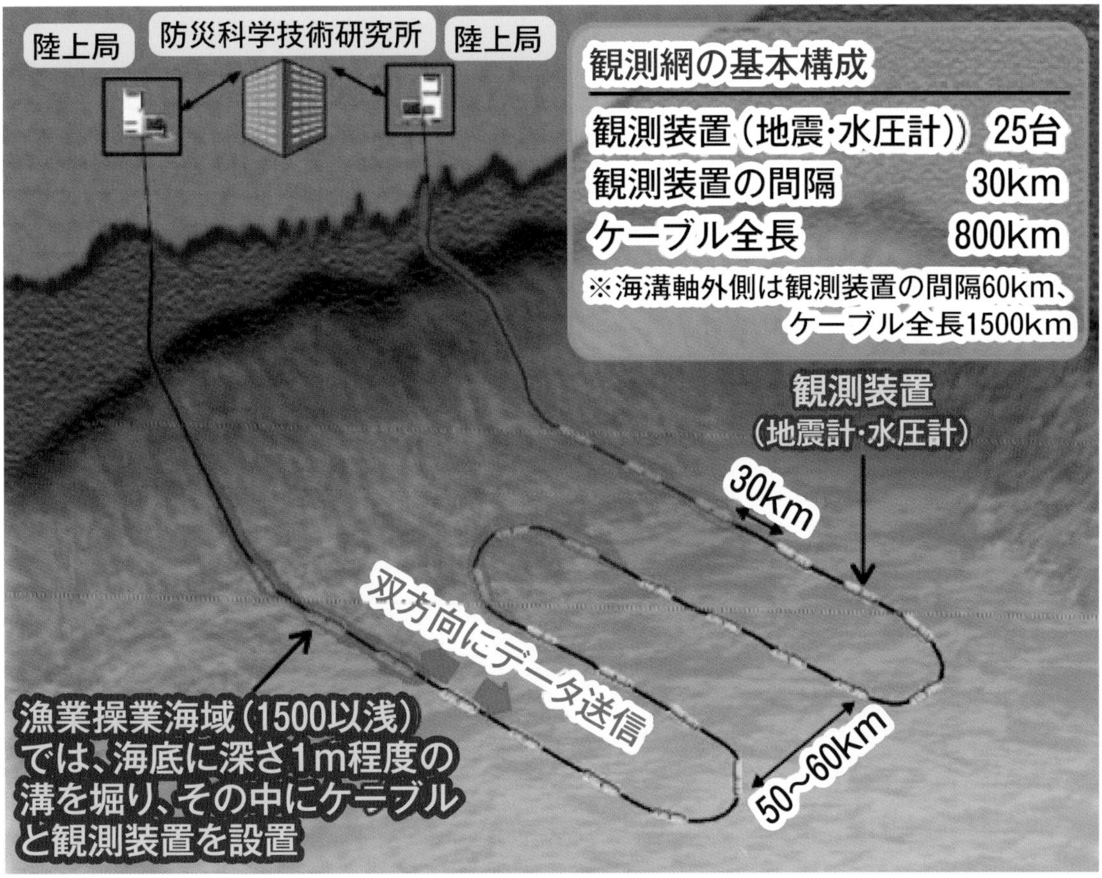

陸上局

防災科学技術研究所

陸上局

観測網の基本構成

観測装置（地震・水圧計）　25台

観測装置の間隔　30km

ケーブル全長　800km

※海溝軸外側は観測装置の間隔60km、ケーブル全長1500km

観測装置（地震計・水圧計）

30km

双方向にデータ送信

50~60km

漁業操業海域（1500以浅）では、海底に深さ1m程度の溝を掘り、その中にケーブルと観測装置を設置

1つの観測システム（サブシステム）は、全長約800kmのケーブルにおおむね30km間隔で25の観測点（観測装置）が接続され、設置される。水深1500m以浅の海域では海底下1m程度にケーブルと観測装置を埋設して設置する。
各サブシステムの観測データは、海底ケーブルの両端に設置された2つの陸上局に24時間連続して双方向伝送される。これらの観測データが防災科研や気象庁などの関係機関へも伝送され、地震や津波の監視、緊急地震速報などの迅速化、海域の地震像や地殻構造解明の基礎データとして活用される。

● N-netで用いられている観測装置の構造（記事はP46）

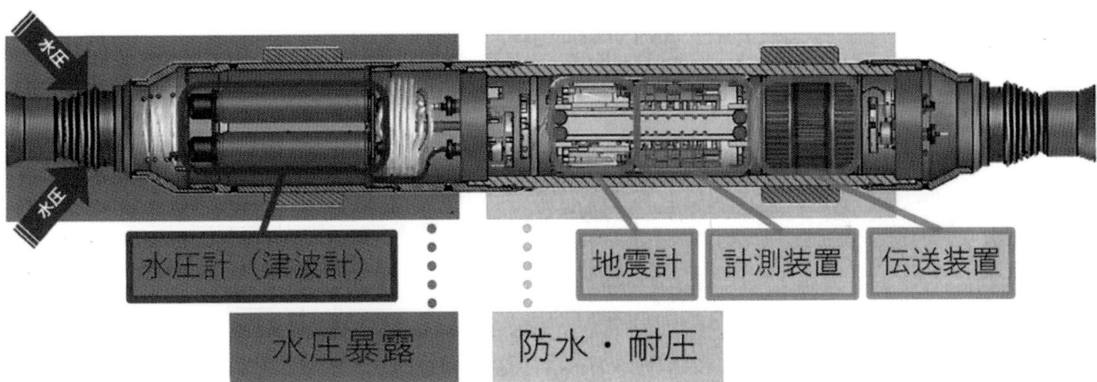

N-netの観測装置。地震計や水圧計、通信装置、電源などが直径34cm×長さ226cmの防水耐圧の金属筐体に収納されており、重量約650kg。最大水深7000mの深海底にも設置できる。

■構築が進むN-net

南海トラフにおける大規模な地震発生の可能性が高まっていることを受けて、想定震源域の西半分のまだ観測網が構築されていない高知県沖から日向灘の海域に新たな海域観測網の設置が進んでいる。それがN-net（南海トラフ海底地震津波観測網：Nankai Trough Seafloor Observation Network for Earthquakes and Tsunamis）である。

2024年度末に完成が予定されているN-netは、沖合システムと沿岸システムからなり、それぞれ18地点ずつ、S-netと同じような地震計と水圧計を組み込んだ観測装置を海底ケーブルで接続して海底に計36台設置する予定となっている。N-netが完成すれば、東北から九州までの太平洋側のすべてに地震津波の観測網が整備されることになり、いざ大地震が発生したときの速やかな対応に活用されることが期待される。また、コンセントのような分岐装置（ノード）も海底に設置することで、今後、新たな観測装置を増設する機能も有している。

●DONET

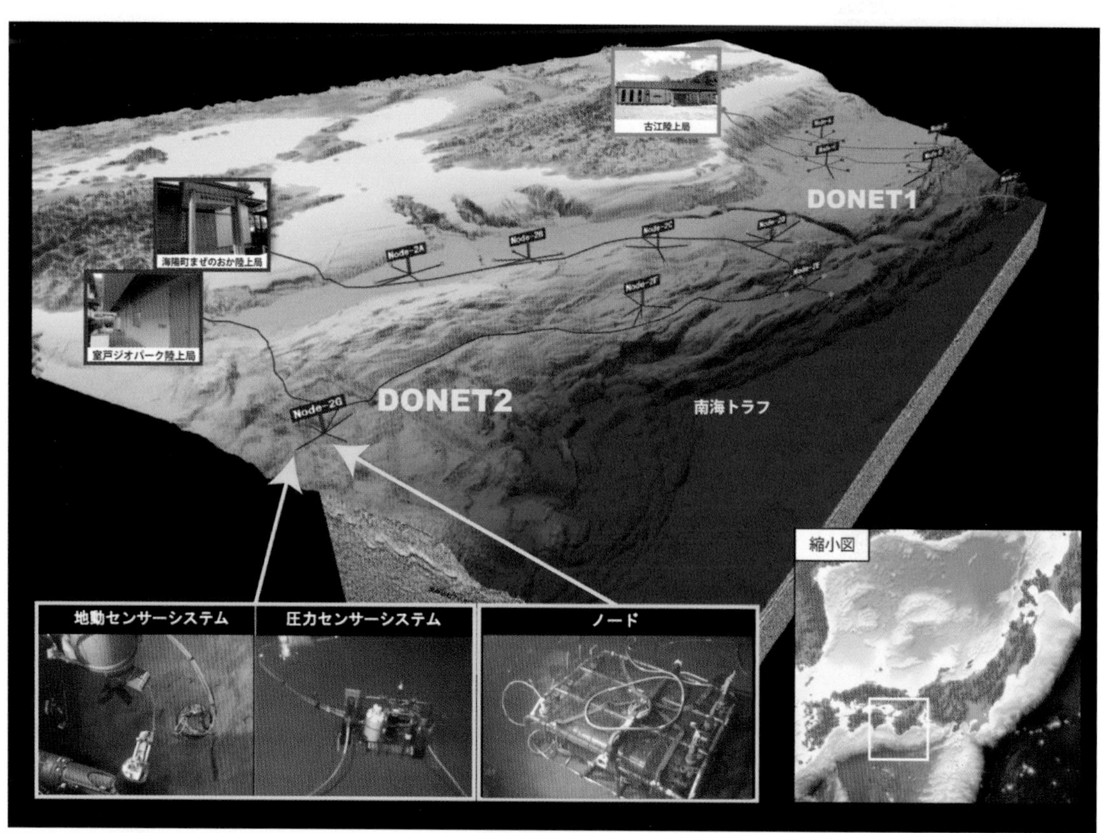

各観測点は、振幅の小さな振動から大きな振動まで、また地殻変動のようなゆっくりとした変動から地震のような周期の短い振動など、さまざまな現象を捉えることができるよう、多種類のセンサーによる観測が実現されている。DONETは基幹ケーブルを敷設したのち、海中ロボットで観測機器を設置、海底ケーブルに接続して構築する。DONET1の観測データは三重県尾鷲市の古江陸上局から、DONET2の観測データは徳島県海陽町まぜのおか陸上局と高知県の室戸ジオパーク陸上局から、リアルタイムで防災科研をはじめ、気象庁や大学等の各研究機関に送られている。

●N-net（南海トラフ海底地震津波観測網）イメージ図

●防災科研に展示されている相模湾の海底観測装置の模型

（図版はすべて防災科研）

地震の予測とは

地震や津波の観測が進み、データが蓄積されてきたことで、地震・津波がいつ、どこで、どの程度の大きさのものが起こり得るのか、その潜在的な可能性を予測することが可能になってきた。予測はどのように行うのか、その技術に迫る。

■地震の発生する確率を評価する

地震予測の分野は、1995年に起こった阪神・淡路大震災を契機として研究が加速した。政府の地震調査研究推進本部（地震本部）が中心となって、多くの専門家が参画し、調査や予測の研究が進められたのである。

この震災は活断層がずれたことによるものだったが、当時、活断層がどこにどのくらいあり、それによってどの程度の地震がもたらされるのか、あまり知られていなかった。そこで100個ほどを「主要活断層帯」と呼ぶこととして調査・評価し、そうした活断層周辺で起こる強い揺れを予測して防災に役立てようという試みが始まった。

また、活断層以外の海溝型の地震についても日本に関係するであろう場所を調査・評価することになった。

これらすべての地震について、今後30年間でどのくらいの確率で起きるのかを評価した。その結果が、P50～51に示されている。

それらをもとに作成されているのが「地震動予測地図」である。たとえば2020年版を見てみると、2020年から30年間に震度６弱以上の揺れに見舞われる確率は、東京都心では26%以上の赤紫色で示されている。

地震動予測地図には２種類あり、揺れに遭う確率がどの地域でどれくらいあるかの確率値を地図上で示した「確率論的地震動予測地図」と、「震源断層を特定した地震動予測地図」である。

■地震動予測地図の作成に必要な情報

地震動予測地図を作るために必要な情報には、どのようなものがあるだろうか。

先に述べた評価については、過去に起こった地震の情報が必要となる。海溝型と活断層型の地震が、どこで、どのくらいのスパンで起きているか。歴史的な史料の中に活字情報で記録されているものや、調査を行ったうえで判明したものがある。地震が起こると、地盤にその痕跡（こんせき）が残るため、ボーリング調査などの地質調査を行い、その痕跡を分析すると、その場所でいつ、どれくらいの地震が起こったかがわかるのである。

２つ目は、地点ごとの地盤の状況の情報である。硬い地盤に覆われた場所なのか、やわらかい堆積層が重なっている場所なのかによって、地中で同じ現象が起きたとしても地表面の揺れは大きな差が出てくるのである。当然、長年にわたって形成されてきた強固な岩盤があると揺れにくいし、もともと川や海だった場所を埋めてあれば揺れやすくなる。これを調査するために、ボーリングなどの調査がここ50年で1000万回以上行われており、そのうち防災科研では100万回分の調査データを入手してデータベース化している。

そして３つ目は、物理的なモデリング手法である。そもそも地震の揺れというものは、どんな性質を持っていて、どう計算すればいいのかをモデル化して、計算式に当てはめた情報である。

防災科研では、この地震動予測地図をウェブ上で閲覧できる「地震ハザードステーション（J-SHIS）」を作成し、共通情報基盤として公開している。

● 地震動予測地図

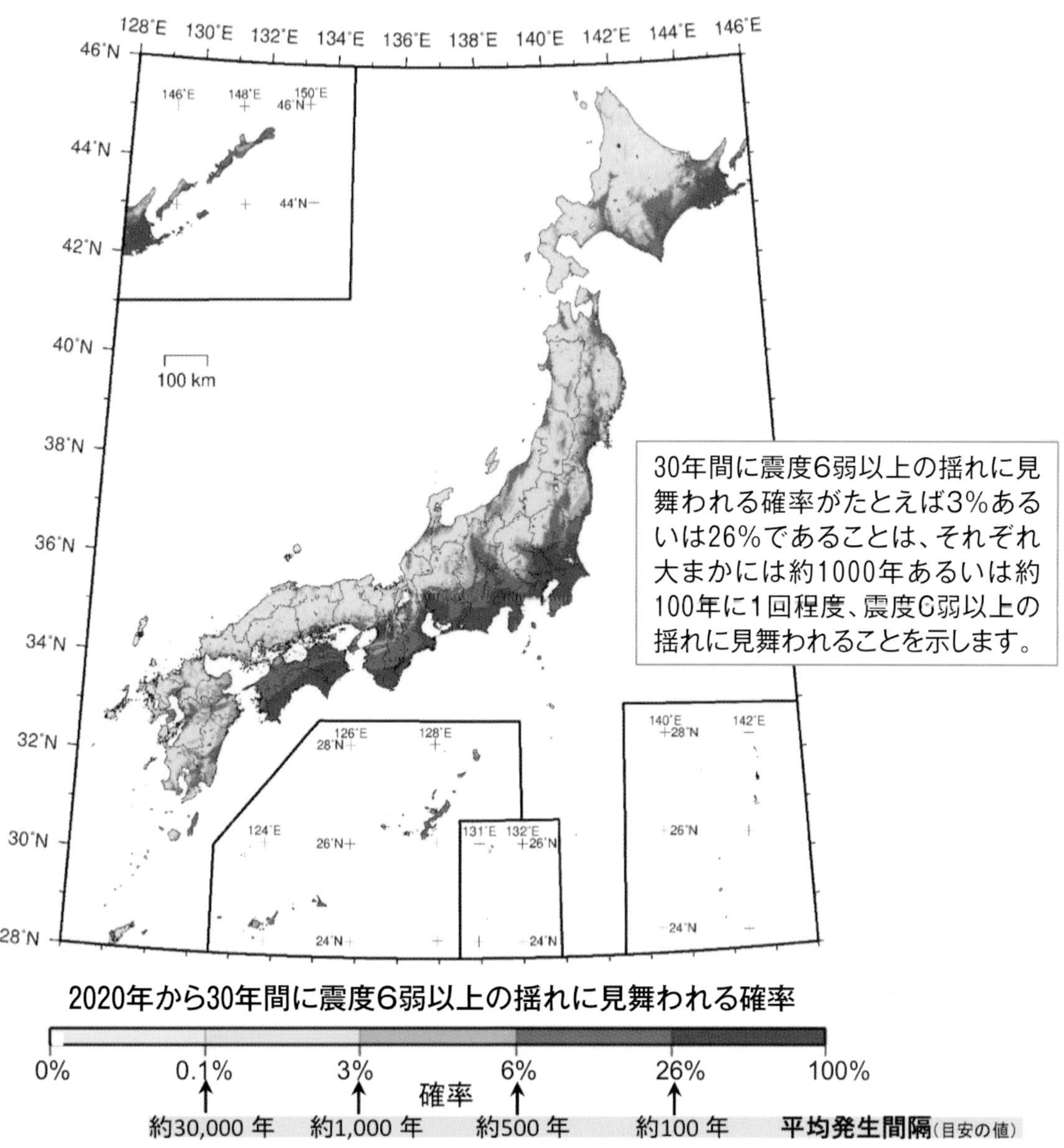

「2020年から30年間に震度６弱以上の揺れに見舞われる確率」を示した地震動予測地図 。図に示されている確率は、「その場所で地震が発生する確率」ではなく、「日本周辺で発生した地震によってその場所が震度６弱以上の揺れに見舞われる確率」。世界的に見て地震による危険度が非常に高い日本の中でも、場所によって強い揺れに見舞われる可能性が相対的に高いところ（赤紫色）と低いところ（淡黄色）があることがわかる。 太平洋側で確率が高い傾向が見られるが、日本全国で強い揺れに見舞われる可能性がある。

（図版：地震本部）

●政府の地震調査研究推進本部による地震活動の長期的評価

・左ページが活断層地震の評価、右ページは海溝型地震による評価を表す。

2023年1月13日公表

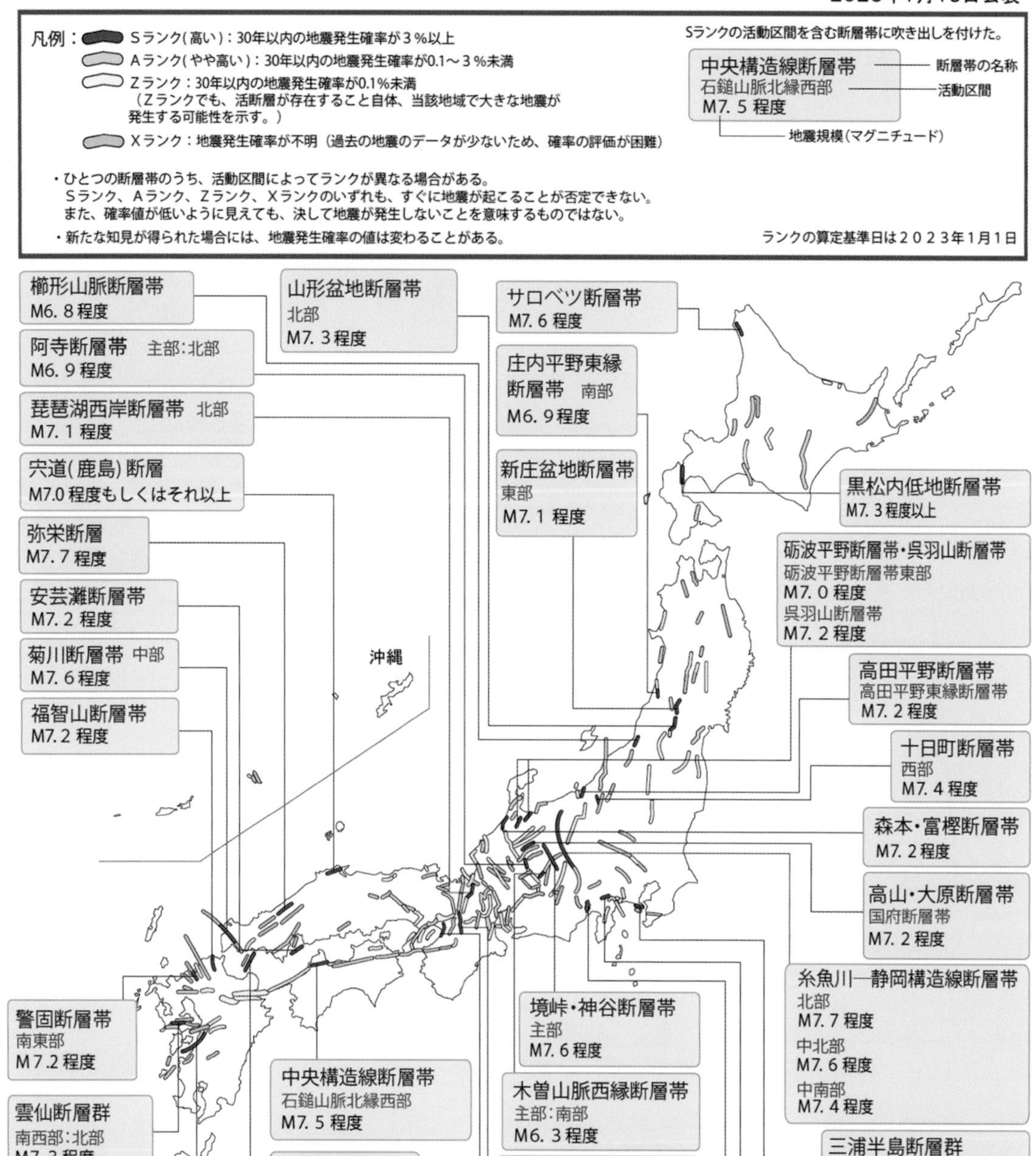

○ランク分けにかかわらず、日本ではどの場所においても、
地震による強い揺れに見舞われるおそれがあります。

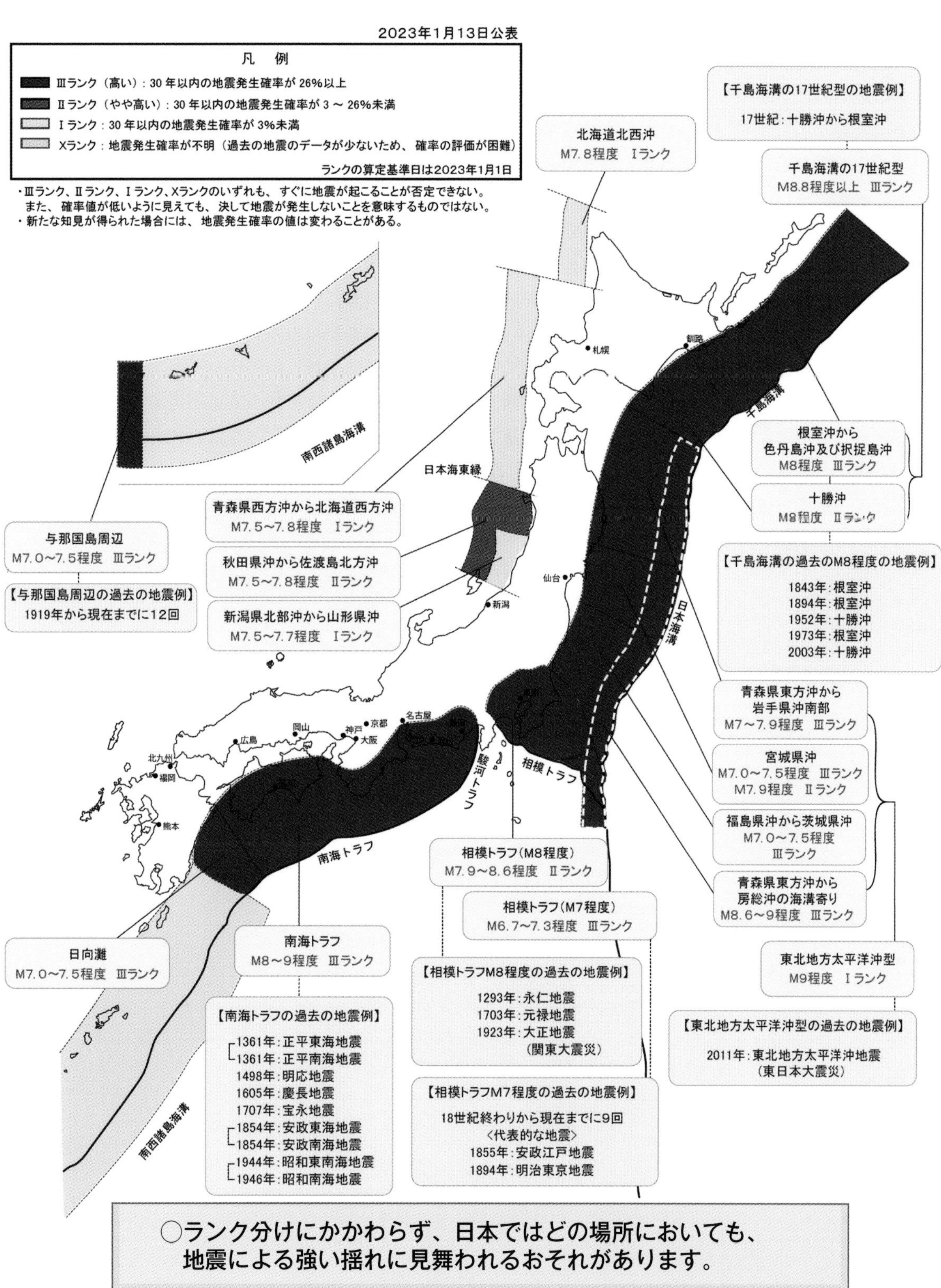
2023年1月13日公表
凡　例
Ⅲランク（高い）：30 年以内の地震発生確率が 26%以上
Ⅱランク（やや高い）：30 年以内の地震発生確率が 3 ～ 26%未満
Ⅰランク：30 年以内の地震発生確率が 3%未満
Xランク：地震発生確率が不明（過去の地震のデータが少ないため、確率の評価が困難）
ランクの算定基準日は2023年1月1日
・Ⅲランク、Ⅱランク、Ⅰランク、Xランクのいずれも、すぐに地震が起こることが否定できない。
また、確率値が低いように見えても、決して地震が発生しないことを意味するものではない。
・新たな知見が得られた場合には、地震発生確率の値は変わることがある。
【千島海溝の17世紀型の地震例】
17世紀：十勝沖から根室沖
北海道北西沖
M7.8程度　Ⅰランク
千島海溝の17世紀型
M8.8程度以上　Ⅲランク
南西諸島海溝
札幌
釧路
千島海溝
根室沖から
色丹島沖及び択捉島沖
M8程度　Ⅲランク
十勝沖
M8程度　Ⅱランク
日本海東縁
青森県西方沖から北海道西方沖
M7.5～7.8程度　Ⅰランク
与那国島周辺
M7.0～7.5程度　Ⅲランク
秋田県沖から佐渡島北方沖
M7.5～7.8程度　Ⅱランク
【与那国島周辺の過去の地震例】
1919年から現在までに12回
新潟県北部沖から山形県沖
M7.5～7.7程度　Ⅰランク
仙台
新潟
【千島海溝の過去のM8程度の地震例】
1843年：根室沖
1894年：根室沖
1952年：十勝沖
1973年：根室沖
2003年：十勝沖
日本海溝
青森県東方沖から
岩手県沖南部
M7～7.9程度　Ⅲランク
宮城県沖
M7.0～7.5程度　Ⅲランク
M7.9程度　Ⅱランク
福島県沖から茨城県沖
M7.0～7.5程度
Ⅲランク
青森県東方沖から
房総沖の海溝寄り
M8.6～9程度　Ⅲランク
北九州
福岡
広島
岡山
神戸
京都
大阪
名古屋
熊本
駿河トラフ
相模トラフ
南海トラフ
相模トラフ（M8程度）
M7.9～8.6程度　Ⅱランク
相模トラフ（M7程度）
M6.7～7.3程度　Ⅲランク
日向灘
M7.0～7.5程度　Ⅲランク
南海トラフ
M8～9程度　Ⅲランク
東北地方太平洋沖型
M9程度　Ⅰランク
【相模トラフM8程度の過去の地震例】
1293年：永仁地震
1703年：元禄地震
1923年：大正地震
（関東大震災）
【東北地方太平洋沖型の過去の地震例】
2011年：東北地方太平洋沖地震
（東日本大震災）
【南海トラフの過去の地震例】
1361年：正平東海地震
1361年：正平南海地震
1498年：明応地震
1605年：慶長地震
1707年：宝永地震
1854年：安政東海地震
1854年：安政南海地震
1944年：昭和東南海地震
1946年：昭和南海地震
【相模トラフM7程度の過去の地震例】
18世紀終わりから現在までに9回
<代表的な地震>
1855年：安政江戸地震
1894年：明治東京地震
南西諸島海溝
○ランク分けにかかわらず、日本ではどの場所においても、
地震による強い揺れに見舞われるおそれがあります。

（政府／地震調査研究推進本部資料より）

■地震の確率は天気予報の確率とは違う!?

政府の地震調査委員会は南海トラフ巨大地震の40年以内の発生確率を「90%程度」と発表している（2023年１月現在）。ただし、この確率は天気予報の確率の出し方とはまったく異なるものであることを認識しておくことが必要だ。

天気予報の場合、「降水確率80%」というときは、同じ気象条件の予報が100回あった場合、80回は雨が降るということが、過去の蓄積されたデータから算出できることを意味する。

しかし、地震の場合は、毎日データを蓄積できる気象データと違って、同じ状況をいくつも観測できるわけではないので、客観的なデータに基づいた確率とは言い切れない。

そこには多分に主観的な要素が含まれる。つまり、あるモデルを用いて確率を算出しようとするときには、モデルそのものや、どのモデルを採用するかということに主観的な要素が含まれるということだ。そのため、ある人が「発生確率80%」と算出したとしても、別の人が別の観点から別のモデルを採用すると「発生確率30%」と算出される可能性もある。だから実際は、確率値で示された数値は、かなり幅を持ったものであり、「確率80%」といっても統計のうえで「保証」された確率ではないということになる。南海トラフ巨大地震においても考え方によって今後30年間で６～80%とずいぶんと大きな差があることも知っておきたい。

自然現象に対する人間側の認識が変われば、観測手法やモデリングも変わってくる。今後、新しい観測手法や新しいモデリング手法が採用されると、この確率は変わってくる可能性がある。

加工される前のデータはJ-SHIS でも公表されているので、自分の必要に応じてこうした加工前のデータを読み取ることも場合によっては可能である。実にさまざまなデータが公表されているので、専門の道に進む人は自ら活用できるようになりたいものだ。

●震源断層を特定した地震動予測地図の例。地震ハザードステーション「J-SHIS」より

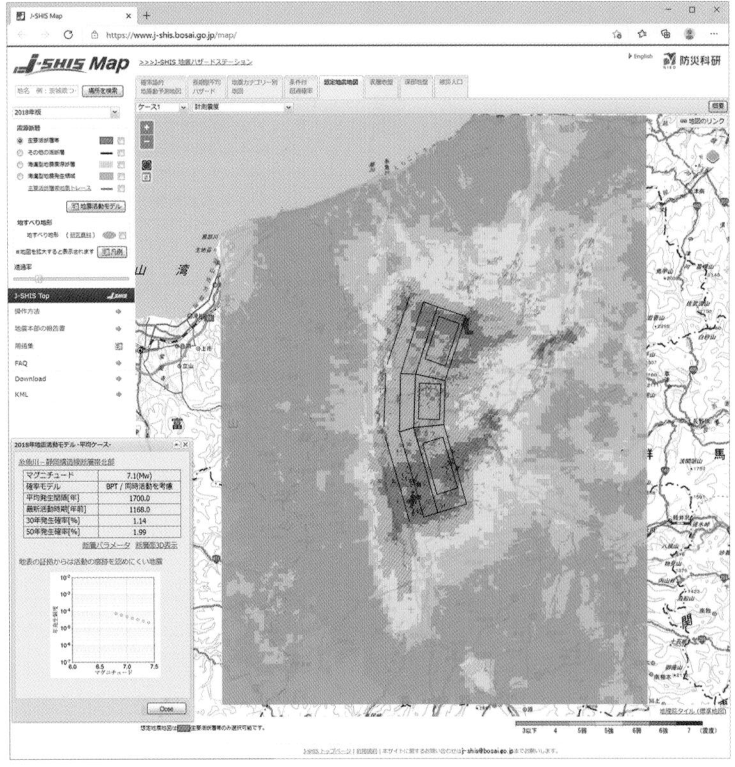

● J-SHISを構成するコンテンツ

J-SHIS Portal

J-SHIS Map

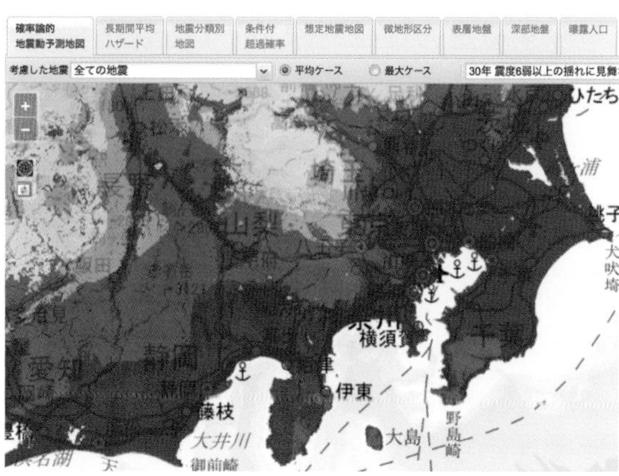

J-SHIS Labs

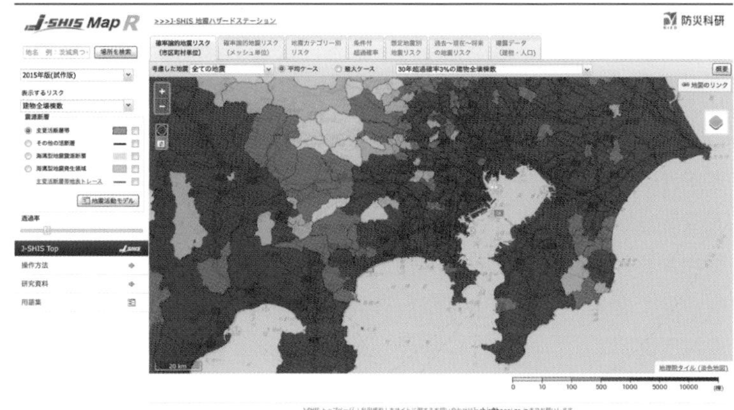

地震ハザードカルテ

J-SHIS WebAPI

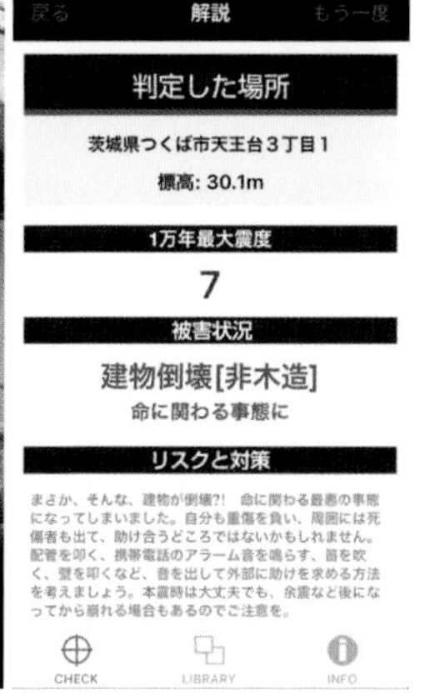

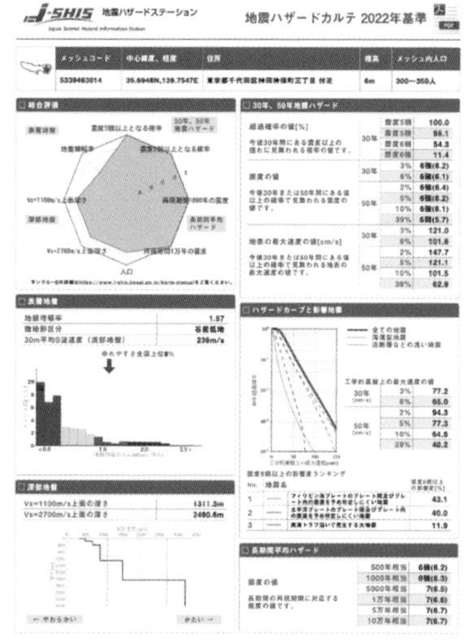

（図版はすべて防災科研）

10 地震動、津波予測情報の活用

地震や津波の予測情報は、どのように活用されているのだろうか。活用するためには、使いやすく整理され、閲覧しやすい状態になっていることが必要だ。予測情報はどこで、どのように得られるのか見ていこう。

■地震ハザードステーション「J-SHIS」を使ってみよう

前項で紹介した「地震動予測地図」は、防災科研の運用する地震ハザードステーション（J-SHIS）というWebサイトで閲覧することができる（https://www.j-shis.bosai.jp/）。まずは、J-SHISを使って、地震の予測情報にどのようなものがあるかを見てみよう。

サイトにアクセスしてJ-SHIS Mapを開き、まずは「確率論的地震動予測地図」を見てみよう。地震が起こる確率ごとに、日本列島が250mメッシュで色分けされている。「30年以内に震度６弱以上」など、いくつかのパターンで表示させることができる。活断層など浅い地震と海溝型地震での確率の違いも知ることができる。黄色からオレンジ、オレンジから赤にと、赤の濃度が濃くなるにつれて地震動確率が高いことが示されており、関東から西の地域のいわゆる南海トラフ地震や関東の首都直下地震など、リスクが高いと言われている地域が赤く色づけされていることがわかる。詳しく見ていくことで、自分の住んでいる地域にどれほどの危険性があるのかを確認することができる。

確率を知っておくことは、防災、とりわけ命を守るために必要な情報である。阪神・淡路大震災のときは6400人を超える死者のうち、約８割以上は建物の倒壊や家具の転倒による圧死であることがわかっている。当時は耐震性の低い古い木造家屋が多く残っていたことや、家具の転倒防止の情報が行き渡っていなかったことなどが指摘されている。対策を取るために、地震の危険性を認識しておくことは必要である。

注意しなければならないのは、活断層の地震については、間近に地震が迫っていたとしても発生確率が海溝型地震より高くならない、ということである。というのは、そもそも海溝型の地震は数百年単位で起こっているなど、起こるであろう時期をある程度予測することができるが、１つひとつの活断層による地震は、規模の大きいものでは数千年に一度など、かなり低頻度でしか起こらないということがわかっているからだ。

洪水と違って地震は将来、発生することを想定してしっかりと備えることが大前提であり、逆にいうとそれしかできない。洪水被害のように数日前から発生が予見できるということは、地震の場合はまずありえない。津波の場合でも、津波発生まで数時間かかる場合もあるにはあるが、地震が起こってから数分か数十分しか時間がない場合もある。つまり、地震は予防が大切だが、同時に予防が難しい災害だといえる。

■J-SHISのさまざまな機能

J-SHISには、ほかにもさまざまな機能がある。地すべり地形分布図を表示させることもできるので、地すべりの危険性も地震と重ねて理解することができる。地盤や地形の分布図などもある。

また、自分の住んでいる場所など特定の場所を指定すると、その場所を診断してくれる「地震ハザードカルテ」をPDFでダウンロードすることができる。任意の場所をクリックすると、メッシュごとに地域が特定できる。選択した状態で「診断」をクリックすると、P53右下の図のようなカ

● J-SHISのMap画面

自分が住む地域の「危険度」がわかるだけでなく、左上の画面をクリックすると、「主要活断層」「その他の活断層」「海溝型地震震源断層」「海溝型地震発生領域」などの「震源断層」や「地すべり地形」などが表示される。

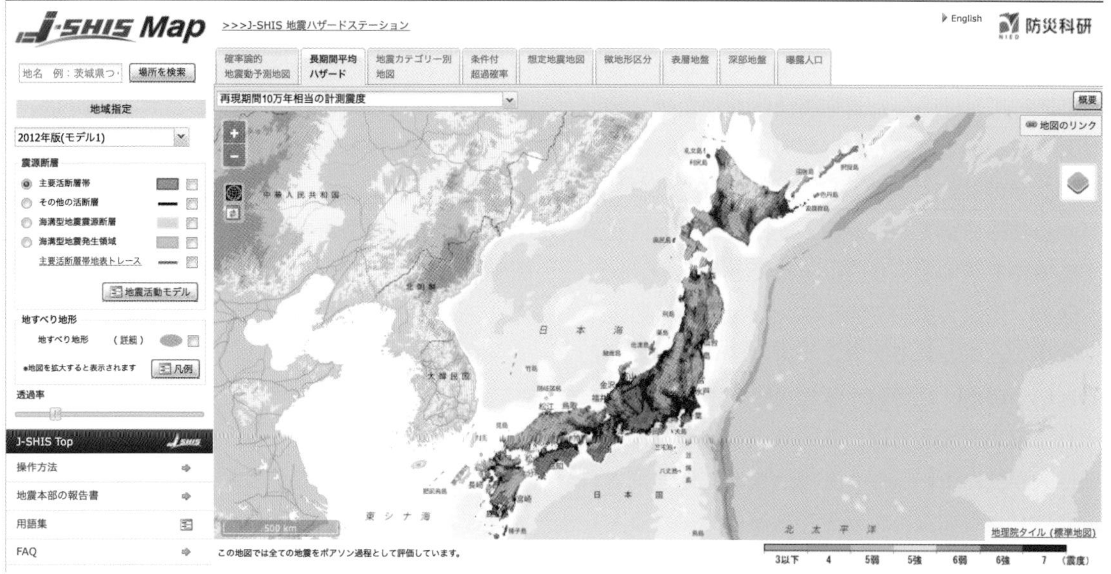

ルテが表示され、今後30年、あるいは50年のうちにどの程度の震度が、どれくらいの確率で起こるかがわかるようになっている。自宅や学校、仕事場の地域のカルテを取得して確認してみよう。

■津波ハザードステーション「J-THIS」

津波に関しては、地震と同様に「J-THIS」というサイトを防災科研がつくっており、同じように津波ハザードを評価して、色でそのリスクの程度がわかるようになっている。

このJ-THISがつくられたのは、2011年の東北地方太平洋沖地震で津波による甚大な被害が出たことがきっかけだった。政府の地震調査委員会が公表した、南海トラフ沿いの地域が今後30年以内に津波に襲われる確率が地図に示されている。住宅が流失・全壊し始めるとされる3mの津波に襲われる確率は四国、近畿、東海を中心に広い範囲で非常に高い「26%以上」となっていることが色の違いでわかる。拡大すると50m四方ごとの詳しい確率を見ることができるので、自分の住んでいる地域を確認することができる。

■保険業界に活用されるほど信頼性の高いシステム

J-SHISやJ-THISの情報は防災だけでなく、さまざまな分野で情報が活用されている。その1つが保険業界である。

日本では地震保険の料率については損害保険料率算出機構という機関が、ある算出モデルに基づいて保険料率を算定している。防災科研では、同機関と共同研究を行い、その研究成果について金融庁に毎年説明したりもしている。

また、こうした情報は「保険の保険」である「再保険」の保険料率を決めるのにも活用されている。こうした地球全体で起こる災害をモデル化してリスクを評価するという作業は世界中で行われていて、全世界でハザードマップづくりが進められているのである。

■個人の防災への活用法

J-SHISやJ-THISを個人的に活用しようとするならば、まず考えられることは、「地震や津波の危険が高い場所を避けて住居を選ぶ」ということだろう。2020年８月から水害リスクについては、不動産の取引時に水害ハザードマップを用いた対象物件の水害リスクの説明をすることが不動産業者には義務付けられることとなった。しかし、地震においてはそうした説明責任はないため、地震リスクについては自ら調べて対応しなければならない。そのとき、こうしたJ-SHISのようなサイトから情報を得て物件を購入する、あるいは賃貸する物件を選ぶという使い方ができる。

阪神・淡路大震災や東日本大震災以外にも人命が何十人と失われる大きな災害が数年に一度起こるというのが、この数十年の災害の歴史であった。それは視点を変えれば、この数十年のうちに、以前は人が住んでいなかった場所まで宅地開発され、人が住むようになった歴史であるともいえる。

自然現象としては同じような頻度で同じ規模のものが起こったとしても、そこに多くの人が住むようになれば、被害が大きくなる。住みやすい土地のように見えても古くから人が住んでいない地域には、それなりの理由があるはずで、それが自然災害の起こる場所であるからという場合もある。本来、そうした情報は地域の中で共有されているはずであるが、コミュニティの結びつきが希薄な地域では情報が共有されず、本来建ててはいけない危険な地域に建物が建ち、人が住んでいる場合がある。良い場所のように見えても人が住んでいないのには理由があるということを、J-SHISのようなサイトからも改めて考えてみるといいかもしれない。

また、不動産関係の事業者においても、これらの情報を踏まえて土地の開発を行ってほしいものだ。

■被害推定システム

ひとたび大きな地震が起きると、極めて広大な範囲に影響が及ぶ。阪神・淡路大震災の場合は、１月17日という真冬の時期の午前５時46分という、まだ夜が明けきらないうちに発生したために、被害の把握に昼頃までかかり、その頃にはすでに被害はどんどん拡大していく最中であった。東日本大震災においても津波の影響が極めて広範囲にわたっていたため、被害の全貌を把握するのに相当の時間を要した。

●リアルタイム地震被害推定システム（J-RISQ）の概要

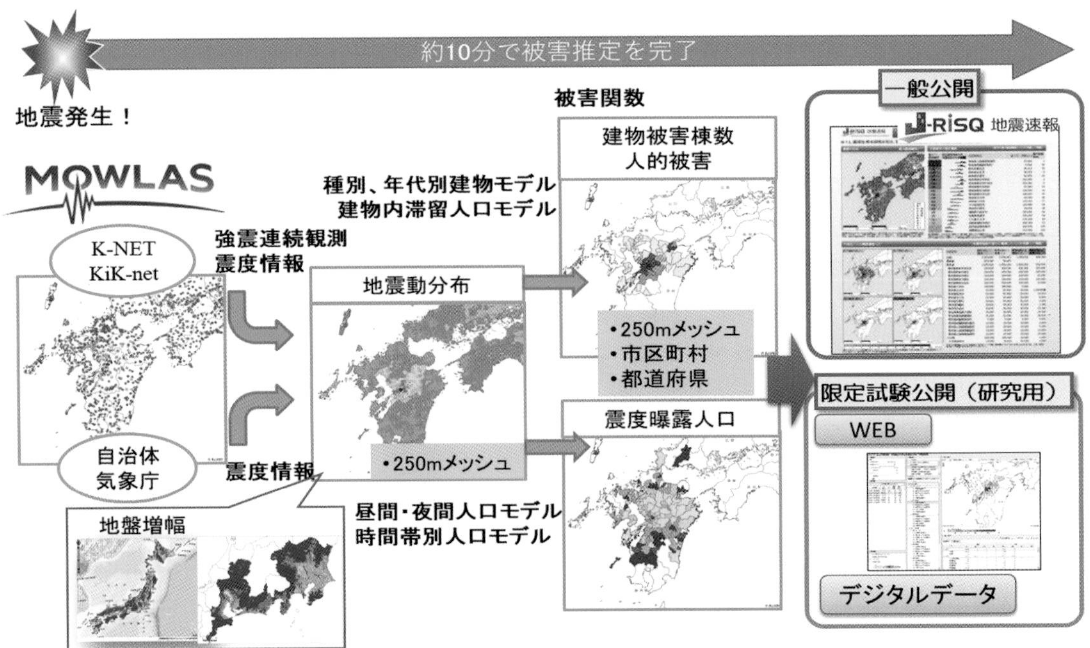

（図版：防災科研）

そこで、被害の全容把握を迅速に行うために、まずはどこでどのような被害が起きているかを推定しようというシステムが開発されている。それが防災科研の「リアルタイム地震被害推定システムJ-RISQ」である。防災科研の全国強震観測網（K-NET）と自治体、気象庁の観測点による数千カ所の観測網により、現在ではリアルタイムで観測データを得て、即座に解析ができるようになっている。

これが有効に活用されたのが、2016年４月の熊本地震である。最初の地震は４月14日21時26分に起きた。この10分後には益城町で大きな被害が出ているのではないかと推定することができていた。J-RISQは250mメッシュで建物被害を推定することができるため、被害地域をかなり特定することができた。当時は試験段階であったが、結果を公開することにしたという。現地の被害調査の結果と比べても、この被害推定はかなり近い結果が出ているとのことで、推定の信頼性が評価されている。

被害をある程度、推定することができれば、その地域に素早く救援や調査などに行くこともできるようになり、被害の把握が加速されることになるはずだ。被害推定の精度についてはまだまだ改良の余地があるというが、何もなかった阪神・淡路大震災の頃と比べると被害予測の面ではかなりの進展が見られるといってよい段階になってきている。

今後起こりうる巨大地震については、10～20分程度で大まかな被害状況の分布を、国や自治体、あるいは一般の人たちに対して情報を提供し、共有することが可能になりつつある。

●地すべり危険度マップ

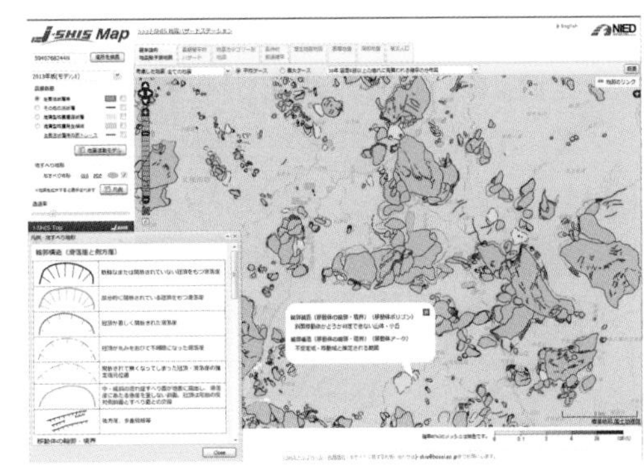

J-SHIS Mapで見る

COLUMN　IoT防災の試み

住宅や家電など、さまざまなモノがインターネットにつながるIoTを防災に役立てようという試みが広がっている。身近なものにセンサーを取り付け、取得したデータを活用しようというものだ。

その１つ、旭化成グループが進めている「LONGLIFE AEDGiS（ロングライフイージス）」は、住宅に地震計を設置することで、地震が起こった際、地震計から得られたデータと地盤の情報などにより、住宅への被害状況をいち早く予測し、被害の程度も予測しようというプロジェクトだ。 住宅メーカーとしては、顧客対応の優先順位をつけることができ、将来的な地震対策にも役立つ。このプロジェクトに、防災科研は共同研究として参画し、リアルタイム地震被害推定システム（J-RISQ）などで貢献している。

公的な観測網だけに頼らず、民間の事業者らが自らデータを取得しようというこの試みは、今後も広がっていきそうだ。将来的には、「自助」のために得たデータを、社会で共有して「共助」に役立てることが当たり前になるかもしれない。

●「LONGLIFE AEDGiS」の表示例

（写真提供：旭化成ホームズ株式会社［ヘーベルハウス］）

11 火山噴火のメカニズムを知る

日本は多くの活火山を有し、地震と同様に噴火も時に大きな被害をもたらす。2014年に起きた御嶽山（おんたけさん）の噴火では死者・行方不明者63人を出した。噴火が起こりそうだという予測はある程度できるようになっているものの、その後の火山活動の推移を見極めることは現段階では困難であるという。防災の知識を高めると同時に火山噴火のメカニズムを知っておくことも必要だ。

■火山噴火の仕組み

そもそも火山はどのような活動をするのか。火山が多く存在するのはプレート境界である。大陸プレートの下に海洋プレートが沈み込み、地下約100kmに達すると、プレート内の含水鉱物から水分が出てマントル（地球の核と地面の下の地殻との間にある層）に供給される。すると、マントルが部分的に溶融してマグマとなり、圧力が高まると地表面の火口から噴出する。これが噴火である。

火山の噴火には、火山性地震、火山性地殻変動などが伴い、噴火すると火山灰、溶岩流、火砕流などが噴出し、融雪型火山泥流になることもある（P59上図参照）。これらの現象が起こるのは、噴火には爆発的な噴火と非爆発的な噴火の２種類があるからだ。

地底からマグマが上がってくるから噴火が起こるわけだが、それには２段階ある。まずはマグマが周りよりも軽いため浮力で上がってくる。その後、ドロドロのマグマに含まれている成分が気体（ガス）となるときに体積が大きくなるため、噴火が起こる。炭酸飲料の液体の中に溶けていた炭酸ガスが泡になって上がってくるようなものだ。

地中にあるときには圧力によって封じ込められていたが、地表近くになって圧力が下がるので気体となって膨張し、爆発に至るのである。

●プレートの沈み込みと火山運動

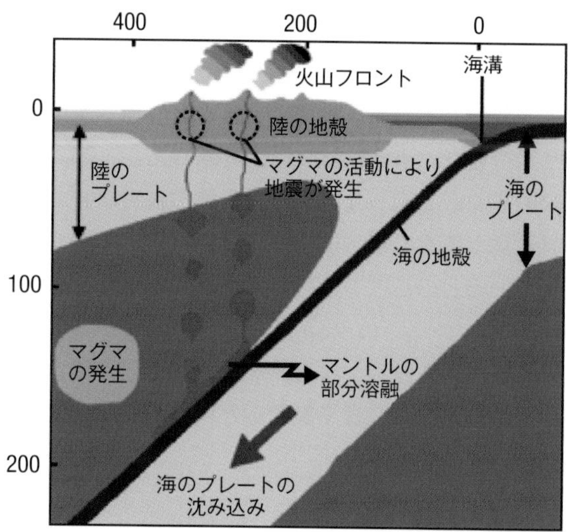

海溝からの距離（km）　（図版資料：気象庁）

■火山噴火の３パターン

火山噴火は、「水蒸気爆発（水蒸気噴火）」「マグマ水蒸気爆発（マグマ水蒸気噴火）」「マグマ噴火」の３つがある。

水蒸気噴火は、地下水などがマグマに間接的に熱せられ、しだいに圧力を増し、ついに岩石を破壊して爆発する現象で、マグマ由来の物質を含まず爆発を伴って起こる噴火のことをいう。噴火の規模では小規模に分類されるものの、2014年御嶽山（おんたけさん）噴火はこの水蒸気噴火で、多くの犠牲者を出した。

マグマ水蒸気噴火は、地下水などとマグマが直接接触し、大量の水蒸気が急激に発生することで起こる大爆発を伴った噴火のことをいう。水蒸気だけでなくマグマの物質が一緒になって爆発的な噴火を起こす。

マグマ噴火は、マグマが直接噴き出すような噴火のことをいう。流動性の低いマグマが流れ出すものから、都市を壊滅させるほどの大爆発を起こす噴火まで、マグマの性質や噴火の規模、形態によってさらに呼び方が細かく分けられる。

● 噴火に伴う現象

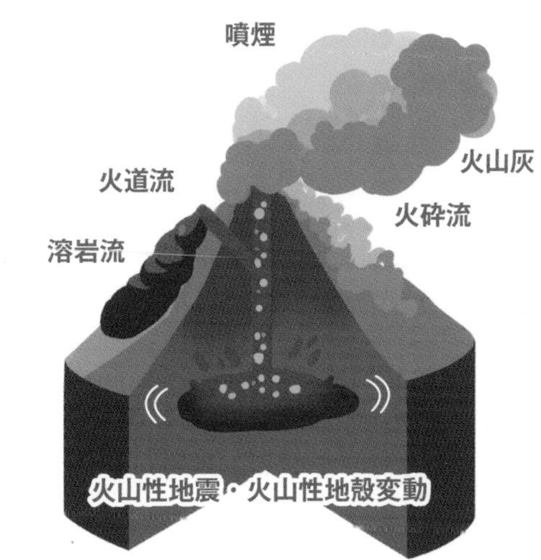

● マグマはどのようにして上がってくるか①

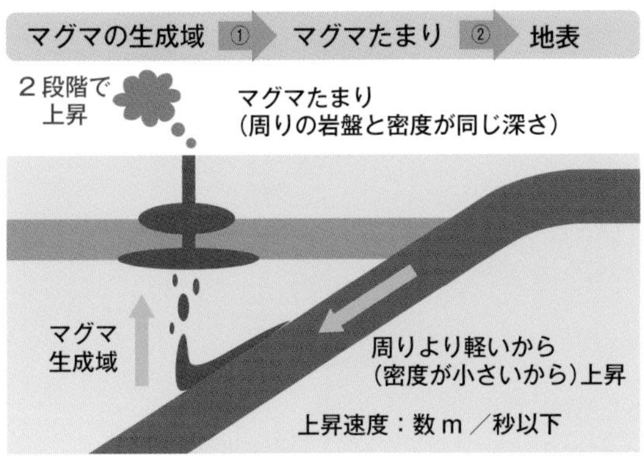

● マグマはどのようにして上がってくるか②

キーワード②発泡

・マグマが深いところにある＝圧力が高いのでガスが閉じ込められている
・浅くなってくると→ガスが抜け出して膨張し、爆発に至る

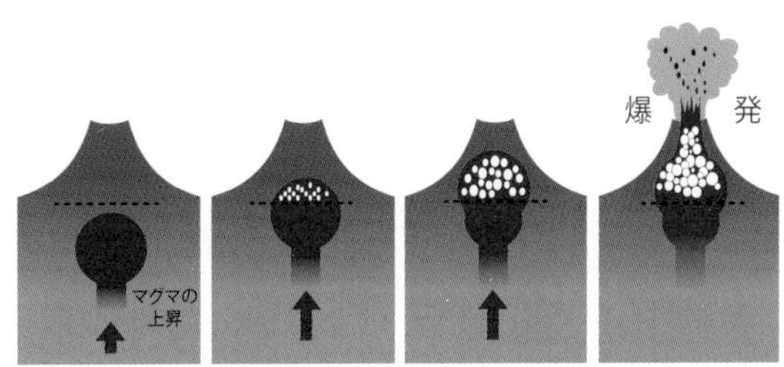

● 火山噴火の種類

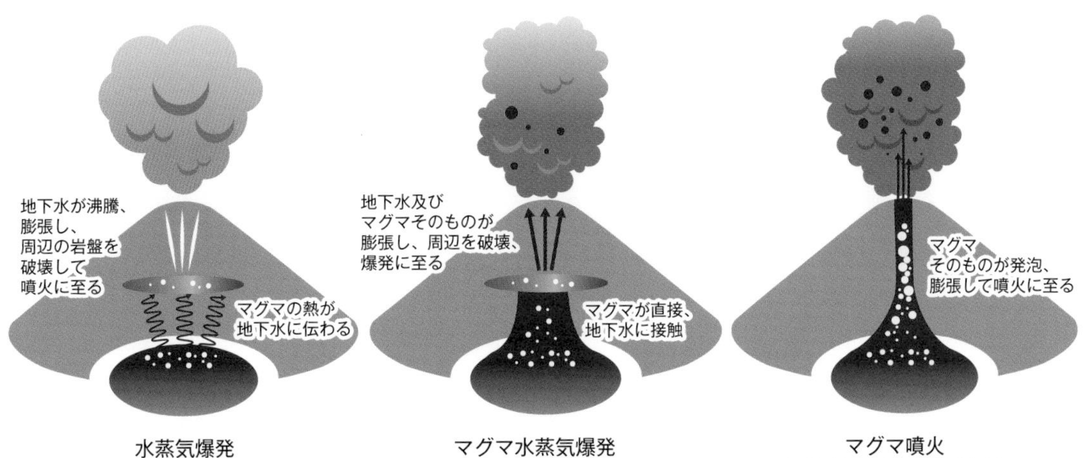

(P59の図版は防災科研の資料をもとに編集部作成)

■火山活動全般に関する用語

火山活動

マグマや火山ガス、熱水などの移動に伴って生じる噴火活動、地震活動、地殻変動、噴煙活動等のこと。「火山現象」も同義語として使用する。温泉作用、マグマの生成・上昇等も広義の火山活動である。

火映

高温の溶岩や火山ガスが火口内や火道上部にある場合に、火口上の雲や噴煙が明るく照らされる現象のこと。一般には夜間に観察される。

火映の例（浅間山 2015年）

火砕流

噴火により放出された破片状の固体物質と火山ガスなどが混合状態となり、地表に沿って流れる現象のこと。
火砕流の速度は時速100㎞以上、温度は数百℃に達することもあり、破壊力が大きく、重大な災害要因となり得る。

火砕流の例（雲仙岳　1991年）

火砕サージ

火砕流の一種で、火山ガスを主体とする希薄な流れのこと。流動性が高く、高速で流れ、尾根を乗り越えて流れることがある。

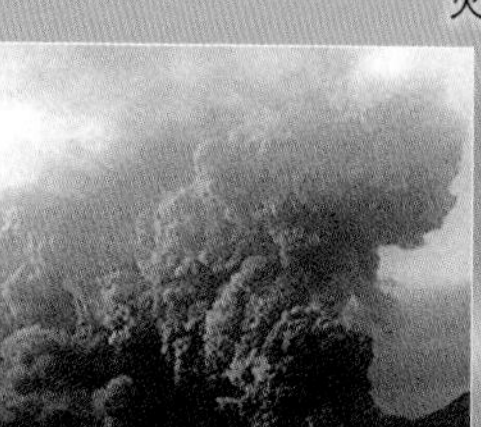

ベースサージ

火砕サージの一種で、マグマの水蒸気噴火により発生する噴煙から高速で広がる希薄な流れのこと。

火山泥流

火山において火山噴出物と多量の水が混ざって地表を流れる現象のこと。
火山噴出物が雪や氷河を溶かす、火砕流が水域に流入する、火口湖があふれ出す、火口からの熱水があふれ出し、降雨による火山噴出物の流動といった現象を原因として発生する。流れる速さは時速数十㎞に達することがある。

火山泥流例（有珠山　2000年）

岩屑なだれ

山体の斜面あるいは山体の大部分が一挙に崩壊し、高速で流れ下る現象のこと。土石流と異なり、水を多くは含まない状態で発生・流下する現象。岩屑なだれが下流で河川に流入して土石流となることもある。

空振

噴火などによって周囲の空気が振動して衝撃波となって大気中に伝播する現象のこと。空振が通過する際には建物の窓や壁を揺らし、時には窓ガラスが破損することもある。火口から離れるにしたがって減速した音波となるが、瞬間的な低周波音であるため人間の耳で直接聞くことは難しい。

空振による被害の例
（浅間山 1950年）
火口から約９㎞

土砂噴出

火山ガスの急激な噴出により、火口の周囲にある湯だまりの湯や土砂を噴き上げる現象のこと。噴火の記録基準に満たない噴出現象である。

土砂噴出の例（阿蘇山）

降灰

火山灰などが地表に降る現象、あるいは降り積もった現象のこと。降雨のときに発生すると泥雨となる。

融雪型火山泥流

火山活動によって火山を覆う雪や氷が溶かされることで発生する火山泥流のこと。
流速は時速数十㎞に達することがあり、谷筋や沢沿いを遠方まで流れ下ることがある。

融雪型火災泥流の例
（ネバドデルルイス火山
1985年）

溶岩流

溶けた岩石が地表を流れ下る現象。流下する速度は地形や溶岩の温度･組成によるが、比較的ゆっくり流れるので歩行による避難が可能な場合もある。

溶岩流の例（伊豆大島　1986年）

土石流

多量の水と土石が混合して流れ下る現象。
流速は時速数十㎞に達することがある。噴火が終息した後に発生することがある。

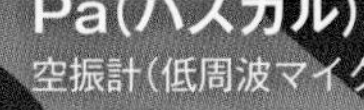

表面現象

噴火、溶岩流や火砕流の流下、噴煙活動、地表面の高温化などの火山現象が地表面に現れ、目視できる現象の総称のこと。

Pa（パスカル）

空振計（低周波マイクロフォン）は、空気震動を気圧の変化として観測しており、その観測値として用いる単位のこと。
1Paは、1㎡の面積につき1N（ニュートン）の力が作用する圧力又は応力と定義されている。

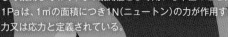

（写真･資料／気象庁）

● 日本の活火山の分布

 「火山防災のために監視・観測体制の充実等が必要な火山」として 火山噴火予知連絡会によって選定された50火山で、火山監視・警報センターにおいて火山活動を24時間体制で監視している火山。

△ 常時観測外の活火山

日本の火山監視・情報センター

1 札幌管区気象台　地域火山監視・警報センター
2 仙台管区気象台　地域火山監視・警報センター
3 気象庁（東京）火山監視課　火山監視・警報センター
4 福岡管区気象台　地域火山監視・警報センター

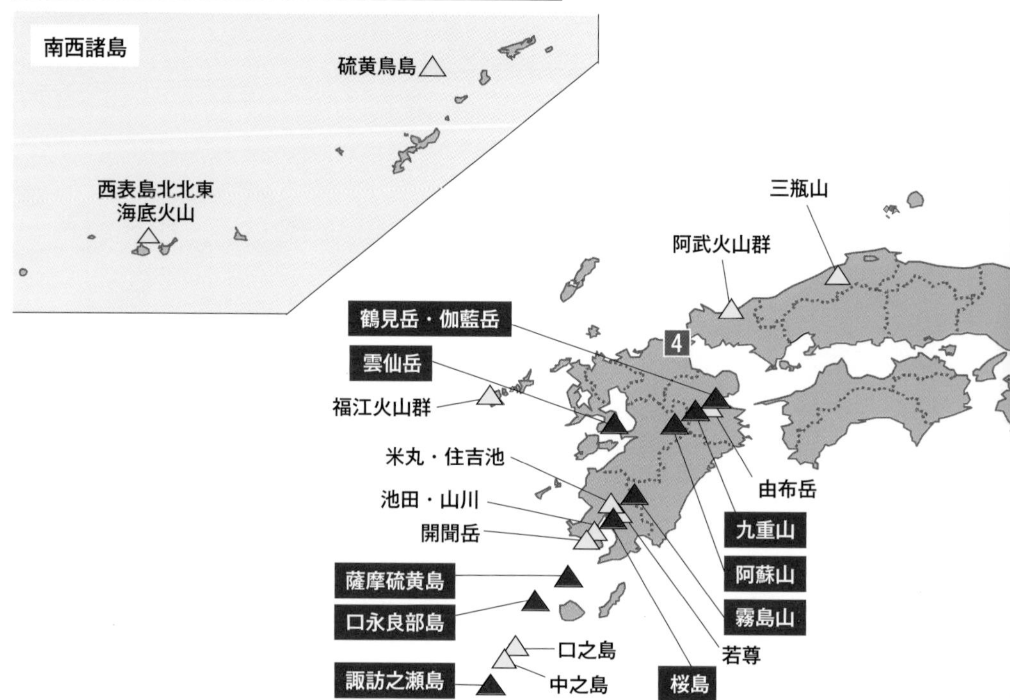

■大規模な「カルデラ噴火」

「水蒸気噴火」「マグマ水蒸気噴火」「マグマ噴火」の順に規模が大きくなるが、それ以上に大規模な噴火がカルデラ噴火である。

カルデラとは、急な崖で囲まれている円形・多角形の凹地を指す地形用語で、九州の阿蘇山や北海道の洞爺湖などがその代表例で、火山が大規模な噴火を起こした結果、できた地形である。

カルデラは、できる過程で次のような順序をたどる。「極めて大規模な火山噴火が発生」「マグマたまりから大量のマグマが地表に噴出」「マグマたまりがあった地下に空間ができ、岩盤を支えられず、地表が陥没」。この結果、急な崖で囲まれた凹地ができる。

カルデラ地形をつくるカルデラ噴火は極めて大規模な噴火で、破局的な影響が生じる。ただし、その発生スパンも極めて長く、1万年に1回ぐらいの頻度で起こると考えられている。

日本で最近起きたカルデラ噴火は、7300年くらい前、鹿児島県の鬼界カルデラができたときの噴火だといわれている。

（図版·資料／気象庁）
https://www.data.jma.go.jp/svd/vois/data/tokyo/STOCK/kaisetsu/katsukazan_toha/katsukazan_toha.html

■監視体制

世界に約1500ある活火山の７％にあたる111の活火山が日本にはある。この111の火山は火山噴火予知連絡会によって定義されたものであり、そのうちの50を常時観測火山として指定している。気象庁が「火山防災のために監視・観測体制の充実等の必要がある火山」として、常にモニタリングすることとしている。

監視・観測は地震計、傾斜計、空振計に加え、GNSS観測装置、監視カメラ、衛星などで行われ、噴火警戒情報を的確に発表しようとしている。

50ある常時観測火山には、それぞれ観測施設が設置されており、ここで観測されたデータは気象庁本庁（東京）に設置された「火山監視・警報センター」や、札幌・仙台・福岡の各管区気象台に設置された「地域火山監視・警報センター」にも送られ、活火山の火山活動を監視している。

12 火山防災と観測・警戒

火山灰には危険がいっぱい

ゴーグルをしよう

●火山灰が目に入ったら、手でこすらずに、水で流そう。

●コンタクトレンズをはずして、めがねを使おう。

マスクをしよう

●外に出るときや、そうじをするときは、マスクをつけよう。

●呼吸があらくなると火山灰が肺のおくまで入りやすくなるので、激しい運動はひかえよう。

皮ふを守ろう

●火山灰にふれると、皮ふがえんしょうをおこすことがあります。痛くなったり、はれたり、ひっかき傷からばいきんが入ったりすることがあるので、注意しましょう。

交通事故に気をつけよう

●火山灰がふると見通しが悪くなって、横断歩道などの表示が見えにくくなります。道路に火山灰が積もるとすべりやすくなって、自転車や自動車のブレーキがききにくくなります。たくさん積もると運転はできなくなります。

火山噴火が起こると実際にどのような現象が起き、どのような被害が発生するのだろうか。火山噴火の特徴を知って防災に生かすことが必要となる。また、観測によって捉えられた火山活動は、どのようにして警戒情報となり、住民に届けられるのだろうか。噴火警報と警戒レベルについても知識を備え防災に役立てることが必要だ。

●火山灰はとても小さいので、空気といっしょに肺の奥まで入っていきます。そのため、せきが増えたり、息苦しくなったりします。
●鼻水やたんが増え、鼻やのどの奥が痛くなることもあります。
噴火情報
火山灰を部屋に入れないようにしよう
●火山灰がふっている間は、ドアや窓をしめて、できるだけ外に出ないようにしよう。
●外から帰ったときは、家に入る前に上着をぬいで、へやの中に火山灰を持ちこまないようにしよう。
断水や停電にそなえよう
●ふだんから防災用品を用意しておこう。
●水は大切に使おう。

（防災科研のパンフレット「そのときに備えて」より）

※小学生でもわかるように解説はやさしい文になっています。

■最も被害が大きい降灰被害

噴火現象の中でも影響が広範囲に及ぶため、被害が大きくなる可能性があるのが降灰だ。

噴火に伴い灰が降ると、さまざまな災害を引き起こす。道路や鉄道が大きな被害を受けやすい。道路だと１㎜でも降灰するとスリップが起きたりする。１㎝積もったところに雨が降るとドロドロになり、乾くと固くなって通行に支障をきたすようになる。10㎝積もると通行不能となる。

鉄道では線路に灰が積もると電気を通さなくなり、走れなくなる。灰は水分を含むと導電性を持つので、漏電したり、ショートしたりと電力に障害が起こる。

水道に関しては、上流に火山灰が降ると、灰に含まれる硫黄で硫酸が発生することがあり、浄化に支障をきたすことがあり得る。また、畑に降ると農作物被害となる。

海底噴火で軽石が発生し、水産業の被害、港湾施設への被害も起こることがある。

鹿児島県の桜島：2009年頃から噴火活動は活発化していて、鹿児島市内には定期的に火山灰が降る。
（写真は気象庁鹿児島気象台）

■事前に危険を判断するために

現在の技術をもってすれば、噴火が起こりそうかどうかをある程度予測するのは可能といえる。短期予知は地震と地殻変動の観測によって行われる。火山周辺で地震が増えてくると、地下でマグマや熱水が動いていると考えられ、予兆と見ることができる。火山性微動が起こると、地下水とマグマが接して地表に近づいてきたと考えられる。

では、地殻変動をどのように知るかというと、火山の山体の変形を観測する。これにより、どのあたりから噴火するかの想定が可能となっている。国土地理院が800地点でGNSSという衛星による方法で観測を行っている。基準点どうしの距離の伸び縮みを㎝単位で捉えることで、地殻変動が起こっているかどうかを判断することができるのだ。

山体の変形は衛星から見た画像でも確かめることができる。アンテナから電波を発射し、観測する対象物に当たって反射された電波を観測する「干渉SAR」という技術を使って画像化して、山体の変形を捉えるのである。

また、噴出するガスの成分を分析することで噴火を予測しようという試みも始まっている。地下のマグマの量にもよるが、中期的には数カ月、短期的には数日から数時間前にはいつ噴火するか予測することができる。マグマが噴出する前にはガスが出てくるが、このガスの濃度や含まれる比率が噴火前になると通常時とは違ってくる。これを捉えて噴火の前兆と判断するのである。ガスが出やすいポイントがあり、その現場で採取したり、ガスが太陽光に当たったときに見え方が変わるスペクトル分析なども行われるようになっており、昨今、気象庁はガスの分析に力を入れ始めている。

こうした観測の結果、現在では条件が良ければ火山噴火はほぼピタリと予想することができる。具体例としては、2015年５月の口永良部島（くちのえらぶじま）での噴火が挙げられる。かなり前から兆候はあったのだが、数日前には、火山研究者たちがいよいよ間近と判断して、住民説明会も開いた。火砕流（かさいりゅう）が発生した場合に流れていく地域も特定できていたため、

● 衛星SAR自動解析システムによる観測の例

・衛星SAR自動解析システムによるPALSAR-2データの解析から検出された2017年新燃岳（しんもえだけ）噴火に先行して発生した火口周辺の地殻変動

（図版：防災科研）

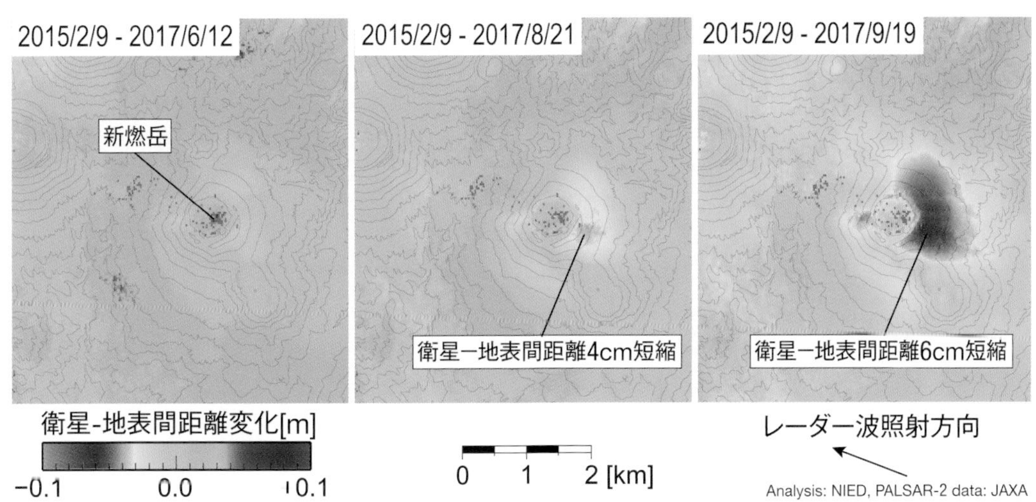

避難所も指定することができた。その結果、噴火後すぐに順次全島避難することができ、被害を最小限にとどめることができた。

直前であればかなりの精度で予測できる規模の噴火がある一方で、水蒸気噴火（2014年の御嶽山など）のように噴火としては小規模なものや、カルデラ噴火のように超大規模なものについてはまだよくわからないことが多く、予測にはまだ壁がある。

また、噴火の発生に比べて終息時期を予測するのもまた一段と高い壁がある。地震の場合は、本震が起きた後は余震が一定の法則のもとで減っていくため、終息する時期がある程度わかる。しかし、火山の場合は、今のところ技術的には、20～30kmぐらいまでの深さの様子しかわからず、マグマが下がっていっても、いつまた上がってくるかがつかみにくい。

つまり、地震の場合は岩盤のストレスが限界に達したときにいきなり起こるので予測が立てにくいが、終息時期は予測しやすい。逆に火山噴火は発生の予測はある程度できるが、終息時期が予測しにくいという違いがある。

■警戒レベルと噴火警報

火山の噴火により噴石や火砕流などによって住民生活に被害が及ぶ場合には、気象庁が警戒の必要な範囲を明らかにしたうえで噴火警報を発表することになっている。

警戒が必要な範囲が「火口周辺」に限られる場合は「噴火警報（火口周辺）」、居住地域に及ぶ場合には「噴火警報（居住地域）」として発表する。警戒レベルは「１．活火山であることに留意」から「５．避難」まで５段階あり、気象庁のホームページや、関係機関、報道機関を通じて住民に向けて発信される。火山活動が噴火警報に及ばないと判断された場合は、「噴火予報」として発表される。

活火山を抱える地元の自治体や関係機関では、火山防災協議会が構成されており、市町村・都道府県の「地域防災計画」に定められた火山において、火山活動に応じた「警戒が必要な範囲」と「とるべき防災対策」が定められている。ハザードマップも作られているので事前に確認しておき、噴火の際にはすぐに行動に移せるようにしておく必要がある。

● 噴火警戒レベル

種類	名称	対象範囲	噴火警戒レベルとキーワード	
特別警報	噴火警報（居住地域）または噴火警報	居住地域およびそれより火口側	レベル5	避難 
			レベル4	高齢者等避難 
警報	噴火警報（火口周辺）または火口周辺警報	火口から居住地域近くまで	レベル3	入山規制 
		火口周辺	レベル2	火口周辺規制 
予報	噴火予報	火口内等	レベル1	活火山であることに留意 

立入禁止

注1：住民等の主な行動と登山者・入山者への対応には、代表的なものを記載。

注2：避難・高齢者等避難や入山規制の対象地域は、火山ごとに火山防災協議会での共同検討を通じて地域防災計画等に定められている。ただし、火山活動の状況によっては、具体的な対象地域はあらかじめ定められた地域とは異なることがある。

注3：表で記載している「火口」は、噴火が想定されている火口あるいは火口が出現し得る領域（想定火口域）を意味する。あらかじめ噴火場所（地域）を特定できない伊豆東部火山群等では「地震活動域」を想定火口域として対応する。

	説明		
	火山活動の状況	住民等の行動	登山者・入山者への対応
	居住地域に重大な被害を及ぼす噴火が発生、あるいは切迫している状態にある。	危険な居住地域からの避難等が必要（状況に応じて対象地域や方法等を判断）。	
	居住地域に重大な被害を及ぼす噴火が発生すると予想される（可能性が高まってきている）。	警戒が必要な居住地域でも高齢者等の要配慮者の避難、住民の避難の準備等が必要（状況に応じて対象地域を判断）。	
	居住地域の近くまで重大な影響を及ぼす（この範囲に入った場合には生命に危険が及ぶ）噴火が発生、あるいは発生すると予想される。	通常の生活（今後の火山活動の推移に注意。入山規制）。状況に応じて高齢者等の要配慮者の避難の準備等。	登山禁止・入山規制等。危険な地域への立入規制等（状況に応じて規制範囲を判断）。
	火口周辺に影響を及ぼす（この範囲に入った場合には生命に危険が及ぶ）噴火が発生、あるいは発生すると予想される。	通常の生活（状況に応じて火山活動に関する情報収集、避難手順の確認、防災訓練への参加等）。	火口周辺への立入規制等（状況に応じて火口周辺の規制範囲を判断）。
	火山活動は静穏。火山活動の状態によって、火口内で火山灰の噴出等が見られる（この範囲に入った場合には生命に危険が及ぶ）。		特になし（状況に応じて火口内への立入規制等）。

注4：火山別の噴火警戒レベルのリーフレットには、「大きな噴石、火砕流、融雪型火山泥流等が居住地域まで到達するような大きな噴火が切迫または発生」（噴火警戒レベル５の場合）等、レベルごとの想定される現象の例を示している。

（資料：気象庁）

https://www.data.jma.go.jp/svd/vois/data/tokyo/STOCK/kaisetsu/level_toha/level_toha.htm

13 積乱雲がもたらす気象現象

豪雨や突風、雷、雹（ひょう）のような激しい気象の多くは、積乱雲によって引き起こされる。積乱雲は急激に発達するため、被害を未然に防ぐには、積乱雲に発達する前にできるだけ早く予兆を捉える技術開発が必要である。研究の最先端では、さまざまな測器を用いて積乱雲の発生から衰退までを観測し、積乱雲の監視や、積乱雲から引き起こされる激しい気象の早期予測技術の開発が進められている。

■積乱雲はどのように観測されるのか

積乱雲の一生を詳細に観測するため、防災科研では、８台のマイクロ波放射計、３台のドップラーライダー、５台の高感度雲レーダー、２台のXバンドマルチパラメーター（MP）レーダ―、および12台の雷センサー（LMA）を首都圏に配置して観測を行っている（P71上の図、2023年４月時点）。これらの観測機器によるマルチセンシング技術と、最先端の数値予報技術の活用によって、積乱雲が発達する前に危険を検知する手法開発を行っている。

まず、雲が発生する前の気象状況を把握するために、マイクロ波放射計で大気中の水蒸気量を観測し、ドップラーライダーを用いて大気中の塵やエアロゾルの動きから上空の風向、風速を観測する。水蒸気量が増加している領域や風の集まる領域（収束域）を把握し、これらの情報を数値シミュレーションに取り入れることによって、積乱雲の直前予測精度を向上させる研究に取り組んでいる。

地上付近で風が集まると上昇気流が生まれ、水蒸気を含んだ空気が上空へ運ばれる。上空では気圧が下がり、気圧の低下に伴って空気は膨張し、気温が低下する。気温が露点温度まで低下すると、空気中の水蒸気が凝結し始め、微小な水滴（雲粒）が発生する。この微小な水滴の集まりが雲である。

雲が発生すると、高感度雲レーダーと呼ばれる非常に感度の高いレーダーを使って積雲の発達を捉える。雲粒の直径は１㎛から数十㎛程度の大きさで非常に小さく、これまでの気象レーダー（Sバンド・波長約10㎝、Cバンド・波長約５㎝、Xバンド・波長約３㎝）では観測できない。防災科研の高感度雲レーダーは、波長の短いKaバンド（波長約８.５㎜）の電波を用いているため、小さな雲粒を観測できる。雨が降る前の雲の状態、つまり積乱雲になる前の状態がわかるのだ（P71下「雲レーダー観測による積雲分布の図」を参照）。

さらに雲が発達して雲粒が雨粒まで成長すると、XバンドMPレーダーを使って雨雲の中を観測する。雨粒の大きさは直径０.１㎜より大きく球形であるが、直径１㎜を超えると落下中の空気抵抗により、横に長い“まんじゅう型”になる。電波が水の中を進む速度は、大気中を進む場合に比べて遅くなる。MPレーダーは「水平偏波」と「垂直偏波」という２種類の電波を同時に送信する。電波をまんじゅう型の雨粒に当てると、水平偏波の伝搬速度のほうが遅くなる度合いが大きくなるため、垂直偏波との間に位相のずれが生じる。防災科研では、この性質を利用した降雨の強度推定手法を開発し、国土交通省のXバンドMPレーダーネットワークの降雨強度推定に採用され、河川の防災などに役立てられている（P73「ソラチェク」の雨の図参照）。

ドップラーライダーや雲レーダー、XバンドMPレーダーは、ドップラー効果の原理を使って、風の情報も測ることができる。ライダーやレーダーから放射した電磁波が、エアロゾルや降水粒子から跳ね返ってきた情報で、降水粒子等がレーダーから離れていっているのか、近づいてきている

● 積乱雲の一生と、観測に用いる観測測器の模式図

XバンドMPレーダー　高感度雲レーダー　ドップラーライダー　マイクロ波放射計　雷センサー（LMA）

雲が発生する前の気象状況の把握には、マイクロ波放射計やドップラーライダーが用いられる。雲が発生したあとは、雲レーダー、XバンドMPレーダーを用いる。雷については、LMAを用いる。

のかを知ることができる。これら測器は、先述のように、ドップラーライダーや雲レーダーは雨が降る前の塵やエアロゾル、雲がある領域でのみ風の情報を得られる。また、XバンドMPレーダーでは雨が降っている領域でのみ風の情報が得られる。これらの観測データを数値シミュレーションに取り込むことで、観測で風の情報が得られない領域も含めて、三次元的に風の情報を推定することができる（P73「ソラチェク」の風の図を参照）。

■ 雲レーダー観測による積雲分布

防災科研の「雲レーダー観測による積雲分布」というWebサイトでは、防災科研の雲レーダーネットワークで観測された東京周辺の雲の分布を試験公開している。国土交通省のレーダーネットワーク（XRAIN）で観測された降雨分布も重ねて表示しており、積雲の発生から積乱雲への発達、その後の衰退までの雲の盛衰を監視できる。雲レーダーで観測された雲域のうち、雨雲になる前段

● 雲レーダー観測による積雲分布の図

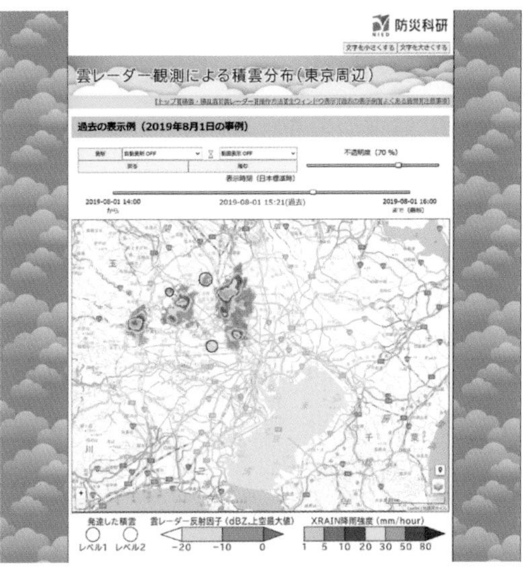

階の発達具合を赤色と青色の円で表示している。色の違いは発達段階を表示していて、赤色のほうが青色よりも発達している雲であることを示している。雨をもたらしそうな雲の発生をいち早く知ることができる。
（https://cloud-radar.bosai.go.jp/）

■Tokyo LMA観測による雷三次元分布

防災科研では、三次元的に雷情報を得るために「Lightning Mapping Array（LMA）」と呼ばれる雷観測網を首都圏に構築し、2017年４月より雷観測を行っている。東京を中心とした地域に12台のセンサーを設置して観測しているため、Tokyo LMAと名付けられている。LMAはアメリカのニューメキシコ鉱物工科大学が開発した雷観測システムで、雷が発生したときに放射されるさまざまな周波数帯の電磁波のうち、インパルス状に放射されるＶＨＦ帯の電磁波を観測する。複数地点のアンテナで電磁波を受信し、電磁波の各地点への到達時刻の差から雷の電磁波が発生した位置を推定する。電磁波が放射された位置を特定することで、右の図に示すように雷の発生域を三次元的に把握したり、下の図のように個々の雷の放電路を可視化したりすることができる。

Tokyo LMA Current 10-Minute Density Plot

10-Minute Density　10-Minute Points　2-Minute Points

Zoom 1　Zoom 2

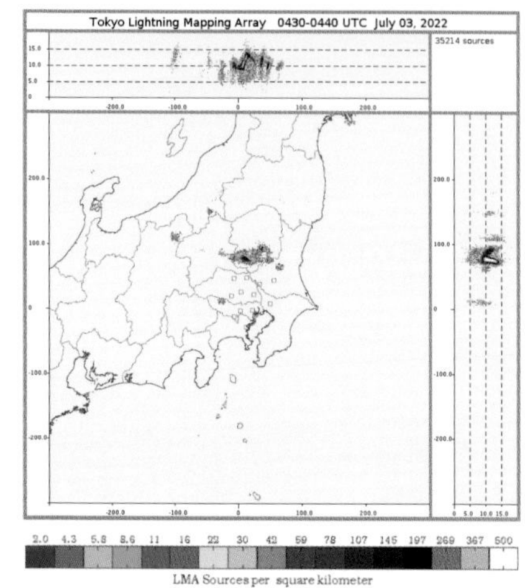

Contact Information
National Research Institute for Earth Science and Disaster Resilience

「Tokyo LMA WEB」
Tokyo LMA WEBは、Tokyo LMAで観測された雷分布情報を水平だけでなく、高さ情報も公開している。データは分単位で更新され、３時間分の動画もみられるため、雷の発生高度の時間変化から雷の盛衰を把握することができる。
（https://mizu.bosai.go.jp/LMA/LMAwatching/）

COLUMN　青天の霹靂（へきれき）？

雷は積乱雲から発生するため、積乱雲が頭上を過ぎ去れば、もう雷の危険性はないと思っていないだろうか？なんと、積乱雲の側面から飛び出して地面に落ちてくる雷が存在する。「青天の霹靂」と呼ばれる落雷である。右の図は、2018年8月26日に茨城県と埼玉県の県境付近で発生した青天の霹靂である。青天の霹靂は、進行方向後方に向かって発生することがある。つまり、雨が弱まったり雨が止んだ後に落雷する場合があるため、注意が必要な雷である。写真に重ねた赤色の丸印は、Tokyo LMAで観測された雷放電路である。このように、Tokyo LMAは個々の雷の放電経路を三次元的に可視化できるので、今後、青天の霹靂をはじめ、さまざまな雷の研究が進み、防災に活かされることが期待される。

青天の霹靂
落雷には、雷光（リーダ）が雲頂や側面から外に飛び出して地面に到達する落雷が存在し、「青天の霹靂［Bolt from the blue (BFB)］」と呼ばれている。この図は、2018年8月26日に茨城県と埼玉県の県境付近で発生したBFBと雷雲。音羽電機工業株式会社の写真とTokyo LMAで観測された雷の放電経路、および情報通信研究機構のＭＰフェーズドアレイ気象レーダーで観測された降水域を重ねて表示している。

■ソラチェク

ソラチェクは、雨、風、雷といったさまざまな気象の状況を1つのウェブ上で表示するシステムである。防災科研独自の観測データや防災科研が開発した技術を用いた気象情報が公開されている。水平分解能は250m～1㎞メッシュで、5分または10分ごとに更新され、過去2時間まで遡って閲覧することができる。

右の図は、雨、風、雷の画面の例示である。雨の情報は、国土交通省XRAINで観測された降雨強度分布である。降雨強度の推定には、防災科研が開発したXバンドMPレーダーデータを用いた高精度な降雨強度推定手法が採用されている。風の情報は、防災科研が開発した観測データを数値シミュレーションに取り込むデータ同化技術を活用して作成しており、観測だけでは風の情報が得られない領域や低高度の風も推定している。雷の情報は、Tokyo LMAによる雷観測結果である。落雷だけでなく、地表に達しない雷（雲放電）も高い捕捉率で検出し、雷活動を面的に把握できる点が大きな特徴である。

ソラチェクでは、これらに加えて、雨の再現期間、雹（ひょう）、雪の情報等も公開している。
（https://isrs.bosai.go.jp/soracheck/storymap/）

●ソラチェクの表示例

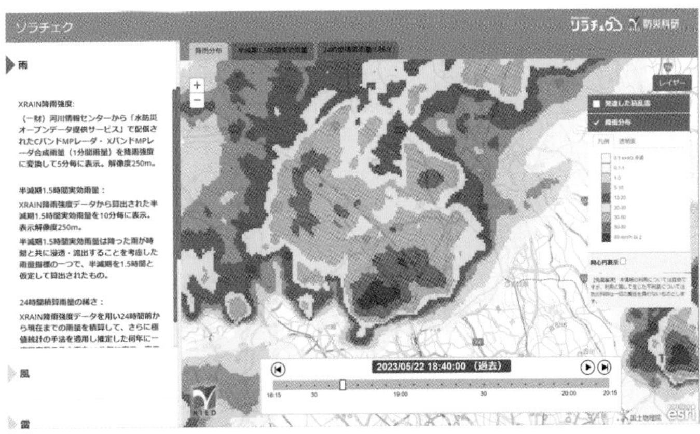

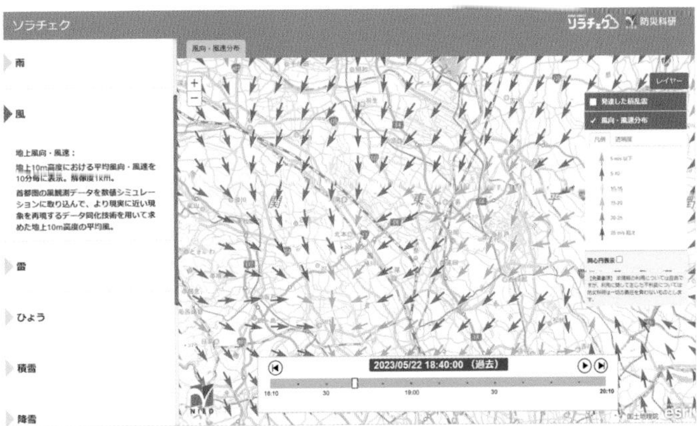

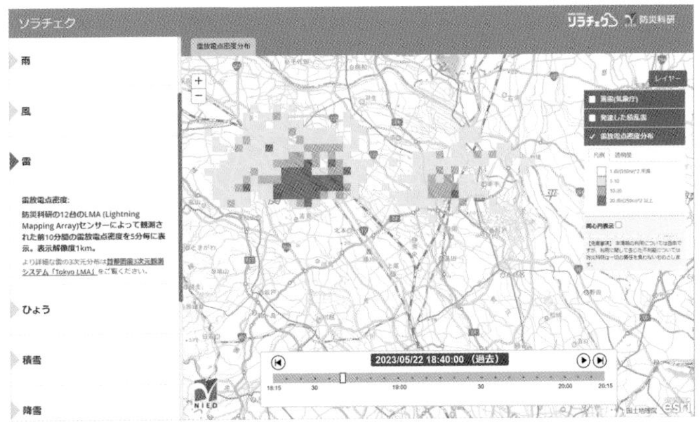

ソラチェクで公開されている降雨強度（上図）、地上風向・風速（中図）、雷放電点密度（下図）の表示例。

（図版はすべて防災科研）

COLUMN 雷から身を守る方法

Q　雷が光ってから音が聞こえるまでの時間が長ければ安全ってホント？

A　音速（秒速約340m）よりも光速（秒速約30万km）のほうが圧倒的に速いので、稲光を見てから雷鳴が聞こえるまでにかかる時間から、雷と自分のいる場所との距離をおおよそ推測することができる。その時間差が10秒だった場合、雷との距離は、約3.4kmである。雷雲の移動速度は、スーパーセルなど速く移動する場合は時速60km程度になるので、もしあなたが徒歩（時速3〜5km）だとすると、約5分で追いつかれてしまう。

また、雷は必ず雷雲の真下に落ちるわけではなく、水平方向に10km程度を移動しながら落ちてくることはよくある（もっと移動することもある）。雷鳴が聞こえる範囲は十数km程度あるため、雷が聞こえたらすでに危険な状況であると認識し、速やかに建物の中に避難しよう。

Q　どこにいるのが一番安全なの？

A　最も安全なのは頑丈な建物の中だ。それがない場合は車の中が安全だ。木の下やあずまやなどに落雷した例があるので、こうした場所ではなく、建物の中に避難することが大切だ。避難時には傘などとがったものを体より高い位置に掲げたりせず、できるだけ低い姿勢をとりながら速やかに建物に避難しよう。雷が聞こえる範囲はどこでも被雷する危険性があると考え、すぐに避難することが大切だ。

（写真は上下ともAdobeStock）

COLUMN 気象リポートシステム「ふるリポ！」でシチズンサイエンスに参加しよう

身近な気象をリポートすることで、私たちも災害の研究に役立つデータを提供することができる。そのシステムが防災科研の「ふるリポ！」だ。Webサイトにアクセスし、「ひょう・あられ」「雨・雪・みぞれ」などの気象項目を選択、発生した時間や場所を入力して報告する。

どのように役立てられるかというと、一例が「雹（ひょう）」の研究である。雹は降ったとしても、すぐに融けてしまうため、大きさや形などのデータは降雹の直後でないとわからない。また、雹は突然かつ局所的に降るため、研究者が雹を直接的に観察できる機会は少ない。現在XバンドMPレーダーにより雹が降った地域を検知する技術の開発が進められている。そしてその技術の正確さを検証するためには、実際に雹が降ったかどうか、それがどのような雹だったかというデータが必要であり、そのデータ取得に市民が協力できるというわけだ。

「ふるリポ！」にはいつでも誰でも参加できる。日頃から天気や空を観察しリポートしてみよう。日々の気象の変化が感じられ、気象や災害への理解が深まり、防災力の向上にもつながるだろう。

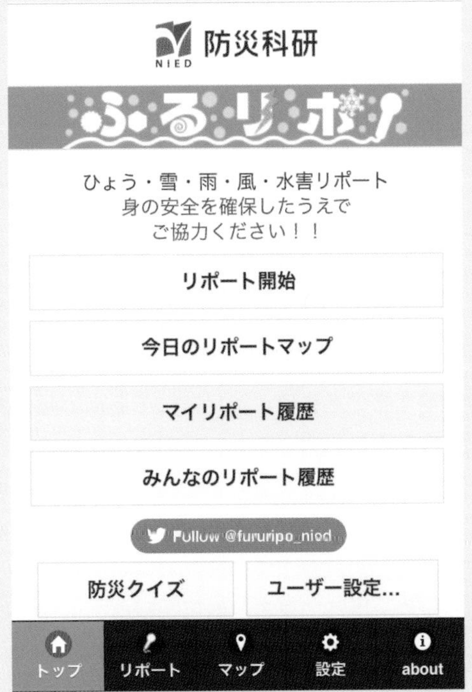

ふるリポ！
https://fururipo.bosai.go.jp/fururipo/

(AdobeStock)

14 線状降水帯とは何か？

昨今、よく耳にするようになった線状降水帯とは何か？　これは複数の積乱雲が列状に並び、風上側で新しい積乱雲が発生しながら風下方向に移動する現象を繰り返すことで引き起こされる、集中豪雨のこと。線状降水帯発生の情報に接したとき、私たちがとるべき行動を理解し、実際の防災に役立てたい。

■「線状降水帯」が大雨をもたらす仕組み

線状降水帯の名称は、2014年に広島市で起きた豪雨による土砂災害以降、毎年聞かれるようになった。線状降水帯は複数の積乱雲によって構成される。レーダー画像で見ると、10km四方程度のまとまった強い雨域が１つの積乱雲に対応する。同じくレーダー画像で見ると数百km程度の広がりを持つ台風に比べて、小さな気象現象だ。

P77の図は2017年７月５日に九州北部に豪雨をもたらした線状降水帯の三次元降水分布である。積乱雲は発達することで上空の強い西風により東側に移動するが、風上にあたる西側で新しい別の積乱雲が次々と発生することで、福岡県朝倉市に記録的な大雨を数時間継続してもたらした。

通常、１つの積乱雲だけでは災害は発生しない。それは、積乱雲の寿命が30～60分と短く、強い雨が長い間継続しないため、多くても時間総雨量は数十mm程度にとどまるからだ。しかし、線状降水帯の発生、すなわち、積乱雲が次々と通過し、同じ場所を継続的に通過することで、数時間にわたって強い雨が継続し、時間総雨量が数百mmを超すことにより、災害を引き起こすことがある。場合によっては、洪水や土砂崩れなどの災害を引き起こすのだ。線状降水帯は、数日間持続する台風とは違って、数時間程度と短寿命でありながらも記録的な大雨をもたらすため、台風よりも事前対応が難しく、大規模水害からの避難が難しいという問題がある。

線状降水帯は、気象庁のホームページには、「複数の積乱雲が組織化することで発生する数時間程度の強い降水域」と定性的に定義されている。線状降水帯という言葉は、特有の物理プロセスによる形成・維持過程を意味する場合と、線状に広がる降水域の２つの意味が内在し、原因と結果を１セットとして捉えていることがあり、形成プロセスなのか結果としての雨域なのかという視点が定まっていなかった。どちらの視点にせよ、線状降水帯の形成・維持のメカニズムには未解明な点が多いことに加え、"線状に延びる降水域"を認識でき、かつ、災害につながる雨量の具体的な閾値（境い目となる値）は地域によって幅が大きいことから、定量的な定義を与えることができなかったといえる。しかし、線状降水帯の発生を認識し、危険な地域から避難するためにも、また、線状降水帯の発生頻度等の統計解析においても、定量的定義が必要だった。

■気象庁版の線状降水帯の定義と気象庁の「顕著な大雨に関する情報」の運用開始

気象庁気象研究所の研究により、初めて線状降水帯の学術的な定義が次のように与えられた。「３時間の積算降水量が80mm以上の領域の面積が500km²以上で、かつ、縦横比２.５以上と線状の形態を持ち、さらに、その領域内の３時間積算降水量の最大値が100mm以上となる雨域」である。こうした学術的定義を活用し、防災科研、日本気象協会、および気象庁気象研究所の三者が協力して九州の自治体との実証実験を実施し、定義の有効性と問題点を明らかにした。

●線状降水帯の発生

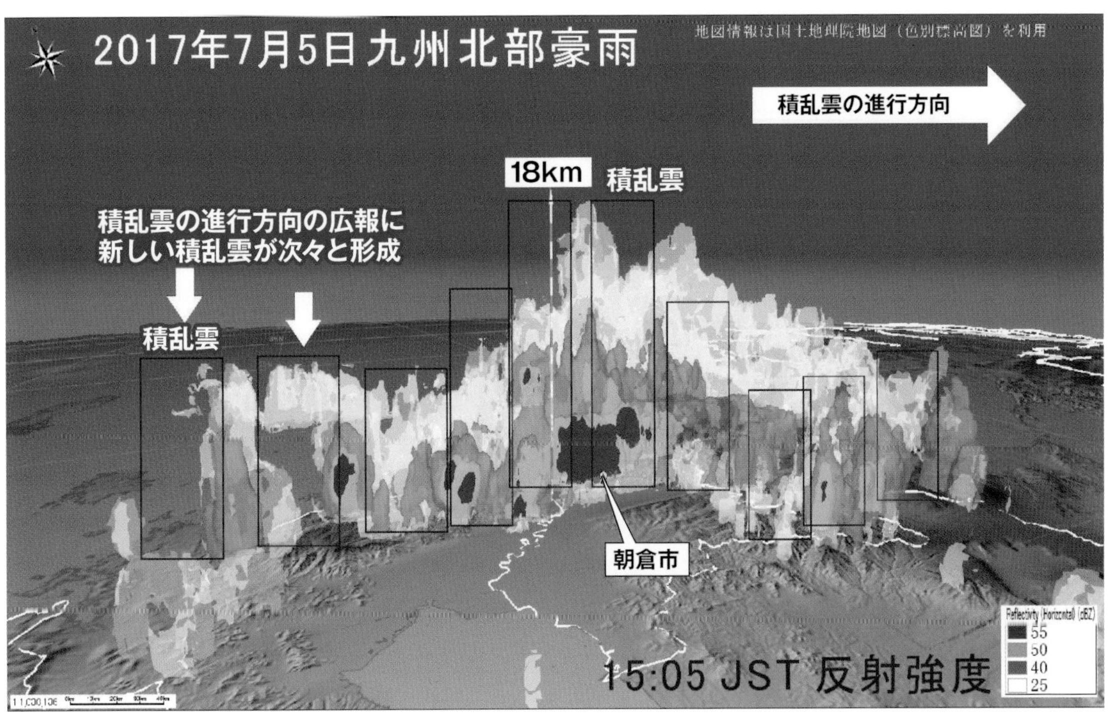

2017年７月５日15時５分（日本時）の線状降水帯に伴うレーダー三次元降水分布。四角で囲われた領域が１つの積乱雲を示す。

（図版：防災科研）

学術的定義が定められたことで線状降水帯を自動的に検出できるという有効性が確認されたが、線状降水帯が検出されたとしても、災害が発生しない場合があり、利活用においての問題点が明らかになった。そこで、三者は気象庁と連携し、気象庁版定義を考案し、災害発生の恐れがある状況にあるという解説情報としての線状降水帯の検出基準を定めた。それは、上記の雨量やその形状のみならず、気象庁のキキクル（P83下図参照）と組み合わせることで、災害発生の恐れがある状況を表現できるようにした。具体的には、キキクルが警戒レベル４相当になった状況（自治体が避難指示を出すような危険な状況）において、「３時間の積算降水量が100㎜以上の領域の面積が500㎢以上で、かつ、縦横比２.５以上と線状の形態を持ち、さらに、その領域内の３時間積算降水量の最大値が150㎜以上となる雨域」を満たす降水域（＝気象庁版定義に基づく線状降水帯の発生）が存在する場合に、気象庁は「顕著な大雨に関する情報」を発表することになった。この「顕著な大雨に関する情報」は2021年の６月17日から運用が開始され、これで線状降水帯の発生を国民が正しく認識することができるようになった。この「顕著な大雨に関する情報」に、防災科研、日本気象協会、および気象庁気象研究所の三者が協力して作成した、線状降水帯の自動検出技術が活用されており、研究成果が社会実装された成功例となった。

■線状降水帯の出現頻度

線状降水帯の学術的定義が定まったことで、気象研究所の研究チームが、日本での発生頻度分布を明らかにした。線状降水帯は６月から９月にかけて多く発生し、地域的には九州もしくは西日本の太平洋側で多く起こる。ただし、他の季節、地域で起こらないというわけではなく、条件さえそろえば日本全国どこでも、どの時期でも起こる現象であるといえる。

■線状降水帯の予測精度向上に向けた水蒸気観測

線状降水帯の予測精度向上には、対流圏下層の水蒸気をリアルタイムで捉える必要がある。線状降水帯を構成する発達した積乱雲を予測するためには、雨のもととなる対流圏下層の水蒸気を正確に捉えることが不可欠であるからだ。

防災科研などの研究チームは「水蒸気ライダー」「マイクロ波放射計」「地デジ水蒸気観測網」などの新しい水蒸気観測機器を九州地方に導入することによって、低高度の水蒸気量をリアルタイムで観測することができるようになった。水蒸気ライダーは、福岡大学と気象研究所が所有しており、15分ごとに上空の水蒸気の高さ分布を測定できる測器である。マイクロ波放射計は、防災科研が所有しており、１分ごとに上空の水蒸気の総量をはかることができる測器である。地デジ水蒸気観測網は、情報通信研究機構が観測原理を発明し、実用化に向けた開発を日本アンテナ株式会社が進めている。テレビに使われている地デジ電波を使う手法で、３つの測器の中で最も低コストで水蒸気を観測することが可能で、水蒸気が多いと電波の到達時間が少し遅くなることを利用し、高度50m付近の水蒸気量を量ることができる。

これらの機器や観測網を駆使して、日々、水蒸気の量をモニタリングして線状降水帯の予測精度を高めようとしているのである。

■線状降水帯の発生予測

防災科研などの研究チームは、十分な避難に要する時間、すなわち半日前程度に、線状降水帯の発生が見込まれる地域を大まかに特定し、最新の水蒸気観測網を整備し、観測データを用いた最新の数値予測手法を用いて、高解像度で高頻度に雨量予測情報を提供する。そのことで、線状降水帯が発生する２時間前までに、避難区分単位の精度で災害発生地域を絞り込む技術を開発している。ここでは、２時間先予測について詳しく説明する。

防災科研は、さまざまな観測データをもとに予測の初期値を作成する。線状降水帯を予測するために、積乱雲を解像できるような解像度１㎞というきめ細かい三次元メッシュを設定し、その各点における力学過程・乱流過程・熱力学過程・大気放射過程・雲物理学過程などのあらゆる方程式をモデル化した精緻（せいち）な雲解像数値シミュレーションを利用する。できるだけ現実に近い初期値を与え

（左）マイクロ波放射計　（右）水蒸気ライダー　（提供：福岡大学）

ることができれば、その初期値からの時間変化を数値シミュレーションで計算することで、より正確な将来の雨量分布を得ることができる。計算を確実に、スピーディに、かつ、リアルタイムで完了するために、防災科研のスーパーコンピュータを使い、1000以上のCPUコアを常時占有して計算したことにより、九州全体の領域に対して２時間先までの予測計算を10分以内に完了させることができるようになった。自治体が避難指示を発表する場合の基準や気象庁大雨特別警報の発表基準において、３時間積算雨量が利用されることが多いため、予測された２時間雨量と現在から過去１時間までの雨量を合計し３時間積算雨量を提供している。このシステムの試験運用が開始されたのが2020年７月１日で、その直後の2020年７月３日深夜から４日朝にかけて熊本県南部で発生した線状降水帯について、その性能の高さを証明することができた。下の図に示すように、７月４日の深夜１時以降４時30分まで連続して線状降水帯の停滞を正しく予測することができた。

● 2時間先予測による3時間積算雨量（下段）と
実際に観測された3時間積算雨量（上段）の比較。
楕円は自動検出技術によって検出された線状降水帯の位置を示す。

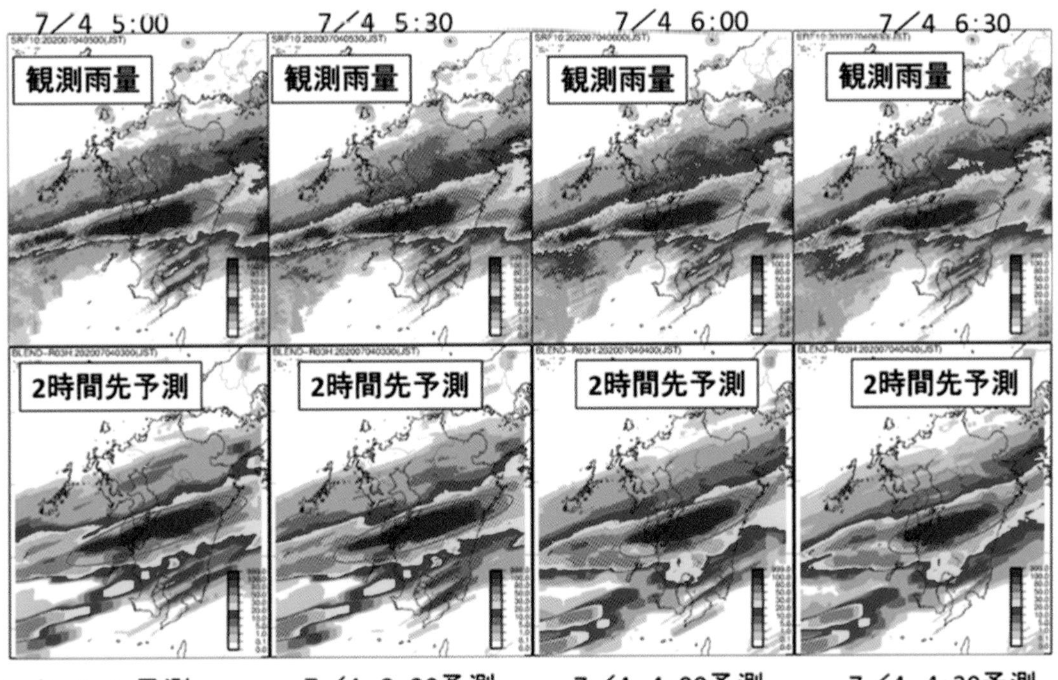

防災科研は、「令和２年７月豪雨」において、これまで困難であった線状降水帯の発生予測に成功し、予測システムの有効性を確認した。実証実験に参加した自治体へのヒアリング調査結果を受けて、より自治体のニーズに最適化された情報提供のあり方を検討し、自治体ニーズに即した予測情報のカスタマイズが進められている。最終的には線状降水帯からの「逃げ遅れ」を防ぎ、被害を軽減させるための強力なツールとして社会実装されるように開発を継続している。

現状ではまだまだ予測は完璧とはいえず、頼るべき情報は気象庁の「顕著な大雨に関する情報」であるといえる。繰り返しになるが、自治体から避難指示が出ると思われる警戒レベル４相当の危険な状況において、線状降水帯の発生が検出されたということで、さらに危険な状況になっていくと予想されると解釈できる。

このように、「顕著な大雨に関する情報」は、現状の予測精度が不十分であったとしても、線状降水帯という強い降水が継続する現象を捉えたという観測情報であるので、この情報を受け取った場合には、できる限り避難行動につなげていただきたい。

（図版：防災科研）

15 洪水・浸水の被害を防ぐ

世界の中でも年間降水量の多い日本では水害が起こりやすく、毎年のようにどこかで洪水や浸水被害が起こっている。水害はどのような原因で起こるのか、どんな準備をすれば被害を防げるのか。また、個人ではどんなことに気をつければいいのか。水害が起こる前までの防災のあり方について考えてみたい。

■外水・内水氾濫（はんらん）と３つの要因

梅雨や台風の時期に降雨が集中する日本では、水害が起こりやすく、古くから治水に取り組んできた。究極的には水害が起こりそうな場所には住まないことが大前提だが、平地の少ない国土ではそうもいかない。そのため、水害リスクを適切に評価したうえで住居を構え、リスクに対してしかるべき準備をしなければならない。それにはまず水害がどのようにして起こるかを理解しておく必要がある。

まず洪水による水害は２つの種類に分けることができる。１つは、外水氾濫、もう１つは内水氾濫という。前者は川の水が溢れるために起こる氾濫で、後者は川を基点としない氾濫として区別する。川が増水して堤防を越える、堤防が決壊する、といったことが外水氾濫にあたる。

一方、内水氾濫は水はけが追いつかずに行き場のない水が溜まって道路や建物が水に浸かることをいう。川の水位が堤内地より高くなると、排水路を伝って逆流することもある。

災害の規模としては外水氾濫のほうが面積的に大きくなりがちだが、件数としては内水氾濫のほうが多い。都市部が水に浸かることによる経済的打撃や、大量にごみが発生することで衛生面への問題なども生じる。

こうした水害は、単に雨の量が多いから起こるのではない。「気象的な要因」と「地理的な要因」と「社会的な要因」という３つの要因によって起こると考えられる。

気象的な要因とは主に、いつ、どれくらいの時間で、どれくらいの量の雨が降るかということ。満潮のときに大雨が重なると川は氾濫しやすくなるし、融雪で川の水量が増えているところに大雨が降った場合も洪水が起きやすくなる。

地理的な要因とは、たとえば流域がどのような地形になっているかということ。蛇行河川、急こう配な川ほど氾濫しやすい。当然ながら低地であれば水が溜まりやすいし、そもそも三角州（さんかくす）のような場所は広義には氾濫原に含まれる。

社会的な要因とは、たとえば都市化の進行でもともと住宅用として使用されていないような場所に家が建っている場合がある。森林は水を貯留して雨水が川へ流出するのを穏やかにしているが、森林の伐採により水害が起こりやすくなることもある。透水性のないコンクリートやアスファルトなどで道路が舗装されていると水が浸透しないので、地表面を流れるしかなく、低地に来ると溜まりやすい。したがって、都市部では雨水の排出が下水道などの排水設備に大きく依存しているので、設備の排水能力が不足したり、メンテナンスされておらずにちゃんと機能していない場合は水害が起きる。

外水氾濫、内水氾濫それぞれにこれら３つの要因が考えられるため、これらの要因を念頭に置きながら地域の状況に応じて対策を打っていくことが必要になる。

● 水害の要因になるもの

気象的要因	大雨 高潮 融雪　等	
地理的要因 （地形的要因）	河川の流域 三角州に位置する 低地にある　等	➡ 量が多すぎる ➡ 増水（決壊）➡ 洪水
社会的要因	都市化の進展 伐採の進行による森林削減 排水システムの詰まり　等	➡ 水が集中 ➡ 排水が間に合わない ➡ 浸水・冠水

（各種資料より編集部作成）

● 2008～2017年の10年間の全国における水害被害

この間の10年間の全国の水害被害額の合計は約1.8兆円で、そのうち約４割が内水氾濫。
〇過去10年間の全国の浸水棟数の合計は約32万棟。内水氾濫によるものが約22万棟。

【被害額】〈全国〉

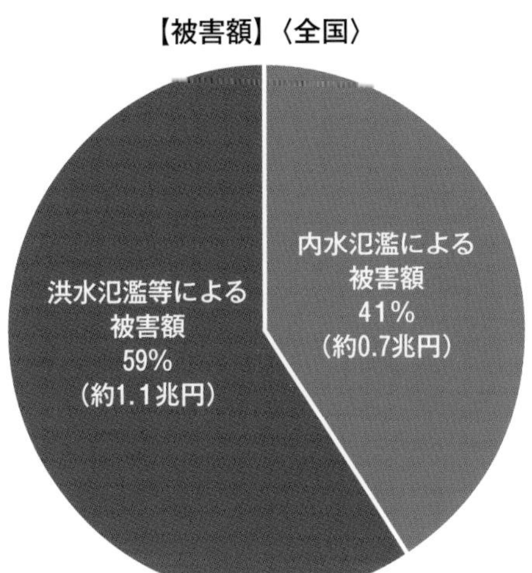

【浸水棟数】〈全国〉

（出典：国土交通省・水害統計［平成20～29年の10年間の合計］より集計）
https://www.mlit.go.jp/mizukokudo/sewerage/content/001320996.pdf

● 外水氾濫

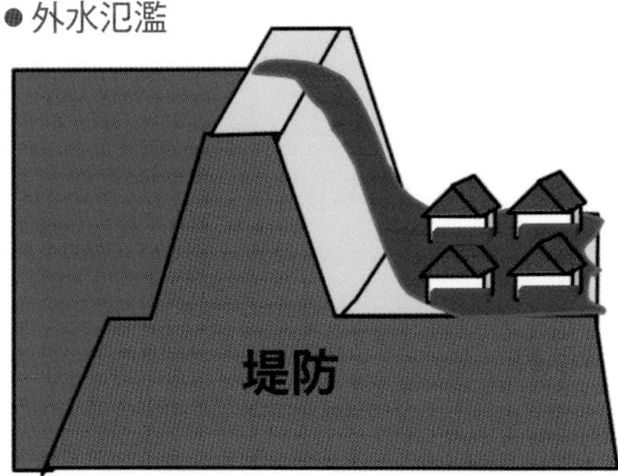

河川の堤防が切れたり、水が溢れたりして家屋や田畑が浸水する。外水氾濫が発生すると広い範囲が浸水し、大被害が発生する恐れがある。

● 内水氾濫

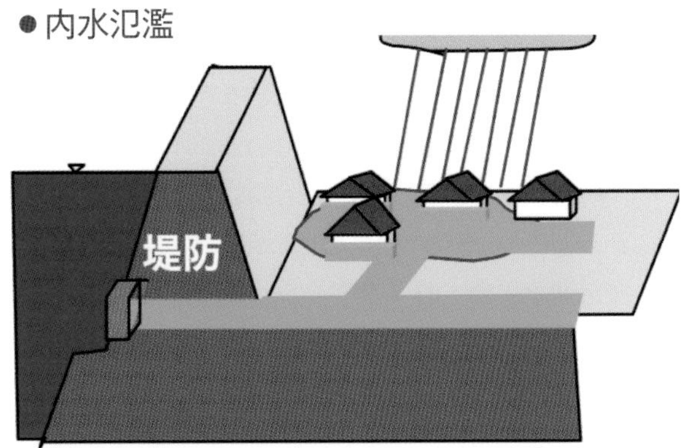

堤防から水が溢れなくても、河川へ排水する川や下水路の排水能力の不足などが原因で、降った雨を排水処理できずに引き起こされる氾濫。規模は小さいがいたるところで発生しやすい。低いところには周囲から水が流れ込んできて浸水の規模が大きくなる。

（図版資料：国土交通省）

■「大雨の稀さ」に注目

水害の被害を減らすための研究として、防災科研では「大雨の稀さ」に着目している。これは、ある場所において降った雨の量が、その場所にとって何年に一度の大雨に相当するかを表したものだ。

2019年の台風第19号では、最も雨量が多かったのは神奈川県箱根町付近だったが、実は被害が大きかったのは長野県の千曲川沿いと福島県の阿武隈川沿いだった。これらの地域に降った雨量は箱根町ほどではなかったものの、その地域にとっては100年に一度よりもっと稀なレベルの雨が降ったのである。雨量を絶対量だけではなく、過去のデータと照らし合わせて相対的に見ることは、避難を促すことにおいても重要な情報となる。「100年に一度の大雨」ともなれば、その地域の住民にとってほとんど誰も経験したことのない災害が起こる可能性があるという意味であり、過去の経験が通用しないことを知らせたいという意図である。

大雨の稀さ情報は、防災科研の「防災クロスビュー」（P151で解説）などで公開されている。大雨の際にはこのサイトを見れば、それぞれの場所で何年に一度レベルの雨が降っているか、知ることができる。

■被害予測のシミュレーション

こうした情報をもとに、水害の危険性が高くなっている流域を抽出したうえで、どれくらいの災害が発生するかを推定することを目指したシミュレーションの研究も行われている。

防災科研でシミュレーションに利用しているモデルは国立研究開発法人土木研究所・ユネスコ後援機関水災害・リスクマネジメント国際センター（ICHARM）が開発したRRI（Rainfall-Runoff-Inundation）という降雨流出氾濫モデルである。ICHARMのWebサイトによると、このモデルは、流域に降った雨が河川に集まる現象や、洪水が河川を流れて下る現象、河川を流れる水が氾濫原に溢れる現象を流域一体で予測することができる。このモデルを用いれば、さまざまな地域・気候帯で、今後どのように洪水リスクが変化するかを分析することができるという。

■SNS情報から被害を類推する

また、1地点のSNS情報から周囲の災害状況を推定するといった研究も進められている。たとえばTwitterのような発信ツールで、とある場所における浸水の状況を発信した人がいれば、その情報を拾って周囲における浸水範囲の広がりや浸水被害を大まかに推定することも可能である。災害発生時にいかに早く、効率的に対応するかにフォーカスした研究開発といえる。

防災科研の「地区スケール浸水域推定」というサイトはユーザーが自分で簡単なオンライン操作をして近隣における浸水範囲を即座に推定する機能を提供している。このサイトでは浸水面が水平一様に広がると仮定して、参考地点付近における浸水の広がりを推定し地図上で表示することができる。公開されている道路データや建物データと照らし合わせた道路冠水状況、住宅浸水状況の推定結果も地図上で示すことができるので、たとえば災害支援を行う場合には道路の冠水状況を見ておけば、通れる道路を把握してより早く効率的に現場にアクセスすることも期待できる。また、このサイトを使っての訓練などに加え、自治体などによる発災後の被災調査などに活用されることも期待されている。

■一人ひとりはどう行動するか

水害は、地理的条件や社会的条件からある程度、その土地でどのくらい被害がありそうかを想定することができる。自治体では洪水ハザードマップだけでなく、内水ハザードマップが準備されている場合もあるので、必ず確認しておきたい。

そのうえで、避難所に避難するのか、自宅の上の階に避難するのかを事前に考えておこう。避難所に避難する場合は、どのような避難ルートを通るのか、なども考えよう。冠水しやすいところを避けて事前に避難ルートを計画することも大切だ。ハザードマップを確認して、Chapter3-25で紹介するマイ・タイムラインなどを準備し、実際の災害時の行動をイメージしておきたい。

また、大雨のときは、気象庁の「キキクル」のサイトなどで、最新情報を確認しよう。「キキクル」についてはChapter4-29「気象庁の防災気象情報」で紹介する。

●防災クロスビューの一例「大雨の稀さ」情報

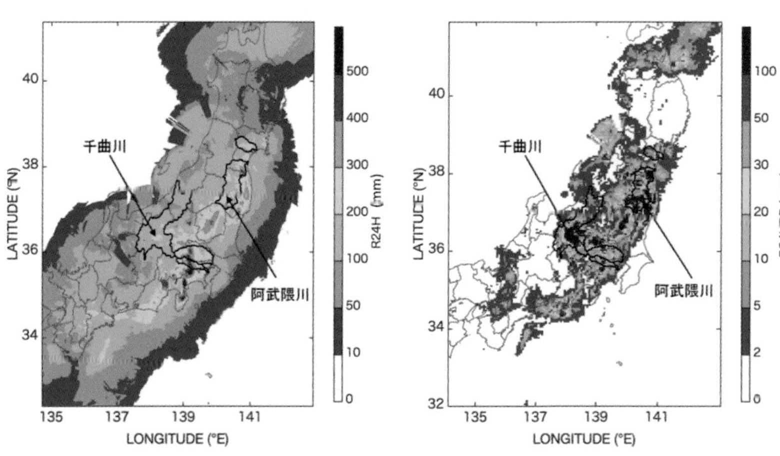

（左）2019年10月13日０時における前24時間降水量の分布（mm）。データは国土交通省XRAINを利用。
（右）2019年10月13日０時における前24時間降水量の再現期間（年）。太い黒枠は河川の流域界を示す。

測定された降水量が「確率的に何年に１回起こるか」を極値統計の理論に基づき算出したものを、降水量の「再現期間」と呼ぶ。台風第19号に伴う10月13日０時時点で記録された前24時間降水量の再現期間を５kmメッシュで計算。雨量の多い場所ほど赤い色で示され、色によってどれだけその雨が稀であるかを知ることができる。長野県の千曲川流域や宮城・福島県を流れる阿武隈川流域では、24時間降水量の再現期間が100年を超えている力所が多くあり（右図）、それぞれの流域において「非常に稀な降水量であった」ことがわかる。

（図版：防災科研）

●「キキクル」を活用する

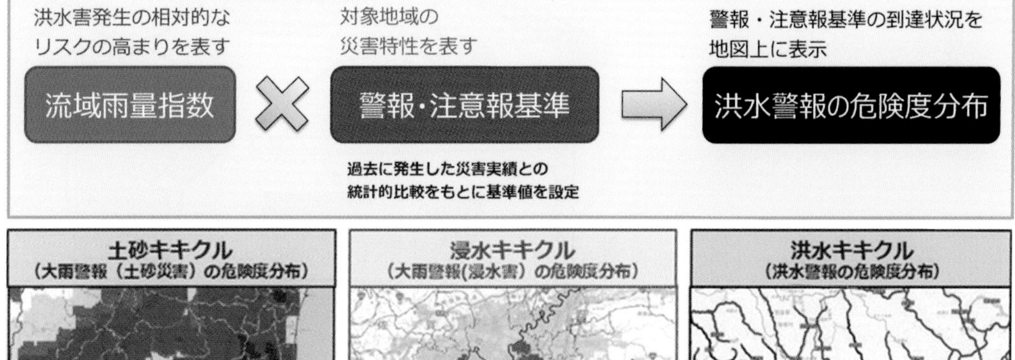

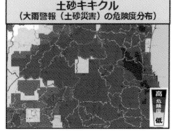

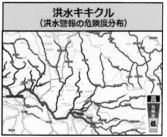

気象庁の「キキクル」は、大雨や洪水による災害の危険が、どこで、どのレベルで迫っているかを、地図上で視覚的に知ることができる情報で、気象庁のホームページ（https://www.jma.go.jp/jma/index.html）で公開されている。テレビやラジオなどの気象情報で注意報や警報が発表されるなど、大雨による災害が発生するおそれのあるときや、急に激しい雨が降ったときは、このページにアクセスし、最新の情報を入手しよう。大雨による土砂災害の危険度分布は「土砂キキクル」、短時間の強雨による浸水害の危険度分布は「浸水キキクル」、河川の洪水災害の危険度分布は「洪水キキクル」で、確認することができる。

（図版資料：気象庁）

台風や大雨のときには

避難する前に

- ブレーカーを落とし、ガスの元栓を閉めましょう。
- 大切なものは高いところに移動しましょう。
- 戸外のガスボンベは固定し、戸じまりをしましょう。

準備しておこう

- 避難場所をおぼえておきましょう。
- 避難するルートに危険がないか確認しておきましょう。
- 家族の集合場所や連絡先を決めておきましょう。
- 家族の血液型や持病をメモしておきましょう。

正しい情報を早く知ろう

- 天気予報を聞きましょう。
- 雨の降りかたや、家のまわりの様子に注意しましょう。
- 市町村からの情報に気をつけましょう。

避難を決断するには

- 夜は行動が遅くなり、人的被害が大きくなりがちです。寝ずの番をおき、昼間よりも早めに行動しましょう！
- 避難の時期や方法について、近所と声をかけあいましょう！

避難するときには、みんなで一緒に

- 避難するときは、がけの下や、山の近く、沢すじは避けましょう！
- 水が道路にあふれると、川や水路と道路の境がわからなくなったり、マンホールのふたが開いてしまったりします。避難する道路の近くにある川や水路の位置を知っておきましょう。

避難する場所は、近くの少しでも高いところに

- 避難する場所や方法について、家族や近所の人と決めておきましょう。

避難するときは

- 必要なものは、リュックサックなどに入れて、両手はいつでも使えるようにしましょう。

（防災科研のパンフレット「そのときに備えて」より）

16 土砂災害に備える

大雨を原因とする災害として大きな被害が出やすいのが土砂災害だ。急峻な地形を擁する日本の国土では、土砂災害を防ぐための対策をいかに行うかが重要となる。土砂災害を予測することができれば早めの避難が可能となり、災害を最小限に食い止めることができる。土砂災害の予測にはどのような方法があるのだろうか。

■土砂災害の発生メカニズム

土砂災害とは、大雨や地震を要因として山やがけが崩れたり、崩れた土砂が雨水や川の水と混じって流れることによって人や建物に被害が生じることをいう。土砂災害は、大きく「土石流」「地滑り」「がけ崩れ」の3つに分類される。「土石流」は、山や谷の土や石、砂が水と混ざってドロドロになって低い土地に流れ込む現象。「地滑り」は斜面のなかの地下水が上昇することにより、比較的傾斜の緩い斜面が広い範囲でゆっくりと滑り落ちる現象。「がけ崩れ」は急な斜面の土砂や岩が崩れ落ちる現象である。

これらは雨が降って地中に水が浸み込み、弱い地盤の場所から崩壊していく現象で、雨だけでなく地震をきっかけに起こることもある。水が浸み込み、ゆるんだ地盤のところに地震が起きた場合や、逆に地震によってゆるんだ地盤のところに大雨が降った場合などでも起こる。

特に地滑りは、雨が多く降るからという理由だけでは起こらず、地質と地下水が密接に関係している。降雨や雪解けにより土壌にしみ込んだ水が地下水となるわけだが、この地下水の量が上昇すると地滑りが発生しやすくなる。もろい地盤だと水気を含んだ土壌の変形が起こりやすくなり、限界点を超えると崩壊が起こるのだ。

日本は平地が少なく、山がとても多いのが特徴で、山地が国土の約75%を占めている。そのため、降った雨が山の斜面を小さな川となって流れ、そのときに土壌の崩壊が起きる。また、火山が多いため、もろくて崩れやすい土地が多いことも土砂災害が多いことと関係している。

さらに私たちが住んでいる場所も山を削っていたり、山からさまざまな恵みを受けていたことから裏山を持つようなところであったりしたために、土砂による被害を受けやすくなっているということがいえる。

●約40年間の土砂災害発生件数

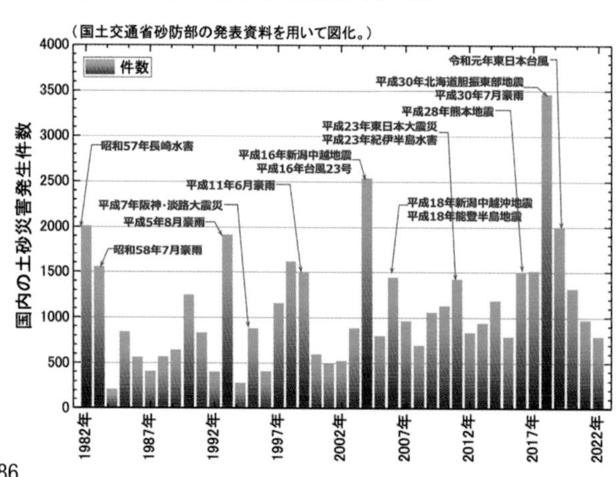

・年平均約1000件以上発生
・2022年は42都道府県で795件

●山岳や丘陵地が多く（国土面積の約75%）、地盤が脆弱。
●地域の脆弱性・狭い国土に住宅、農地、ライフラインがあり、土砂災害が生じる斜面と生活が密接に関わっている。

（出典：国土交通省2023年発表確定値）

● 土砂災害を発生させた2014年８月19日21時の天気図

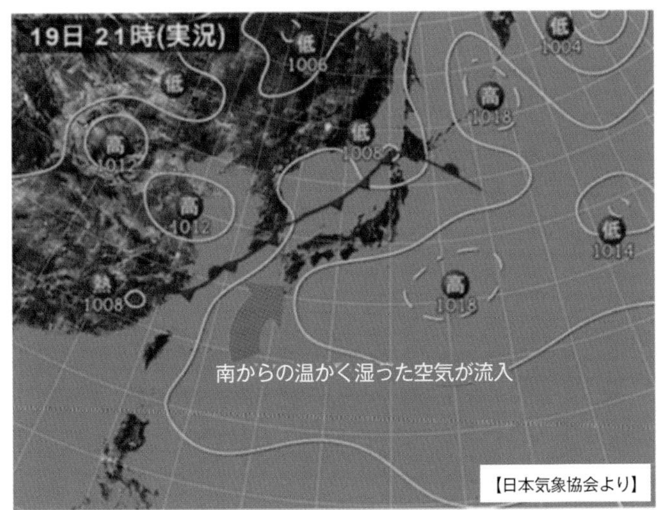

2014年８月広島豪雨。前線に向かって南から温かく湿った空気が流れ込んだことにより大気の状態が不安定となった影響で、集中豪雨となり、土砂災害が発生した。
（提供･日本気象協会、広島市）

COLUMN 屋外斜面での社会実験

センシングによる斜面崩壊の予測技術を用いて、防災科研では神奈川県南足柄市や京都の清水寺で社会実験を行っている。開発した屋外観測システムで対象地域での多地点観測を実施し、センサの観測情報の共有に加え、観測記録や地域特性の分析結果などをもとに、防災担当者と協議をしながら研究開発を進めている。

なかでも立命館大学との共同研究の一環として実施している清水寺では、境内の奥之院後背斜面に観測地を設け、雨量を観測するセンサ（転倒マス式雨量計）、斜面などの水圧を観測するセンサ（テンシオメータ）、防災科研が開発した斜面の水分量や傾斜を観測するセンサ（ジョイント型マルチセンサ）を設置している。観測で得られたデータを分析し、今後は降雨による土砂災害の危険が迫ったときには、なるべく早い段階で情報発信できるように研究が進められている。

（図版：防災科研）

■前兆現象を捉えるためのセンシング

国土交通省が2022年に公表した資料によると、指定している土砂災害警戒区域は全国に約68万カ所ある。

土砂災害の場合は、地震とは違って前兆現象というものが起きる場合がある。たとえば、斜面から濁った水が出てくるとか、斜面から水が湧き出てくる、斜面からの湧水が急に少なくなる、いつもと違う臭いがする、斜面から小石がパラパラ落ちてくるなどだ。

こうした現象を何らかの形で観測することができれば、予測を行うことができるのではないかという考えのもと、さまざまなセンサを用いた予測の研究が行われている。

その１つは、斜面内の水分や変位の挙動をセンシングするもので、斜面内の水分変化と斜面内の変位変化が降雨量とどのように連動するかがわかれば、斜面の変化を早期に検知することができる。また、斜面の変位は、じわじわと小さな変位から始まり、崩壊直前に斜面変位が急激に増加することがわかっている。こうした崩壊直前の変位の現象をセンシングで検知し、変位逆数予測という方法を使えば、変位速度の逆数を用いて崩壊時間を推定することができる。

これらのセンシングの実現のためには、センサを土中に埋め込むことが必要となる。防災科研では、長期で安定して運用できること、できるだけ安価で容易に設置することができることなどを検証した結果、30㎜の塩ビ管をヌンチャク状につなぎ合わせたものの中に、用途に応じたセンサを入れ（ジョイント型マルチセンサ）、土中に埋め込む方法を取ったという。

さらに、地中に埋めたマーカーをビデオカメラで追いかけ、ある一定状の変化が見られたときには崩壊が近づいていると判断するような方式や、三次元深度カメラによる動画解析で降雨時の斜面の変位挙動の検知を行うような試みも進められている。

土砂災害発生が予測される地域１つひとつに対策を施すことができればいいわけだが、擁壁を１カ所つくるだけでも高額なコストを要するため、そうした対策をする場所は限られてくる。そうであるならば、たとえばセンサなどで土壌の状態を観察し、土砂災害をあらかじめ予測するといったことができれば、それほどの予算をかけずとも住民の命を守るという最も重要な目的を達成することができる。

COLUMN 大型降雨実験施設での実証実験

豪雨を原因とする自然災害の防止・軽減を図るため、そのメカニズムを解明すべく、防災科研に1974年、大型降雨実験施設ができた。

この施設は建屋が長さ75m、幅44m、高さ22mと日本での降雨実験施設として最大であり、天井についた2000個以上のノズルから、自然に近い雨を降らせることができる。散水面積も約3000㎡と世界最大だ。この散水機能を有する建屋が移動式となっており、屋外に設置された規模の異なる土槽などが整備された5つの区画に移動させて実験を行うことができる。

近年、ゲリラ豪雨と呼ばれるような短時間での強い雨によって大きな被害が出ていることから、10分間雨量50㎜（1時間雨量300㎜相当）という豪雨を再現することができるようになっている。

この施設を利用して、土砂崩壊、土壌侵食、洪水現象のメカニズムの解明や、レーダーなどのセンサ技術の開発などの研究が行われており、国内外の大学・研究機関・民間企業と年間10件程度の共同研究、施設貸与が行われている。

たとえば、模型斜面（斜面長L=10m、幅W=4m、高さH=5m）を用いた実験では、自然降雨と人工降雨の比較実験を行うため、建屋を何度か移動させて最終的に土砂崩れが起きるまで散水を続ける。

模型斜面には各種センサを設置して、土の中の微小な水分量の変化や変形する様子を観測できるようにしている。これらの観測センサから得られた情報をわかりやすく可視化して表示し、よりメカニズムを理解しやすくしている。メカニズムの解明とともに、自然環境で有効に機能するセンサの開発にも役立てられている。

● 降雨時の斜面崩壊危険度推定技術

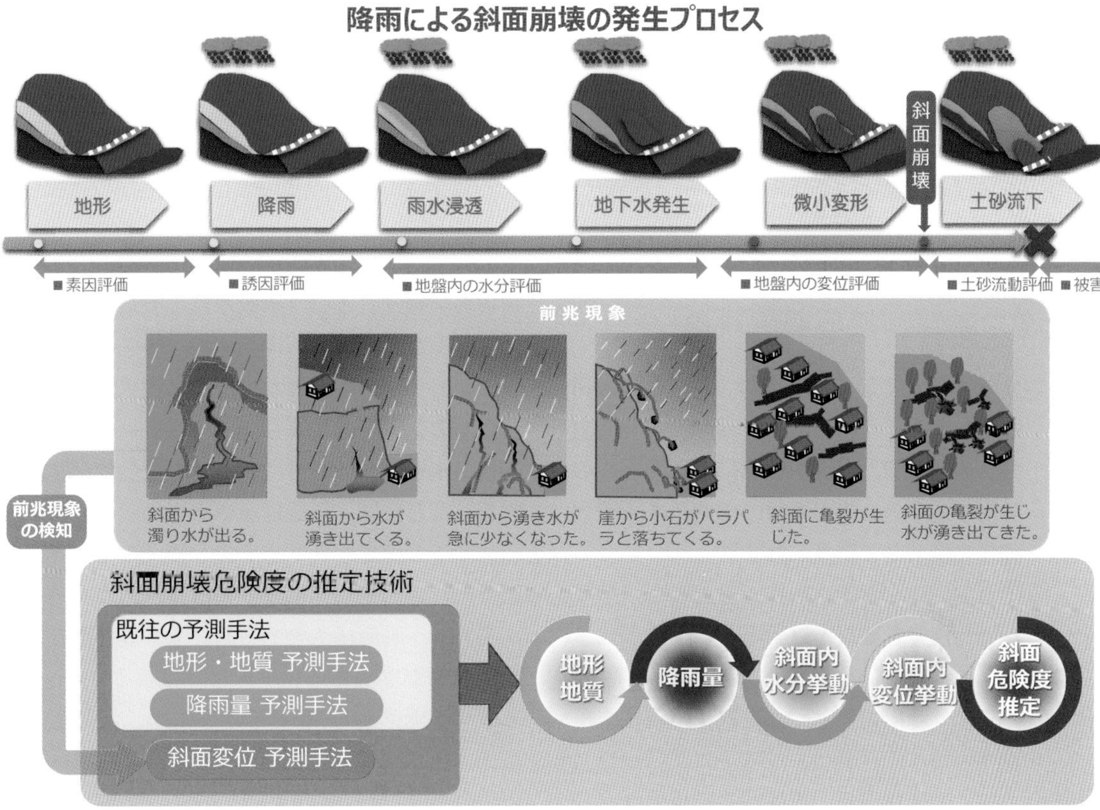

降雨による斜面崩壊の発生プロセス
地形
降雨
雨水浸透
地下水発生
微小変形
斜面崩壊
土砂流下
■素因評価
■誘因評価
■地盤内の水分評価
■地盤内の変位評価
■土砂流動評価
■被害
前兆現象
斜面から濁り水が出る。
斜面から水が湧き出てくる。
斜面から湧き水が急に少なくなった。
崖から小石がパラパラと落ちてくる。
斜面に亀裂が生じた。
斜面の亀裂が生じ水が湧き出てきた。
前兆現象の検知
斜面崩壊危険度の推定技術
既往の予測手法
地形・地質 予測手法
降雨量 予測手法
斜面変位 予測手法
地形地質
降雨量
斜面内水分挙動
斜面内変位挙動
斜面危険度推定

（図版：防災科研）

● 大型降雨実験施設でのセンサ検証の実験

建屋 W49m×L76m×H21m
実験区画 44m×72m×5面
L76m
H21m
72m
W49m
44m
降雨ポンプ棟
貯水槽
大扉（両面）
開口高最大8m
大型降雨実験施設

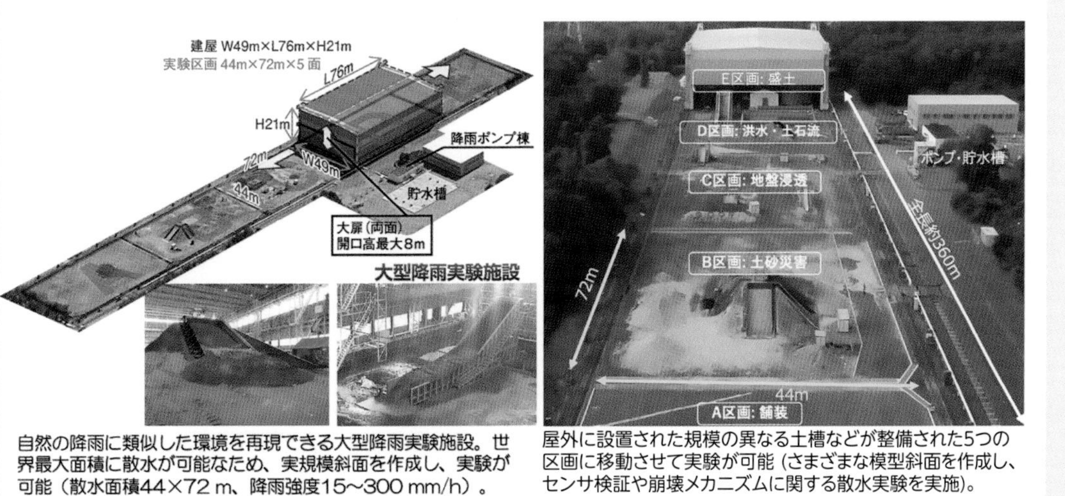

自然の降雨に類似した環境を再現できる大型降雨実験施設。世界最大面積に散水が可能なため、実規模斜面を作成し、実験が可能（散水面積44×72 m、降雨強度15〜300 mm/h）。

E区画：盛土
D区画：洪水・土石流
C区画：地盤浸透
B区画：土砂災害
A区画：舗装
ポンプ・貯水槽
全長約360m
72m
44m

屋外に設置された規模の異なる土槽などが整備された5つの区画に移動させて実験が可能（さまざまな模型斜面を作成し、センサ検証や崩壊メカニズムに関する散水実験を実施）。

（図版：防災科研）

17 雪の被害を防ぐ

毎冬、日本のどこかで大雪が降り、そのたびに交通網の麻痺や除雪作業中の事故が伝えられている。積もった雪が落ちて被害を出したり、雪下ろし中に事故に遭ったりするなど雪による被害は意外と大きい。雪がどのような被害をもたらすのか、事前に知っておくことが必要だ。

■大きな被害が出る着雪現象

大雪が降ることで起こる被害は、P91の図と円グラフからわかるように、着雪や着氷による電力施設への影響や落雪、吹雪や積雪による交通への影響、除雪や雪下ろし中の事故、山やスキーでの遭難、建物の倒壊など多岐にわたる。

なかでも着雪は、雪国以外にも被害をもたらすことがあり、注意を要する。着雪とは、雪が構造物に付着する現象をいう。関東などで湿った雪が降ったときには高層ビルなどの高層構造物にたくさんの雪が付着することがあり得る。気温が０℃以上のときにも雪は降り、湿度が高い場合は水分を含んだ湿った雪が降るため、着雪の程度は大きくなる。これらがさまざまな構造物に付着して被害を及ぼす。私たちの生活に近いところでいえば、電線や道路標識などの道路構造物、信号機などだ。関東の大都市部では高い建物に付着した雪が落下して事故が起こることもある。

こうした着雪現象は雪の質によって２つに分類されている。「弱風乾型」と「強風湿型」である。弱風乾型は水分を含まない乾いた雪が弱風下で着雪する場合で、強風湿型は、たとえば南岸低気圧に起因する０℃以上で降る湿った雪が強風下で着雪する場合のことをいう。

まず、最も被害の影響が大きいのが電線である。雪が電線に付着すると電線がねじられながら積もって着雪の重量が大きくなり、電線が破断したり、電線に引っ張られた鉄塔が倒壊したりといったことが起こる。また、着雪による樹木の倒壊により、鉄道や道路の寸断が起こることもある。

2012年11月に北海道で、雪の重さで鉄塔が倒壊、電線も断線するという事故が起こった。これにより室蘭市などで約５万6000戸が一時停電した。登別市など７市町は暖房が使えない住民のために計26カ所の避難所を設置した。

道路構造物への着雪によっても社会的な影響は出る。たとえば、道路標識や電光掲示板などに着雪してその機能が低下することや、落雪が人や自動車などに当たって事故が起こることがある。

これは、高層構造物でも起こる。首都圏には高層構造物が多数ある。一般には高度が100ｍ上がると、気温が約０.６℃下がるため、たとえば東京スカイツリーなど600ｍ以上の構造物では、地表よりも気温が３～４℃低くなる。そのため、着雪現象が起こることがある。

乾型では着雪したとしても重量はそれほど重くならないが、積もった雪が溶けたり固まったりが繰り返されて、非常に固い氷を含んだ状態で落雪することがある。そのような場合には、落下した固い雪が人や自動車などに当たって被害を及ぼすことがある。

湿型は乾型よりも強風下で生じるため、多くの雪が付着して固まり重量が大きくなる場合が多く、被害も大きくなりやすいことがわかっている。

落雪事故は毎年のように起きており、雪の塊がカーポートの屋根を突き破る事例などが報告されている。

■被害を防ぐための施策

これらの被害を防ぐために、着雪しにくい素材や表面の性質や状態、形状の影響について研究されている。また、撥水塗料や撥水素材によって構

●降雪の影響

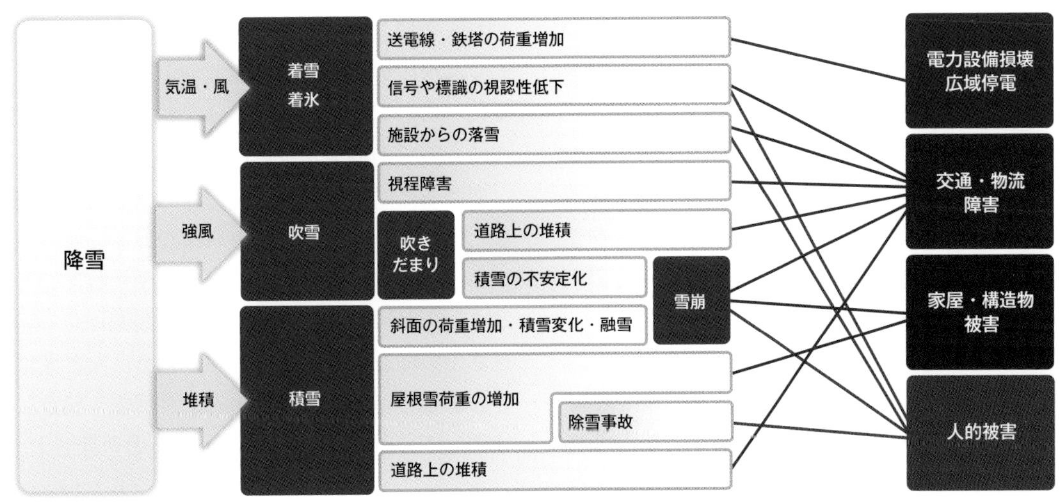

（防災科研HPより）

●雪氷による災害

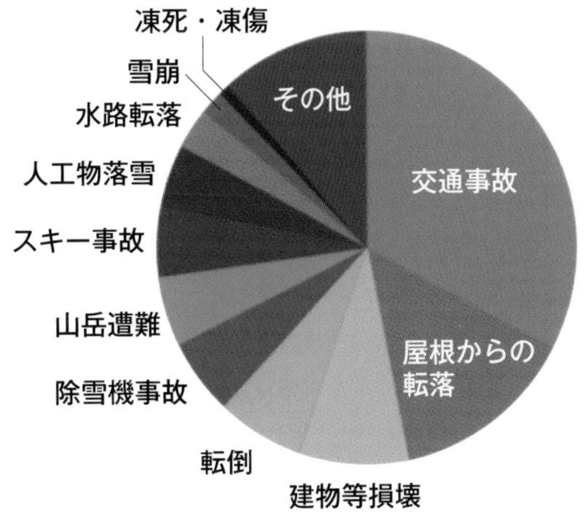

（2018年冬期［2017年12月～2018年４月］の雪氷災害原因内訳：防災科研調べ）

●防災科研の雪氷防災実験棟における着雪の実験事例

（写真：防災科研）

交通標識で錘状に成長した着雪。

雪氷防災実験棟の低温風洞における着雪現象の再現。

造物の表面に雪が付着しないように加工する、ヒーターが内蔵されて付着した雪が溶ける、といった対策もなされている。

防災科研では、さまざまなデータを蓄積して分析・研究を行うことで、着雪モデルを作成し、気象庁の気象データと組み合わせて、「着雪リアルタイムハザードマップ」を試験的に運用している。今後、このハザードマップを見れば、どの地点で着雪がどのくらいあるかがわかり、危険度を予測できるようになるはずだ。

■雪下ろしの適期を知る「雪おろシグナル」

再度、上の円グラフを見ていただきたい。あまり知られていないが、雪氷被害によって毎年100人前後が亡くなっている。内訳は「屋根からの転落」「人工物落雪」「除雪機事故」という事例が多い。

その中でも特に屋根に上っての雪下ろし中の事故によって命を落とす人が非常に多く、対策が求められている。そこで考え出されたのが、いつ雪下ろし作業をすればよいかの時期がわかる「雪おろシグナル」という情報サイトである。防災科研、新潟大学、京都大学で開始し、その後は防災科研、新潟大学、秋田大学で改良を続けている。

雪下ろしが遅れると建物の倒壊などの被害を引き起こす一方で、雪下ろしは屋根からの転落事故などの危険を伴う作業であることから、適切なタイミングで雪下ろし作業ができるように、その判断のもととなる情報を提供している。

「屋根に積もった雪の量を見て判断すればいいのでは？」と思うかもしれないが、そう簡単ではない。雪の重量はその質によってかなりばらつきがあるため、積もったばかりの雪はそれほど重さはないが、時間が経って固く締まって氷のようになった雪は重量が大きくなる。

降ったばかりのふわふわの雪は１㎡あたり50kgほどと水の20分の１ほどの重さだが、時間の経過とともに重くなり、暖かくなり水を含んだ雪になると500kgと10倍にも重量が増える。そのため、見た目ではわからない雪の重量を計算することで、危険度がわかるのが、この雪おろシグナルである。

サイトでは地図が表示され、リスクの大きさに対して色分けしてその危険度がわかるようになっている。たとえば、１㎡あたり100kg以下であればまだ安全という意味で緑に、300kgを超えたら雪下ろしを推奨するという意味で黄色、700kgを超えたら危険という意味で赤で表示される。

雪おろシグナルの作成にはさまざまなデータや積雪モデルが駆使されている。まず基礎データとして積雪深（雪の深さ）を測る。この情報は気象庁や国土交通省、あるいは自治体などで観測されたデータがウェブ上で公開されているため、それを活用し、新潟大学が開発した積雪深を収集するシステムを用いて作成している。これらの情報をもとに、防災科研が研究に用いている積雪変質モデルを用いて、雪の密度計算を行い、積雪深を重量に変換している。この積雪変質モデルを「SNOWPACK（スノーパック）」という。

このSNOWPACKは、気温や湿度、風速、あるいは日射量などといった自動観測で得られる基本的な気象データを入力して、どのくらい積雪があるかを計算する。これには表面の熱を計算してどれくらい溶けたか、どれだけ圧密されて密度が高くなっているか、雪の内部の温度変化、雪質の変化、さらには水の浸透具合など、細かい情報を含めた雪の層構造が計算される。

もともとはスイスの「雪・雪崩（なだれ）研究所」が開発したモデルで、それを防災科研が日本の雪の実情に合うように最適化したモデルを使用している。こうして計算すると、各積雪深の観測地点で雪の重さの情報を割り出すことができる。たとえば、冬のある日付で新潟県長岡市の長岡駅を設定して検索してみると、雪の重さが384kgと表示された。

■「雪下ろしをした日」から計算する

ただ、一度雪下ろしをした場合、その後にどれくらいの雪が屋根の上に載っているかといった情報も知りたくなってくる。そういうときは、「積雪荷重計算サイト」で、雪下ろし後の屋根に積もった雪の重さが計算できる。

使い方は、まず自分の居住地を検索する。たとえば、「津南（つなん）」で検索して居住地を選択、時期を指定するとその時点での重量が出てくる。「津南」「2022年３月１日」だと1360kgである。雪下ろしをしていなければ建物は潰れてしまうレベルである。仮に３月１日以前に一度雪下ろしをしていたら、その日付を入力すれば、それ以降の雪の重さが表示される。２月６日に雪下ろしをしていた場合、407kgと表示された。そろそろ次の雪下ろしをしたほうがよい時期だと判断できるわけである。

利用者の声としては、Twitterなどでの書き込みでは、12月頃に「まだ緑だから雪下ろしをしなくて大丈夫だ」「空き家が倒壊したときのものを見たら、オレンジだから危なかったんだな」といった反応が見られた。誰もがサイトにアクセス可能で、東京からでも新潟県内の屋根雪の重さの情報を見ることができる。実際に、実家の様子を調べて親に連絡するというような使い方もあったそうだ。

雪おろシグナルとは

的確な雪下ろしの判断のために

見た目が同じでも
重さが違うことがある！

わずかに積もった雪は
しなくても大丈夫

降ったばかりの軽い雪は
しておくと安心

しまって重くなった雪は
しないといけない

大量に積もった雪は
しないといけない

雪下ろしの
判断は難しい！

屋根の雪下ろしの参考にするための
密度まで考えた重さの情報が重要

（図版：防災科研）

「雪おろシグナル」の画面

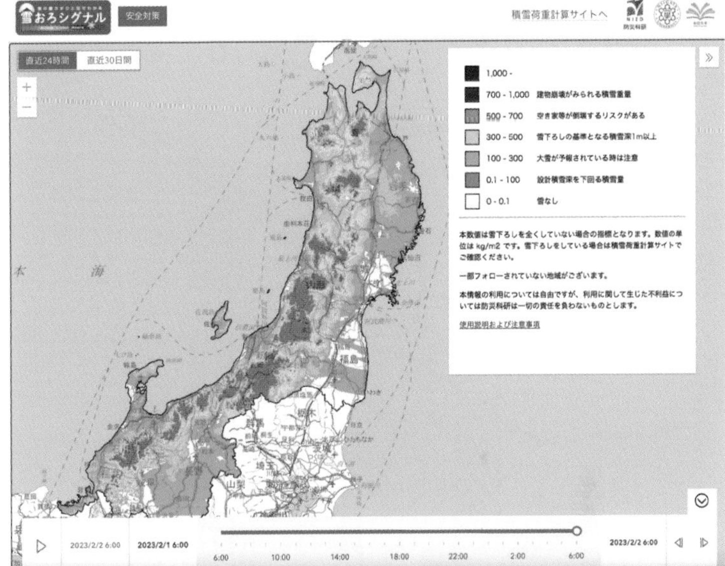

COLUMN　スキー場のインバウンドを支える科学技術

2023年1月、長野県でスキー場外を滑る「バックカントリースキー」をしていたスキーヤーが雪崩に巻き込まれて死亡する事故が起こった。バックカントリースキーは、踏み締められていない新雪を楽しめるため、一部のスキーヤーに人気が高いが、事故も多い。北海道のニセコでは、バックカントリースキーを安全に楽しんでもらうため、「ニセコなだれ情報」を発出し、スキーヤーにその日の雪の状態や風などの情報を提供している。この情報発出に、防災科研も協力している。

従来の「ニセコなだれ情報」は、ニセコの雪や気候などを熟知した地元の識者の「経験則」に頼っていた。この経験則を科学的に解き明かすことで、情報に客観性を持たせようというものだ。防災科研の研究者が地元の識者に同行して雪山で調査し、風の強さや向き、それらによってできる吹きだまりの位置などが雪崩の予測に役立つことがわかったのである。

ニセコは海外からの観光客にも人気のスキーリゾートだ。防災の研究は「観光立国」を目指す日本のインバウンド需要拡大にも役立っているのだ。

大雪のときには

大雪の予報が出たら、なるべく外出を控えるようにしましょう。
気温が上がったときは屋根の雪がゆるむので、落雪には、特に注意しましょう。

軒下などでは
●軒下などから、雪のかたまりや、つららが落ちてくることがあります。
大雪情報
大雪予報が出たときは
●大雪の予報が出たときは、なるべく外出を控えましょう。雪かき用のスコップを用意しておくようにしましょう。

雪下ろしをするときは
●雪下ろしをするときは、必ず2人以上で作業しましょう。
●ヘルメットをかぶり、命綱をつけ、携帯電話を身に着けておきましょう。
道路や橋では
●道路わきの雪山から、急に歩行者が出てくることがあります。
●また、橋など、吹きさらしの路面は凍結していることが多いので、運転には十分に注意しましょう。
雪道を歩くときは
●靴の裏全体を路面につけるようにしながら、小さな歩幅で歩きましょう。手袋と帽子を着用しましょう。

（防災科研のパンフレット「そのときに備えて」より）

18 複合災害

複合災害とは、２つ以上の災害が同時に起こること、あるいは災害対応中・復旧中に別の新たな災害が起こることをいう。複合災害は予測が難しいことに加えて、単独災害よりも被害が拡大することが想定される。複合災害においてもあらゆる可能性を考えつつ、被害を最小限に抑え、復旧・復興のスピードを高める準備をしておくことが必要だ。

■複合災害とは

ある地域で地震、洪水などによる災害が起こったとき、あるいは災害対応中・復旧途中に、さらなる別の災害が起こることがある。たとえば地震によって被害を受けた堤防を復旧している最中、大雨によって洪水が発生するということもあるし、東日本大震災のように地震や津波による被害に加えて、原子力発電所の事故による災害が起きることもある。

過去には以下のような複合災害が起きている。

・2004年新潟県中越地震（台風・地震・豪雪の複合）

10月23日17時56分、新潟県中越地方の地下13kmを直下とするＭ６.８の直下型地震（逆断層型）が発生。この３日前に台風23号の影響で豪雨となり、地盤が緩んでいたところへ大地震が発生したため、土砂災害が各所で発生、10万棟以上の家屋が被害を受けた。さらに２カ月後には19年ぶりとなる記録的な豪雪が発生し、被害が拡大した。

・2016年熊本地震（２回連続の地震と豪雨による土砂崩れ）

４月14日と16日、熊本県で震度７の地震がわずか28時間の間に２度発生した。このとき地震による家屋倒壊だけでなく、大規模な土砂災害が発生。さらには２カ月後に熊本県内で豪雨となったために再び土砂災害が発生した。地震によって地盤が緩んでいた状態のところへ豪雨となり、土砂災害がより起きやすくなっていた。

■複合災害を想定した防災計画

まずは本書で解説している個々の災害に対する防災の計画と準備を進めることが大切だ。そのうえで、想定される複合災害について、あらゆる可能性をイメージして計画を立案しておこう。どのような現象が重なった場合、停電や断水など、どのような事態が発生するのかを想定し、その状況への対策を考える。複数想定しうるシーンから具体化し、共通的な対策をとることができれば、他の災害が起こっても状況に応じて策を講じることができる。

備蓄については、避難中に新たな災害に見舞われた場合、避難が長期化することを想定して多めに物資を蓄えておくことが必要だ。

訓練については、想定される複合災害のシナリオを用意しておくこと。定期的に訓練を行うこととし、シナリオはその都度、新しいものを用意し、常に新しい状況に対応する訓練ができるようにしておく。

日本では特に地震と水害については複合災害が起こりやすいといえる。地震で避難していた避難所が浸水被害を受けたり、逆に水害に備えて事前に避難した先の避難所で地震に遭ったりすることもあるだろう。避難所はどのような災害に耐え得るのか、地域で検証が必要だ。また、その避難所に向かう場合の避難経路は、複合災害が起こった場合にも使えるのか検証しておきたい。

P110で紹介する「重ねるハザードマップ」など各種ハザードマップで確認しながら、複合災害への備えもしっかり行っておきたい。

●2016年熊本地震では大規模な土砂崩れが発生した（南阿蘇村）

（提供：［一財］消防防災科学センター「災害写真データベース」）

●2011年東日本大震災で事故があった東京電力福島第一原子力発電所

東京電力が、福島第一原発事故の発生から間もない2011年３月20、24の両日に無人航空機で空撮した写真。

（提供：東京電力ホールディングス株式会社）

COLUMN 富士山噴火はいつ起こるか？

富士山はよく知られているように、火山噴火によって現在の標高を得た成層火山で、海洋プレートであるフィリピン海プレートが、大陸プレートであるユーラシアプレートの下に沈み込む部分のちょうど真上に位置する。そのため、地殻が不安定で噴火や地震が起こりやすい。

富士山は活火山であるため、いつかは噴火すると考えられており、長らく噴火していないことから「そろそろではないか」とときどきメディアで話題になるのだが、富士山噴火の可能性は現実的にどれほどあるのだろうか。

富士山周辺には気象庁や防災科研、東大地震研究所などの観測所が数十カ所あり、地震活動をモニタリングしている。低周波地震の頻度分布をモニターしたところ、1980年から2021年まで回数とエネルギーに換算したもので見ると、急激に増えたことが2000年と2007年、2015年前後に何度かあった。2000年は三宅島が噴火した年で、このときに富士山も活発化していたということになる。噴火が心配されたが、震源の深さはそれほど変わっておらず、その後の経過を見ても沈静化していったことがわかった。

研究者が驚いたのは、2013年10月12日～14日に富士山に近い河口湖の観測地点で火山性微動のような振動が観測されたときだった。調べてみるとある音楽グループが近隣の遊園地で3日間ライブを行っており、そのときの聴衆がジャンプしたものを検知したことがわかった。それほど観測の精度が高いということがいえる。

2020年になってもこの低周波地震は定期的に起きており、際立った動きは見られない。火山性地震のマグニチュードも特段、目立ったものは見られないため、現状では富士山は非常に落ち着いた状態だといえる。急激な噴火は起こりそうもないというのが研究者の一致した意見だという。

ただし、噴火の可能性がゼロになったわけではないので、そうなった場合の避難などの対応について、頭の片隅に入れておき、富士山に行くときはハザードマップなどを確認するとよいだろう。2023年３月には山梨、静岡、神奈川の3県などでつくる富士山火山防災対策協議会が新たな避難計画を発表している。３県で被害が見込まれる「避難対象エリア」の住民11万6093人と滞在している人らを対象に、火口から溶岩が流れ出る「溶岩流」が発生した場合、車の渋滞を防いで支援が必要な人を車で優先的に避難させるため、その他の住民が原則徒歩で避難することなどを明記した。また火山災害警戒地域も拡大され、3県27市町村となった。

人が歩く程度の速度で拡大するとされる溶岩流や、高熱の岩石や破片が斜面を流れ下る火砕流などが想定される地域や時期を踏まえ、噴火が起こる前に観光客らに帰宅を促すことや、学校などから保護者に児童・生徒らを引き渡すなども盛り込まれている。

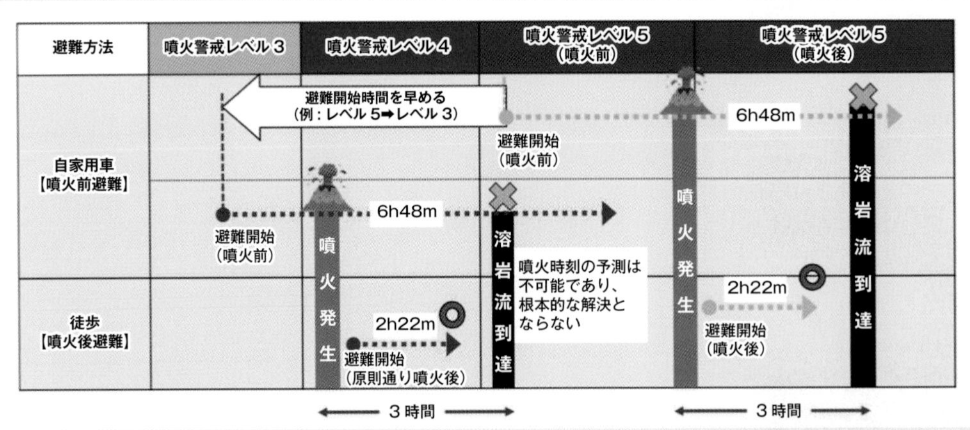

（図版：富士山火山防災対策協議会Webサイト）

(AdobeStock)

Chapter 3

予防のための科学

19 耐震・制震・免震とは何か？

地震が起こったとき、大きな被害が出るのは建物の中の人に影響が及ぶ場合だ。地震があっても建物自体や建物の中のものが壊れたりしなければ被害は出ない。地面から来る地震のエネルギーを建物によっていかに吸収し、逃がすか。そのために耐震・制震・免震という考え方で建物を守ろうとしている。

■耐震基準とは何か？

日本のすべての建物は、地震に対してどのように守るかという基本方針をもとに構造が設計されている。これを「耐震基準」といい、国が法令（建築基準法や建築基準法施行令など）により「最低限クリアすべき」と設定した基準のことである。

耐震基準は、大震災が起こるたびに教訓を生かしてアップデートされ、戦後の大きな改正は1978年の宮城県沖地震を踏まえて81年６月１日に行われた。これは「中規模地震でも損傷せず、大規模地震では倒壊・崩壊しない」という強度を基準にしている。これを「新耐震基準」といい、それ以前は「旧耐震基準」と呼んでいる。

ただ、1995年に発生した阪神・淡路大震災では旧耐震基準の建物を中心に多数の建物崩壊による圧死者が多く、耐震性能が人命と密接に関係することが改めてクローズアップされ、同時に新耐震基準でも不備がある部分が明らかになった。それが2000年の改正へとつながっている。

現在、建っている既存住宅は、新旧の耐震基準で建てられたものが混在していて、旧耐震基準で建築された住宅の耐震性能を最新の耐震基準に基づいて調査するのが「耐震診断」である。そこで耐震性能に問題ありと判断された場合は、耐震改修工事をすることが望ましい。

■耐震・制震・免震とは

住宅やビルなどの耐震性能を高めるための考え方が「耐震・制震・免震」である。それぞれ地震による被害から建物を守るための構造方式でもあり、それぞれ耐震構造・制震構造・免震構造という。建物の機能や用途に応じて、ふさわしい構造方式が選ばれている。複数の組み合わせによる構造となっている建物もある。

●耐震・制震・免震の考え方

すべての建物は耐震構造でつくられ
さらに制震・免震構造が付加されている

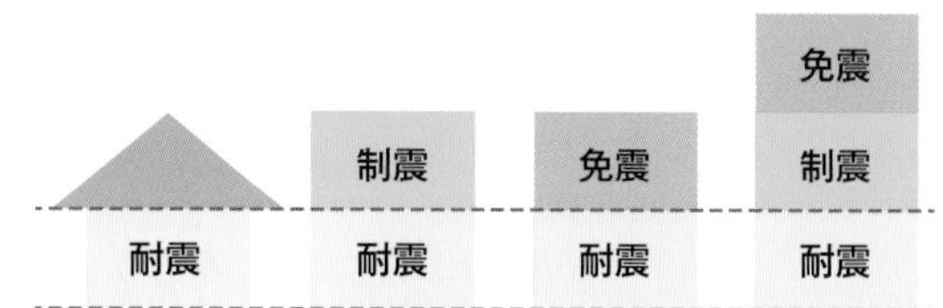

・耐震

日本の建物は、耐震基準に沿って建設されているため、いまある建物は耐震構造でつくられたものだ。建物自体の重さや地震による力に対し、頑強さによって耐えることができる構造で、地震の衝撃を受け止めることを目的としている。震度６強から７程度の地震となっても建物が崩壊することなく人命を守ることができる、それが耐震基準となっている。

・制震

耐震は地震のエネルギーを受けて建物自体の頑丈さで対応しようとする考え方だが、建物の中の装置でエネルギーを吸収して地震による被害を抑えようという考え方が制震である。たとえば、グレースダンパーと呼ばれる、衝撃を吸収する仕組みや装置などを建物に取り付けて構造を補強し、

A【耐震構造】

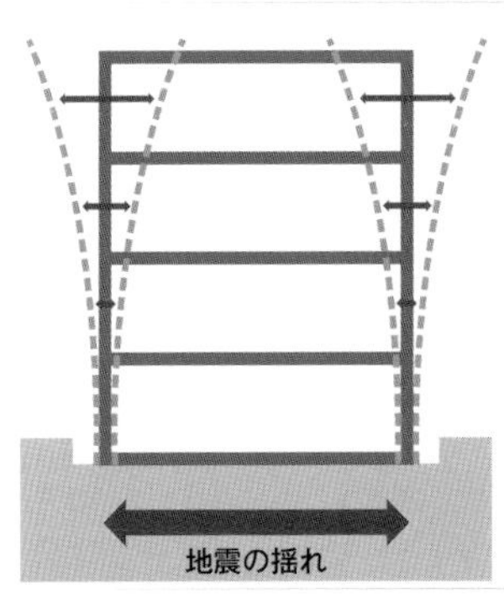

B【制震構造】

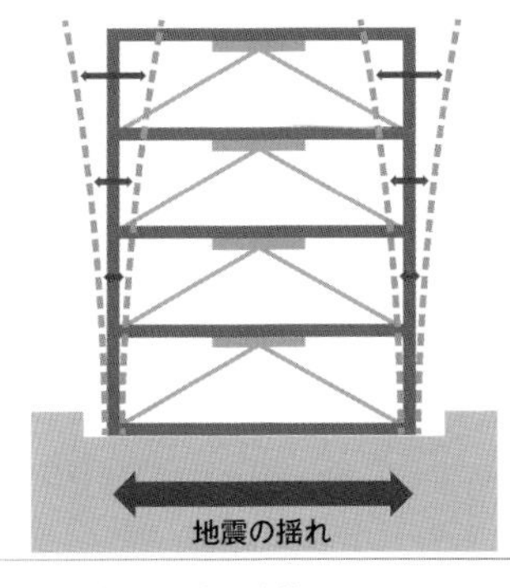

C【免震構造】

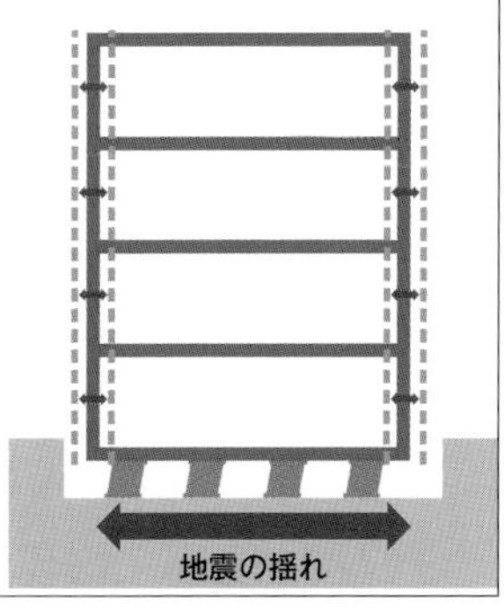

強さで地震に耐える
地震による力を受けても建物が壊れないこと（耐えること）を目指す。柱や梁（はり）、壁の頑強さで地震に耐えるという考え方。ただ、揺れ自体を抑えることはできないので地震のエネルギーが直接建物に伝わり、建物内の物は揺れによって動く。地震の規模によっては損害を生じる。

揺れを吸収して地震を抑える
建物内に振動を吸収する装置を組み込むことで、**揺れを少なくし、建物の損傷と、中にいる人、物への影響を減らす。**

揺れを受け流して地震を免れる
地震の力をなるべく受けない（免れる）ことを目指す。建物と地面の間に免震層を設け、そこに緩衝材となる装置を設置することで地震の力から免れ、建物を揺らさないことを目指す。

エネルギーを吸収する。斜めに筋交（すじか）いのようにダンパーを入れることで、ダンパー部分が伸び縮みして建物の揺れをおさめることができる。超高層建築物の場合は、ほとんどがこうした制震の装置を備えている。ダンパーなどの部材の損傷でエネルギーを受け止めることで、建物自体に損傷が及ばないようにすることができる。

・免震

免震構造は、地震の影響を受けないことを目的とする。文字通り、揺れの影響から免れるための考え方だ。建物と地盤の間に免震層というすき間を設けて、そこに緩衝材を入れることで、建物を揺らさないようにする仕組みである。緩衝材となるのは「積層ゴム」や「すべり部材」といった装置で、それらを取り付けることによって、建物を基礎から浮き上がらせ、地震の揺れを建物に伝えない工夫をする。

■制震、免震で高コストになるのが悩み

建物がつくられるとき、耐震は当然として、制震と免振がどのようにして選ばれるかは、建物の用途、コストと工期、現場の状況などによって決まる。高層建造物については建設当時に耐震基準を満たしていたとしても、その後の研究結果でさらに大きい揺れの地震に備えなければならない状況になったときには、耐震補強や、制震、免震の構造にするべく工事が行われることになる。

高層の建物の中には制震と免震の両方の構造を備えたものもある。免震構造を加えるには、制震よりも高コストになり、両方を備えるには大きな費用がかかる。一般住宅であっても制震、免震構造を備えた建物はあるが、コストが大きくなるため、まだまだ普及率は低い。今後、免震技術の開発が進み、建物一般に広く普及させていくことが望まれる。

また、免震の新たな技術としては、免震層に空気や水の薄い層をつくる技術も開発が進んでいる。今後も免震層に新たな部材が開発されたり、新たな免震の考え方が生み出されたりすることになるはずだ。そのための施設としてChapter3-20で解説するようなさまざまな実験施設がある。

■橋脚にも活用

人が中で過ごす建物だけでなく、川にかかる橋や高速道路の橋脚にもこの耐震・制震・免震構造が施されている。

道路の橋脚の場合は、道路の橋脚のところに免震ゴムを設置したり、エネルギーを吸収するダンパーを備えるなどして、揺れを減らす工夫がなされている。

耐震工学の実験と技術開発

地震から人命と財産を守るためには、将来の地震を見据えて、建物が容易には壊れない構造とし、建物の耐震性能を評価し、適切な技術や対策を施していくことが必要だ。そのためにはさまざまなアプローチがある。ここでは建物の耐震性能の評価と技術開発に用いられる実験・研究について紹介する。

■実物の構造物を揺らすことができる実験施設「Ｅ－ディフェンス」

1995年の阪神・淡路大震災で亡くなった人の約８割は、住宅の倒壊に起因していることが、その後の調査で明らかになっている。この地震による高速道路の橋脚の崩壊では、復旧に600日以上もの時間と労力が費やされた。

このような地震による構造物の破壊過程を実大の構造物を用いて解明する目的でつくられたのが、兵庫県三木市（みきし）にある防災科研の実大三次元震動破壊実験施設（通称Ｅ－ディフェンス）である。

ここでは、将来の南海トラフ地震、首都直下型地震などを見据えた研究を、構造物だけではなく、設備機器の損傷や継続利用、センシング、モニタリングによる評価技術などについても進めている。

このＥ－ディフェンスの能力を具体的にいうと、1200ｔまでの実物大の構造物を三次元の地震で揺らし、破壊まで行うことができる施設だ。900以上の計測システムを備え、破壊のメカニズム解明に貢献できるという特徴がある。

この施設では、これまで日本で観測された地震の揺れをほぼそのまま再現することができる。また、それ以上の加速度、たとえば阪神・淡路大震災時や東日本大震災時の140％程度の揺れも再現することができる。さらには、地震の研究などに基づく、将来的に発生し得るかもしれない、想像を超えるような長時間で長周期の揺れなども再現できる性能を備えている。

■Ｅ－ディフェンスの構造

Ｅ－ディフェンスの震動実験で揺らすことができる1200ｔとは、６階建て鉄筋コンクリート建物くらいの規模に相当する。施設の建物を積載できる震動台の面積は20ｍ×15ｍの300㎡となっているため、一般的な住宅であれば２棟並べて揺らすことができ、比較のための実験も行うことが可能となっている。

加振は三次元で可能で、水平方向は±１ｍ、鉛直方向で±０．５ｍで可能だ。つまり、前後左右に１ｍ、上下に50㎝も動かすことができるのだ。加速度的にも1200ｔの建物を一瞬浮かせることができるほどの加振力がある。

動力は、改造した3000ｔクラスのクルーザーのエンジン４基から得る。建物など構造物を積載して揺らす床（テーブル）には、Ｘ軸方向に５本、Ｙ軸方向に５本、Ｚ軸方向に14本の油圧で動くアクチュエータ（動力装置）が接続されている。エンジンから得られた油圧力をいったん蓄積し、その油圧力を電子制御して床を揺らし、その上に載った建物に振動を加える仕組みである。

Ｅ－ディフェンスは2005年から運用を開始し、これまでに120件以上の課題実験を行ってきた。防災科研が自ら行う独自研究に加え、さまざまな外部機関とともに行う共同研究、民間企業等にも貸し出す貸与研究が行われている。

●Eーディフェンスの構造

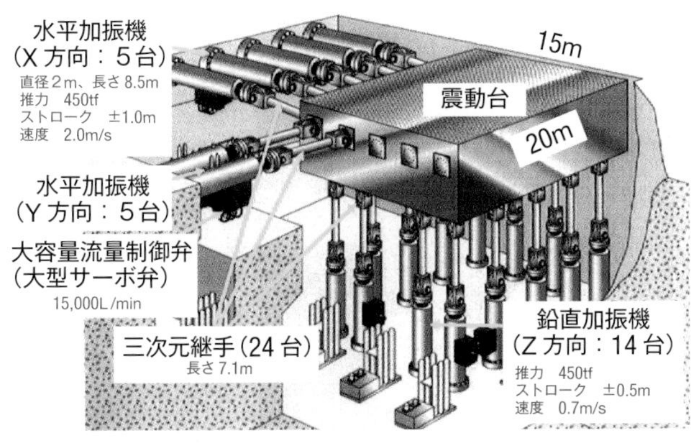

最大搭載質量	1,200t	
震動台面積	20m ×15m ＝300㎡	
加振方向	水平（前後・左右）	鉛直（上下）
最大加速度	900cm／s^2以上	1.500cm／s^2以上
最大速度	200cm／s	70cm／s
最大変位	±100cm	±50cm

■Eーディフェンスで何ができるか

こうした加震実験を行うことの目的は主に次の４つである。

① **破壊過程の解明**
② **耐える性能**
③ **継続利用と避難の判断**
④ **免れる性能**

①の「破壊過程の解明」とは、実際の建造物を大きな揺れで加振することで、建物のどこにどのような力が加わって、ひび割れや損傷が生じ、損壊に至るのか、そのメカニズムの解明に利用することである。

●Eーディフェンス実験の目的

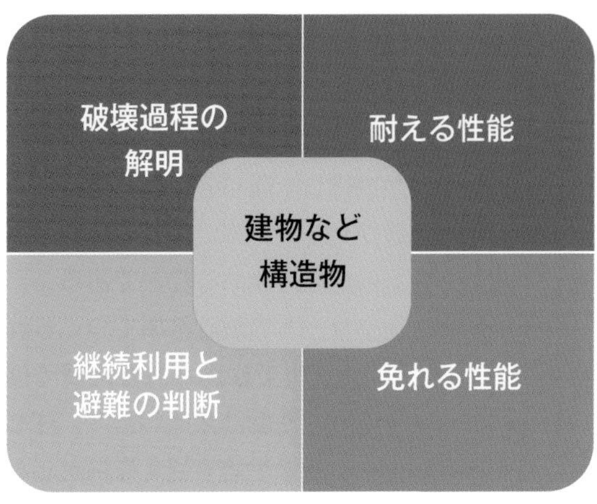

（図版はすべて防災科研）

●Eーディフェンスでの実験例

・破壊過程の解明を目的とした実物大大規模実験の実施
　ー 木造住宅、鉄筋コンクリート建物、鉄骨建物、護岸の液状化破壊、道路橋脚
　ー 旧基準（建築）について、阪神・淡路大震災の地震に耐えられないことを実証

実物大6階建て鉄筋コンクリート住宅

護岸の液状化破壊

実物大の木造住宅（倒壊する様子）

地盤での杭基礎

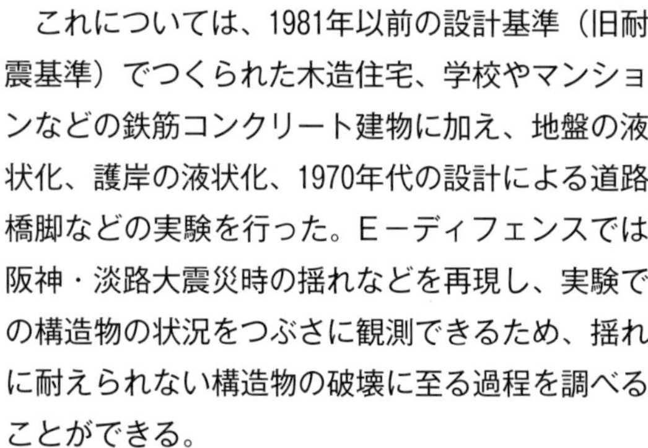

これについては、1981年以前の設計基準（旧耐震基準）でつくられた木造住宅、学校やマンションなどの鉄筋コンクリート建物に加え、地盤の液状化、護岸の液状化、1970年代の設計による道路橋脚などの実験を行った。Eーディフェンスでは阪神・淡路大震災時の揺れなどを再現し、実験での構造物の状況をつぶさに観測できるため、揺れに耐えられない構造物の破壊に至る過程を調べることができる。

②の「耐える性能」とは、耐震設計や耐震化技術による構造物が期待した通りの性能を持っているのかどうかを確かめる、あるいはどの程度の揺れまで耐えられるのかを見極めることである。

現行の鉄筋コンクリートの設計基準でつくられたものを阪神·淡路大震災で観測された地震で揺らしたところ、守るべき性能は発揮したが、柱と梁の接合部の部分に、補修や建て替えを検討しなくてはならないクラック（ひび割れ）ができた。その後の実験では、設計基準に従いつつ、梁の側の端部で力を吸収して柱が壊れないような設計を施した建物をつくり、同じように揺らしてみたところ、阪神·淡路大震災で観測された地震の揺れが3回あっても壊れないことが確認できた。この施設は、震動に耐え得る構造や素材の性能を検証することもできるのだ。

③の「継続利用と避難の判断」とは、地震後の建物が損壊に至る危険性と、施設として使用する際の生活に必要な機能を維持・継続できるかを判断する研究での利用である。

施設を継続利用するためには、建物に設置されている設備機器が地震後にも使える状態である必要がある。そうした機器の性能を調べることができる。

避難の判断では、建物にセンサを付設して、地震後にその建物が危険であるか大丈夫かを判断する技術開発が進んでいる。

Eーディフェンスでは、これら設備機器の耐震機能の評価とセンシング技術の評価実験も行っている。

④の「免れる性能」とは、地震の揺れを建物の構造や設置した部材や装置の仕組みで吸収したり、力を逃がしたりすることで、そもそも建物を揺らさないようにする技術の開発である。

特に日本は優れた免震技術を持っており、その研究と普及が進められている。新たな研究では「水浮揚」や「空気浮揚」などの方法がある。柱と地面の構造物の間に薄い水の膜や空気の層をつくることで、ほんのわずかだけ柱を浮かせ、地面からの揺れを吸収して建物に伝えないようにする技術である。

■カーテンウォールによるセンシングとLEDアラート

③の「継続利用と避難の判断」の技術開発の例を紹介しよう。建物のカーテンウォールの中にセンサをあらかじめ組み込んでおき、地震の揺れを感知するとLEDライトでアラートを出すというセンシングシステムである。外を歩いている人は地震の揺れに気づきにくいため、ビルで感知した揺れを歩行者にLEDライトの色で教えることができれば、避難の判断ができるはずだ。緑、黄色、赤というように色で危険度のレベルを知らせるため、直感的に危険を察知しやすくなる。建物の応急危険度判定も迅速にできる。

また、このセンサは、国内で年間約200件も発生している震度3～4程度の地震の揺れをキャッチすることで、地震のたびに「建物の健康診断」をすることにもつながる。

この技術は、近い未来に普及するかもしれない。

■都市の「デジタルツイン」への活用

Eーディフェンスで得られたデータは、すでにコンピューターによるシミュレーションに使われている。これと実際の都市のセンシングをつなげることで、「都市の震災デジタルツイン」を構築することが検討されている。いわば震災に向けた「都市の健康診断」だ。

その着手の段階では、都市内の共同住宅をセンシング（センサでの観測、測定）してデータを集め（検査に相当）、分析し（診断に相当）、その結果を踏まえて対策をとる（運動･手術に相当）ことで、地震に強い都市を実現する仕組みづくりを研究している。この仕組みを実現するためには、フィジカル（物理）空間にある都市の住宅と、その分析を担うサイバー空間により構成されるシステムの概念が必要だ。

震災デジタルツインによってさまざまなシミュレーションが可能となる。それにより、あるべき耐震性能を見極めることができるようになり、適切な技術を投資効果も踏まえて選択･実装することができるようになる。「現実の状態」と「あるべき状態」の差がどれだけあるかを評価し、それを埋める対策をとれるレジリエントな都市の未来像である。（Chapter4-35でも解説）

●カーテンウォールLEDによるセンシングとLEDアラートの様子

Eーディフェンスで実施したセンシングとLEDアラートの実験

（写真はすべて防災科研）

21 自然災害の怖さを体験する

自然災害の怖さは実際に体験した人でないとなかなか実感できない。全国には自然災害を実際に近い状態で体験できる施設が多く設置されている。ここではエリア別に主なものを紹介するが、こうした施設は規模の大小はあるものの、都道府県に１つは設置されている。「百聞は一見に如かず」で、まずは体験してみてはどうだろうか？

■疑似体験などができる施設10選

日本には自然災害を実際に近い形で体感できる体験型防災施設が全国に160カ所以上ある。施設で体験することで、より身近に自然災害を感じてもらい、危機感を喚起することが目的だ。疑似体験をしながら楽しく学べるため、レジャー感覚で、親子で訪れるのもいいだろう。まずは体感してその恐ろしさを実感したうえで防災の知識を学ぶと、より学習効果も高くなるに違いない。

この項では実際に体感できる体験型施設を主に紹介するが、このほかにどんな災害が過去にあったのか、被災者の思いなども紹介する伝承型の防災施設もある。「人と防災未来センター（兵庫）」や「雲仙岳災害記念館（がまだすドーム：長崎）」などだ。こうした施設でさまざまな角度から防災を学んでみよう。

札幌市民防災センター：ここでは実際に災害現場で活躍していたはしご車を展示している。はしご車の運転席に座ってサイレンを鳴らしてみたり、後方のはしご操作部に立つことができるので人気。防火衣やヘルメットを被って記念撮影もできる。

（提供:札幌市防災センター）

●札幌市民防災センター

津波などのバーチャル体験ができるボディソニック付き３Dシアターがある。緊急地震速報と連動し、東日本大震災や高層建物での長周期地震動も再現する地震体験コーナーもあり、地震発生から揺れが収まった後の基本行動が確認できる。２階建ての建物での煙避難体験、３D映像付きの暴風体験など体験施設の種類も豊富だ。

所 在 地：北海道札幌市白石区南郷通6丁目北2−1
白石消防署併設
電　　話：011-868-3535
開館時間：9：30～16：30
休 館 日：年末年始、第1･第3月曜日
（祝日の場合は翌日）
入 館 料：無料
http：//119.or.jp/sapporo-preventioncenter/

●KIBOTCHA

宮城県東松島市の野蒜駅から徒歩10分ほどの場所にある。KIBOTCHAの特徴は何といっても防災教育キャンプが体験できることだ。火起こし・浄水体験による炊飯と食事をするなどして生活しながら、防災マップの作製、防災や保命法について学んだり、地震発生から津波避難指示の伝達・避難体験などもできる。実際に体を動かし楽しみながら学べるプログラムが充実している。

所 在 地：〒981-0411　宮城県東松島市野蒜字亀岡80番
電　　話：0225-25-7319
開館時間：10：00～17：00
休 館 日：毎週火曜日、夏休み期間中と年末年始は休みなく営業
入 館 料：大人330円、子ども220円
入浴料、宿泊料について上記電話番号から
問い合わせを。
https：//kibotcha.com/

●本所防災館

東京都墨田区にあり、東京消防庁が運営する施設。地震体験コーナーは近年リニューアルされた最新の起震装置を採用しており、過去の地震を再現できる。暴風雨体験は都内ではここだけで、１時間雨量50㎜の暴風雨を体験することができる（大人のみ）。都市型水害体験コーナーでは、浸水した際にどれだけドアに水圧がかかるか、身をもって体験できる。

本所防災館で暴風雨を体験：いかに動きにくいかが実感できる。

所 在 地：東京都墨田区横川4-6-6
電　　話：03-3621-0119
開館時間：9：00～17：00（入館は16：30まで）
休 館 日：毎週水曜・第3木曜（祝日に当たる場合は翌日）、
年末年始（12月29日～1月3日）
入 館 料：無料
https：//tokyo-bskan.jp/bskan/honjo/　（提供：東京消防庁 本所防災館）

●そなエリア東京

東京都江東区にある「そなエリア東京」では、首都直下地震を想定した体験ツアーに参加できる。「東京直下72hTOUR」は、マグニチュード７．３、最大震度７の首都直下地震の発生から避難までを、震災直後の街並みが表現されたジオラマの中を歩きながら体験する。参加者はタブレット端末を使ったクイズに答えながら震災時に生き抜く知恵を学べる。

所 在 地：東京都江東区有明3-8-35
電　　話：03-3529-2180
開館時間：9：30～17：00（入場は16：30まで）
休 館 日：毎週月曜日、年末年始及び臨時休館日
（WEBサイトで確認）
入 館 料：無料
https：//www.tokyorinkai-koen.jp/sonaarea/

地震発生後 72時間の生存力をつける、体験学習ツアー

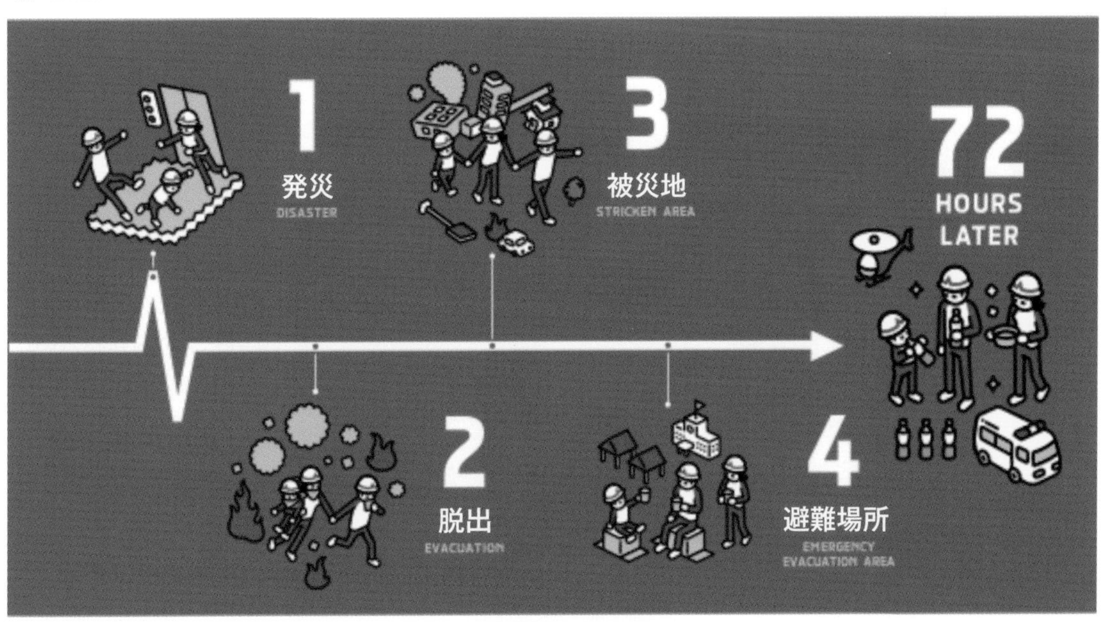

そなエリア東京：地震発生後72時間を生き抜く力をつける体験学習ツアーがある。

●名古屋市港防災センター

名古屋市港防災センターは、災害について見て・学んで・体験することでいざというときに備え、何をすべきか学ぶことができる施設。1959年に甚大な被害をもたらした伊勢湾台風の３Ｄ映像が視聴できるほか、震度７の地震体験や煙避難体験なども可能。「３Ｄ高潮体験コーナー」があるのは全国的にも珍しい。館内では地震体験や３Ｄ映像での伊勢湾台風や津波体験、煙避難体験ができ、災害の実態や適切な対処法が学べる。

所 在 地：愛知県名古屋市港区港明1-12-20
港区役所北隣
電　　話：052-651-1100
開館時間：9：30～16：30
休 館 日：月曜（祝日の場合翌日）・第3水曜・年末年始
入 館 料：無料
https：//minato-bousai.jp

●四季防災館

富山市にある防災センター「四季防災館」では、地震体験や119番通報体験、高齢者等助け合い体験などができる。地震体験は東日本大震災、阪神・淡路大震災などを再現。レインウェアを着けての風雨災害体験もできる。また、雪が降る地域ならではの雪崩（なだれ）体験もある。他にも井波かぜ、津波に似た波浪災害「寄り回り波」など富山独特の気象災害について学べるコーナーも充実している。

所 在 地：富山県富山市惣在寺1090-1
富山県広域消防防災センター内
電　　話：076-429-9916
開館時間：9：00～17：00
休 館 日：月曜（祝日の場合翌日）・年末年始
入 館 料：無料
https：//shikibousaikan.jp

●京都大学防災研究所宇治川オープンラボラトリー

水と土に関する災害の防止・軽減を目的とした実験研究を行うために設置されたのがこの施設だ。そのため、水害に特化した本格的な施設を持っており、豪雨体験（最大300㎜/h）や地下浸水時の階段の歩行体験などができる。雨水流出実験装置や浸水体験実験装置は研究者が利用料を払って使用できるだけでなく、企業の担当者なども利用できる。公開ラボでは、浸水時のドアの開閉体験装置などがあり、一般でも体験できる。詳細は要確認のこと。

所 在 地：京都府京都市伏見区横大路下三栖東ノ口
電　　話：075-611-4391
見学は消防、警察、地方公共団体防災課などの防災関係者限定だが、一般対象の公開ラボもある。開催については施設Webサイトを参照
https：//rcfcd.dpri.kyoto-u.ac.jp/openlab/

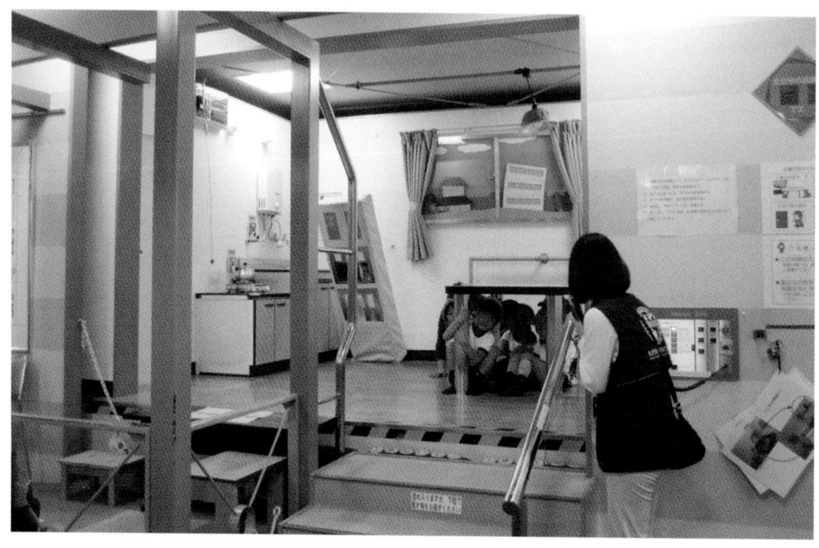

名古屋市港防災センターの
地震体験室
（提供：名古屋市港防災センター）

● あべのタスカル

大災害に備えるため、自分が住む地域の特性に応じた災害危険を認識することで、自分に必要な知識や技術を選択し体験を通じて学ぶことができる、体験型防災学習施設。高さ６ｍの巨大スクリーンによるシアター映像や地震発生直後の街並みを再現した「がれきの街」、実寸大の津波映像により災害の恐ろしさをリアルに体感し、災害発生時に必要な一連の行動（助かる、助ける）をツアー形式で体験学習することができる。

あべのタスカル：がれきの街で地震発生直後の街に潜む危険を学ぶ。

（提供：大阪市消防局）

所 在 地：大阪市阿倍野区阿倍野筋3-13-23
電　　話：06-6643-1031
開館時間：10：00～18：00（入館は17：30まで）。
休 館 日：水曜・毎月最終木曜（祝日の場合翌日）、年末年始（12月28日～1月4日）
入 館 料：無料
https://www.abeno-bosai-c.city.osaka.jp/tasukaru/

● 広島市総合防災センター

子ども向け研修があり、紙人形劇や防災アニメを使ってわかりやすく説明してくれるため、楽しみながら防災意識を高められる。消火体験は、画面に向かって水を放射する水消火式と実際の消火器で炎を消す２種類の体験コーナーがある。防災教室では、火災や地震に対しての対処方法などをわかりやすく説明。実際に煙から逃げる体験や、地震の体験もできる。体験学習は原則として事前の申し込みが必要。

所 在 地：広島県広島市安佐北区倉掛2-33-1
　　　　　県消防学校隣
電　　話：082-843-0918
開館時間：9：00～17：00
休 館 日：日曜・祝日・８月６日・年末年始
入 館 料：無料（事業所向け研修は有料）
http：//www.bousai-c.city.hiroshima.jp

● 福岡市民防災センター

この施設では一般市民や自主防災組織向けに無料で行う80分・120分の講習会（体験ツアー）が用意されているのが特徴だ。映像シアター、地震・初期消火・暴風・煙避難・浸水水圧・応急手当体験など、多彩な内容が用意されている。暴風施設では最大風速32ｍの強風を体感することができる。また、119番通報体験もできるようになっている。

所 在 地：福岡県福岡市早良区百道浜1-3-3
　　　　　早良消防署隣
電　　話：092-847-5991
開館時間：9：30～17：00
休 館 日：月曜、最終火曜、年末年始
入 館 料：無料
https：//www.city.fukuoka.lg.jp/syobo/bousai_suishin/bousaicenter/centerinfo.html

＊入館可能の可否や予約の必要性などは状況によって変わるので、それぞれWebサイトなどで確認してください。

22 地図で災害リスクを知る

防災について考えるときには、自分の周りにどのような災害リスクがあるかを把握することから始まるが、それにはハザードマップを活用することが必要だ。それ以外にも、各機関、各団体がさまざまな意図のもと、いろいろな地図を公開している。どのような地図があり、どのように活用すればいいのだろうか。

■ハザードマップをどう活用するか

「ハザードマップ」とは、「自然災害による被害の軽減や防災対策に使用する目的で、被災想定区域や避難場所・避難経路などの防災関係施設の位置などを表示した地図」（国土地理院）である。防災マップ、被害予測図、被害想定図、リスクマップなどと呼ばれているものもある。

ハザードマップは印刷物として各戸に配布されたり、役所などで入手したりすることができる。インターネット上で閲覧できるようになっているものもあり、これらのハザードマップを見れば、どの地域でどのような災害が発生しうるかわかるようになっている。

洪水と土砂災害については全国ほぼすべての自治体がハザードマップを作成、公開しているが、その他の災害についてはその地域のリスクに応じて対応がとられている。

●ハザードマップポータルサイト

身のまわりの災害リスクを調べる
重ねるハザードマップ

洪水・土砂災害・高潮・津波のリスク情報、道路防災情報、土地の特徴・成り立ちなどを地図や写真に自由に重ねて表示します。

地域のハザードマップを閲覧する
わがまちハザードマップ

市町村が法令に基づき作成・公開したハザードマップへリンクします。

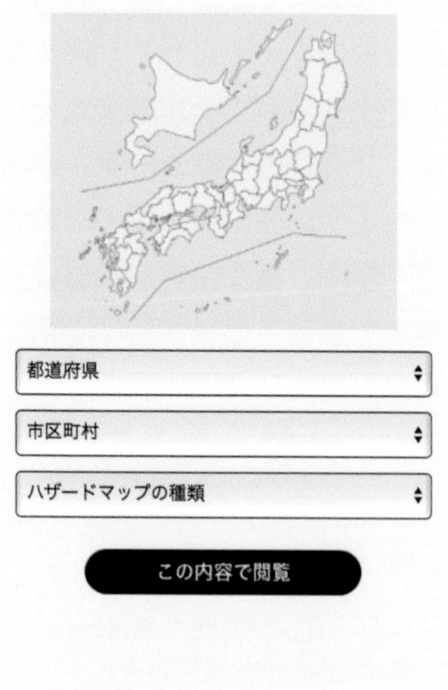

❶ハザードマップポータルサイトを開く（https://disaportal.gsi.go.jp）
❷重ねるハザードマップ、または、わがまちハザードマップを選ぶ
❸確認したい地域を入力、または選択する

（資料：国土交通省）

●重ねるハザードマップの例

国土交通省の「ハザードマップポータルサイト」から、重ねるハザードマップで当該地域を選択し、「災害種別で選択」をクリックしていけば、洪水・土砂災害・高潮・津波・道路防災情報のほか、地形分類などもわかる。（資料：国土交通省）

たとえば、ため池ハザードマップ。ため池は農地への水供給のために山あいの谷間を利用してつくられている場合が多い。また、江戸時代などにつくられた古いため池も現存する。これらが崩れると、下流の地域で水害・土砂災害になる。一方、洪水や土砂災害のハザードマップは、河川や急傾斜を対象につくられていることが多く、ため池のことは考慮されていない。そこで、ため池に特化したハザードマップが作成されている。

自分の地域に関係するすべてのハザードマップを見ることは必要不可欠だが、それだけに固執しないことも大事だ。自分が住んでいるところにどんなハザードがあるのか、それに対してハザードマップがあれば活用し、なければ自ら考えることが必要だ。

■重ねるハザードマップ

ハザードマップでは、その地域でどのような災害が起こるかを知ることはできるが、その原因はよくわからないことも多い。そんなときに役立つのが国土交通省の「ハザードマップポータルサイト」にある「重ねるハザードマップ」だ。このサイトでは当該地域の昔の航空写真や土地利用、地形分類などのさまざまな地図を現在の地図に重ねることができる。

洪水、土砂災害、高潮、津波、道路防災情報、地形分類などに分かれていて、全国各地の災害に関する「危険度」の要因を知ることができる。

「地形分類」では、その土地の成り立ちやその地形に伴う自然災害リスクを把握することができる。たとえば蛇行する川を直線的にする工事が行われた結果、かつて川だった場所がいまは住宅地になっている場合がある。もともと川であった場所は、水がたまりやすかったり、地盤がやわらかく地震のときに揺れやすかったり、液状化するというリスクがある。

「地形分類」のデータがない場合、古い航空写真を見ることで、同じように土地の成り立ちやそれに伴う自然災害リスクを知ることができる。居住地や職場の場所がもともとどんな土地だったのか、この地形分類や航空写真で調べてみるといいだろう。

これ以外にも、いろいろな地図を取り扱う

●「わがまちハザードマップ」の使い方と閲覧できる主な情報

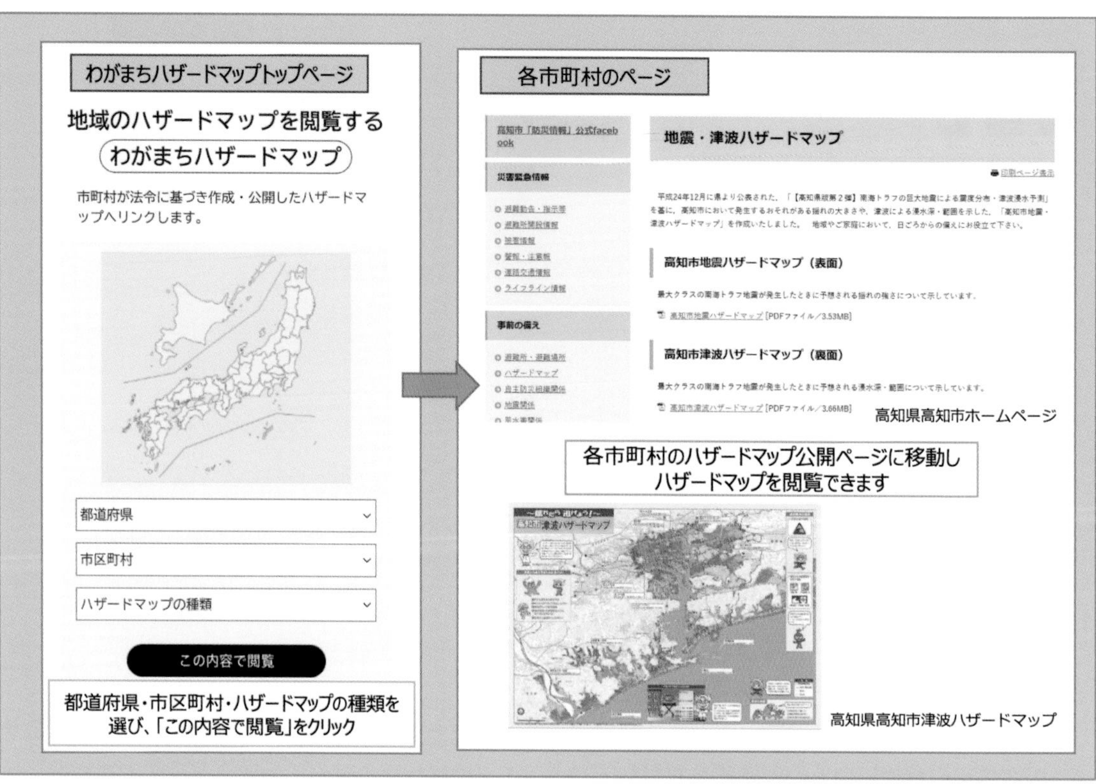

（国土交通省、国土地理院 ハザードマップポータルサイトのパンフレットより）

Webサイトがあるので、見て回るとよい。たとえば、「今昔マップ」というサイトでは、現在と過去の地形図を比較して見ることができる。

■わがまちハザードマップ

自分が気になる自治体の危険度を知りたければ、同じく「ハザードマップポータルサイト」の「わがまちハザードマップ」が役立つ。地図か災害種別から検索が可能で、自治体ごとのハザードマップにリンクしている。右の図は新潟県長岡市の洪水ハザードマップの例。「浸水想定区域」と「家屋倒壊等氾濫想定区域」を色分けした地図上に「避難場所」を示す。それも、「介護士などの支援不要の福祉避難室あり」「長期避難に備えて介護士などの支援がある福祉避難所に移行」「子育てコンシェルジュや保健師などが常駐する子育てあんしん避難所」など、細かく分類されていて、高齢者、障害者、妊婦などが必要度に応じて避難場所を決められる。

このように、地域ごとにさまざまな工夫がされているので、いくつかの地域を比べてみるとよい。

● 長岡市の「ハザードマップの見方」

(資料：長岡市)

https://www.bousai.city.nagaoka.niigata.jp/hazard-map/my1.pdf

● 今昔マップ

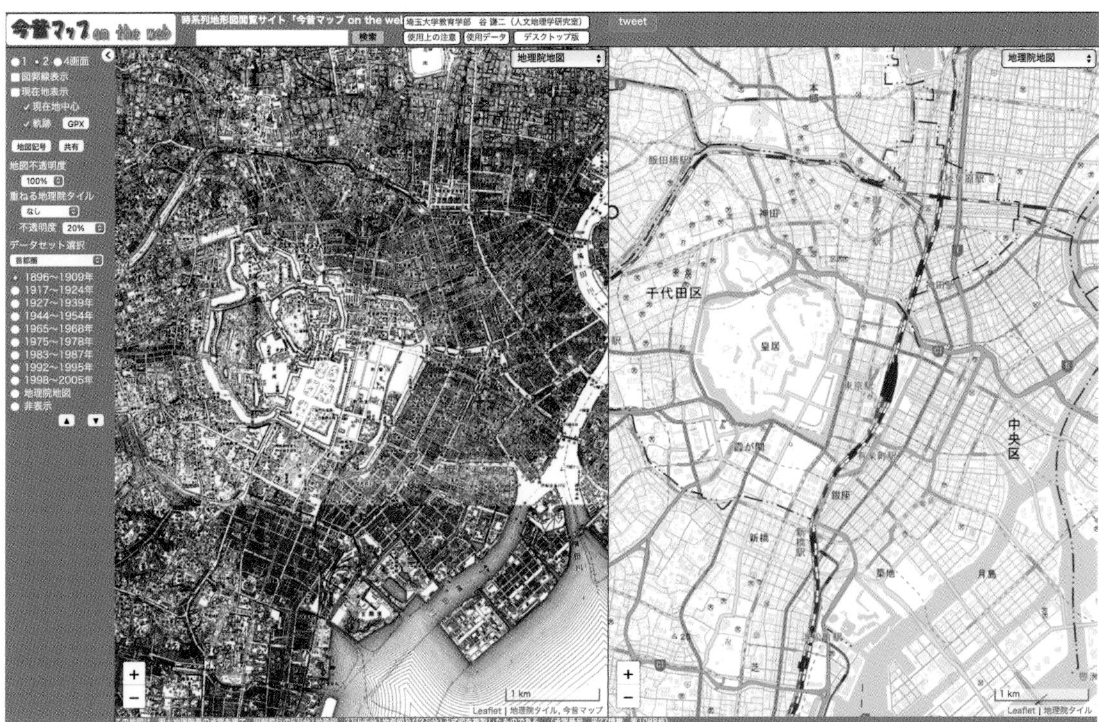

この地図は、時系列地形図閲覧サイト「今昔マップ on the web」((C) 谷　謙二) により作成したもの。写真で土地利用の歴史も見られる。(https：//ktgis.net/kjmapw/)

自助・共助・公助とは?

災害が起こったときには、自分で自分の身を守ることはもちろん、周囲の人と助け合う、公的な機関の支援を受けるといった自助・共助・公助を適切に組み合わせて対応することが必要だ。それぞれの考え方を理解して、現実の災害に対応したい。

■防災は「自助」が第一

Chapter1-6の「予測・予防・対応とは?」のところで述べた対応力として、自助・共助・公助の考え方は極めて重要である。

災害対策基本法の「第二条の二」の項では、国や地方公共団体、公共機関の「公助」、住民一人ひとりの「自助」、自主防災組織や地域の「共助」についての趣旨が定められている。詳しくはP115をご覧いただきたい。

基礎となるのは「自助」で、まず自分自身で自分の身を守る対策を講じることが必要だ。特に近年頻発する水害の経験から、防災にまつわる提言の多くで、まずは自助を前提とすることが強く打ち出されている。

これは、自分の命は自己責任で守れといっているのではなく、考える優先度、あるいは順番ととらえるべきである。

当然、自分の力だけでは限界がある。そこで「共助」が大切になってくる。つまり「自助」では対応できない場合のサポートが必要で「助け合い」がこれにあたる。時には自身がサポートする側に回る役割を持ち続けられるよう、人と人同士が支え合うのが「共助」の概念である。共助には、自分以外の人、家族や親類、地域やコミュニティの人などがあてはまる。

そして「自助・共助」で支え合うだけでは災害対策が及ばない課題には、国や自治体などの「公助」が対応するというわけである。公的なサービスや、規模の大きな課題には公助が不可欠である。

■「共助」が「公助」と強くつながる「地区防災計画」

日本では昔から自治会・町内会などの単位で「共助」としての自主的な防災活動が行われてきた。その中で独自の避難計画や備蓄計画を立てたり、連絡体制をつくったりしてきた組織もあった。これらの取り組みはあくまで自主的なものであり、予算的にもできることには限りがあった。

しかし、東日本大震災によって「共助」の重要性が改めて認められ、これを行政が進める「公助」の取り組みと結び付けられるようにしようと、明確な制度としたものが「地区防災計画」制度である(Chapte3-24)。

■「互助」という考え方

「共助」は非常に広い概念であり、それをより明確にしていこうと、「互助」という言葉を用いる場合がある。

例えば、普段から交流のある人たちの間で助け合うことを「互助」、遠方に住むボランティアなど、思ってもみなかった人たちと助け合うことを「共助」とする区分がある。

同様に、介護などの分野では、介護保険や医療保険など制度化された助け合いのことを「共助」と呼び、地域などの人々と互いに支え合い、助け合うことを「互助」とする考え方もある。

いずれにしても、防災において「共に助け合う」という意味での「共助」は極めて重要である。

● 自助、共助、公助の考え方

・防災には３つの「主体」が重要

（図版：防災科研）

防災にはさまざまなステークホルダー（利害関係主体）が関わる。

- 各主体がそれぞれの立場で防災に取り組むことが大切。
- 防災はこの３つの連携とバランスが大切。
- そのどれかが欠ければ、その分災害リスクが増すことになる。

公助
国や自治体が助ける

共助
みんなで助け合う

自助
自分で助かる

＊災害対策基本法　第二条の二

災害対策は、次に掲げる事項を基本理念として行われるものとする。

＊**二**　国、地方公共団体及びその他の公共機関の適切な役割分担及び相互の連携協力を確保するとともに、これと併せて、住民一人ひとりが自ら行う防災活動及び自主防災組織（住民の隣保協同の精神に基づく自発的な防災組織をいう）その他の地域における多様な主体が自発的に行う防災活動を促進すること。

（AdobeStock）

24 地区防災計画の重要性

防災の基本は「自助」の考え方であるが、「自助」でまかなえないレベルの災害が発生することは当然あり得る。そのときには地域の人たちや勤めている会社の人たちなど、普段周囲にいる人たちと協力して事態を乗り越える「共助」の考え方が重要となる。ここでは「共助」の取り組みとして注目されている地区防災計画について詳しく見ていこう。

■トップダウンからボトムアップへ

日本の防災行政の枠組みは、1959年の伊勢湾台風を契機としてつくられた。1961年に「災害対策基本法」が制定され、国の中央防災会議がつくる防災基本計画、都道府県や市区町村のような基礎自治体の防災会議がつくる地域防災計画という具合に、事前に地域で起こりうる各種災害と被害を想定し、それに対する災害時の対応と平時の対策に関する計画を立ててトップダウンで防災行政を行い、災害をコントロールしようとしてきた。しかし、市町村の合併などがあり、基礎自治体レベルの防災計画では大括り（おおくくり）になってしまい、地域の実態に即したきめ細やかな災害対応に限界が生じてきた。そのため、もっと身近な地域で細分化された防災計画が必要となり、2014年から、地域住民が自発的に防災活動に関する計画を立案していこうというボトムアップ型の「地区防災計画」制度が新たに創設された（災害対策基本法第四十二条第３項・第四十二条の二）。そのきっかけとなったのが、2011年の東日本大震災であった。

東日本大震災時に東北地方では、大きな揺れや大津波・火災などによって、多くの地域が壊滅的な被害に見舞われた。そのため、自治体が地域防災計画に基づいて指定している避難所の多くが被災しただけでなく、想定をはるかに超える避難者が発生したことから、指定避難所以外の建物にも自主的に避難した人が大勢いた。その結果、行政は指定した避難所以外のどこでどのような支援が求められているか把握することが難しかったため、それらの人たちには情報や物資など行政の支援が遅れる事態が多く発生した。

2016年の熊本地震のときにも同様のケースが見られた。震度５以上の地震が何度も起こったため、建物被害がなくても自宅にいることに不安を覚えた人が、避難所に指定されていなかった広場などに車を停めて車中泊をする人が大勢現れた。避難所に指定されていた学校などはすでに飽和状態だったからだ。たとえば、ある町内会館の前の広場では、200台程度の車で400人以上の住民が避難したとされている。町内会長さんの話によると、この広場は普段、地域のイベントを行う場所ではあったが、避難所としては指定されていなかった。ところが、多くの被災者が避難していたことから、町内会長自らが役所に支援物資などの提供を掛け合ったものの、数少ない行政職員による災害対応の最中であったこともあり、「指定避難所への支援が優先」との理由で支援物資を受け取ることができなかった。同じく、指定避難所で給水支援をしていた自衛隊にも掛け合ったが、そこでも「行政の要請がないと動けない」ことを理由に断られるということが起きた。

■地区防災計画で「共助」と「公助」との連携が具体化

東日本大震災の教訓を踏まえて、2013年、災害対策基本法が改正され、「自助」および「共助」に関する規定がいくつか追加された。その際、地域コミュニティの「共助」による防災活動推進の観点から、市町村内の一定の地区の居住者および事業者（地区居住者など）が行う自発的な防災活動に関する「地区防災計画制度」が創設されたのである。

以前は、町内会や自主防災組織などの地域住民が作成した防災活動に関する計画やマニュアルなどは、あくまで地域住民が自主的に行うものという認識で、地域住民が考えている災害時の対応や平時の備えについて、行政と共有することは難しかった。しかし、地区防災計画制度の創設によって、日ごろから地域住民自らが取り組んでいる防災対策の内容を地区防災計画としてまとめて提案すると、市町村の防災会議で承認を得たうえで市町村の地域防災計画に既定されることになり、地

● 地区防災計画

・地域住民が自発的に防災計画を作成する活動を応援するため、災害対策基本法が改正され、2014年4月から「地区防災計画制度」が開始。住民等が地区の防災計画を策定し 、市町村へ提案できる計画制度。

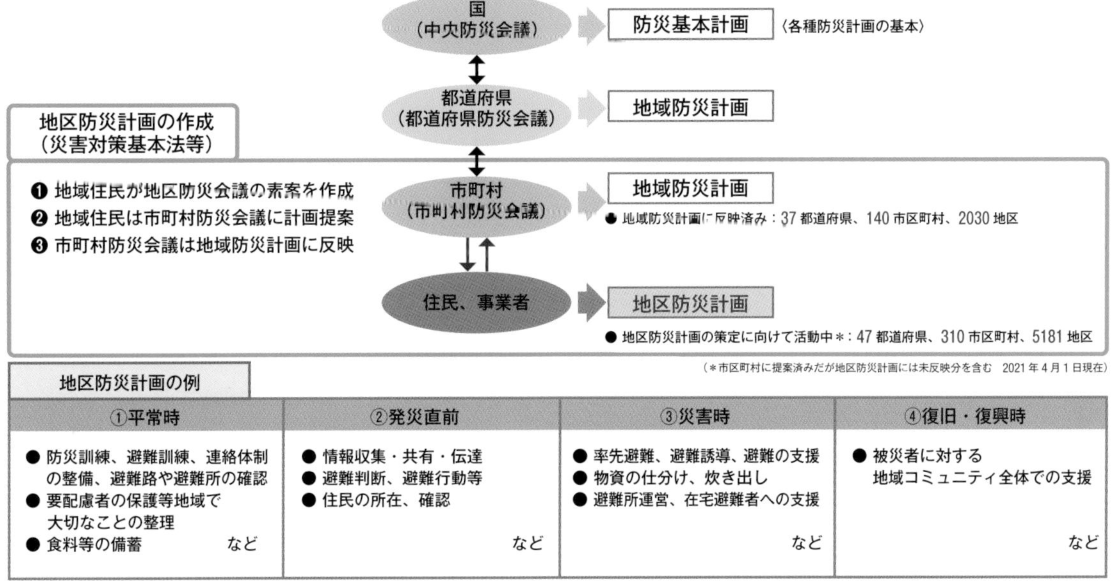

地区防災計画の例

①平常時	②発災直前	③災害時	④復旧・復興時
● 防災訓練、避難訓練、連絡体制の整備、避難路や避難所の確認 ● 要配慮者の保護等地域で大切なことの整理 ● 食料等の備蓄　など	● 情報収集・共有・伝達 ● 避難判断、避難行動等 ● 住民の所在、確認 など	● 率先避難、避難誘導、避難の支援 ● 物資の仕分け、炊き出し ● 避難所運営、在宅避難者への支援 など	● 被災者に対する地域コミュニティ全体での支援 など

（内閣府令和４年度版防災白書などをもとに編集部が作成）

● 災害リスクマネジメント

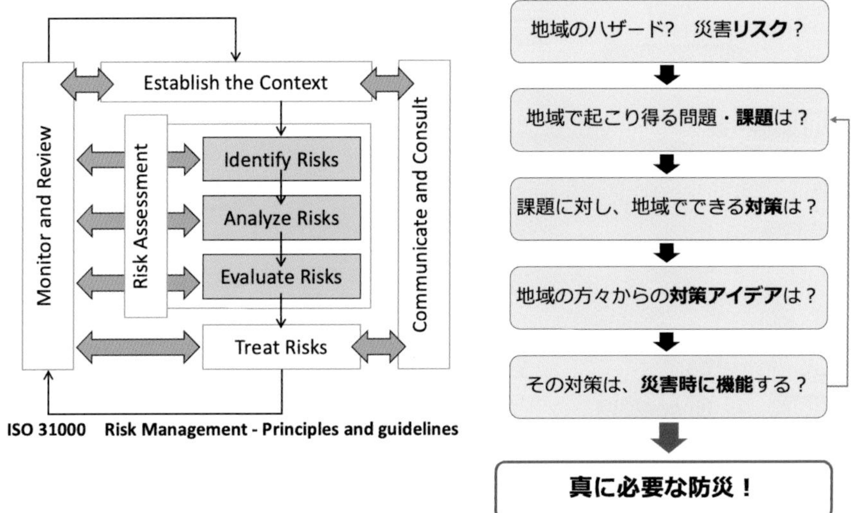

（図版：防災科研）

域住民が計画している具体的な災害対応について行政と共有できるため、行政としても偏りのない効果的な災害支援を計画し実施できるようになった。

地区防災計画の策定主体は、地域の防災組織をはじめ、町内会やマンション組合など、地域の居住者に限らない。一定の地区内の企業や各種団体が主体となって、自らが活動する内容を防災計画としてつくることができる。

熊本地震の事例からもわかるように、地域住民が自主的に定めた避難所には、行政の支援の手が届きにくかったが、地区防災計画をまとめて、地域の避難所として承認されていれば、行政からの支援を受けやすくなるということだ。避難所支援のずれや偏りが解消されることが期待できる。

■地区防災計画の立案手順

地区防災計画を立案するとき、どんな手順で行うべきだろうか。P117下の図のチャートのように、国際規格で標準化されている「リスクマネジメント」の概念を基準に考えることができる。

まず地域に被害を与え得るハザード、災害リスクにはどんなものが潜んでいるかを地域の構成員が集まって話し合うことから始まる。災害の種別によって必要な災害対応や防災活動は異なってくるため、たとえば、高台の地域であれば津波や大雨による浸水被害は考えにくいのだから、地震災害のほうをケアしようという考えになるし、同じ高台で浸水リスクが低い場合でも土砂崩れのリスクが高いという場合があり得る。

どんな災害が起こり得るかがわかったら、次にどんな課題があるかを話し合う。現状の地域防災計画では、市町村全体の被害や課題については想定されている。これを参考に、町内会や校区などのきめ細かな地域の実態から、災害が発生したら、うちの地域ではどのような被害や課題が生じるのかを、地域のいろいろな関係者の視点から話し合って引き出す。

そして、それらの課題に対して、行政からはどこまで対応・支援してもらえるか、行政の支援が期待できない課題に対して、地域住民が力を合わせてできる対応にはどんなものがあるか、対策を検討する。その際は、検討した対策が、実際の災害時に無理なくスムーズに機能するかどうかを、体を動かして訓練をしてみるというのが防災訓練ということになる。

しかし、現状の地域住民が取り組んでいる防災

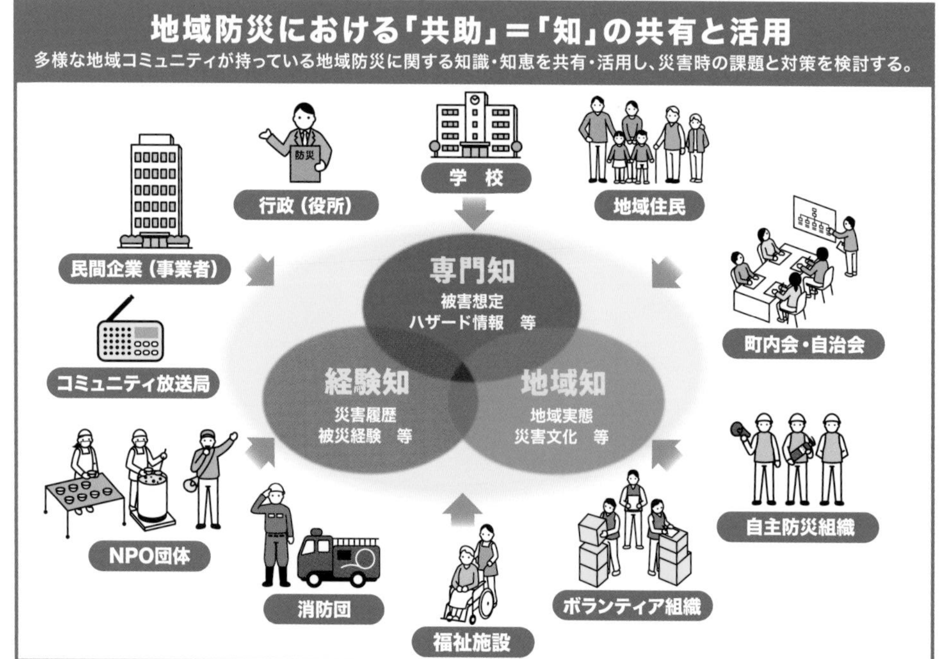

（図版：防災科研）

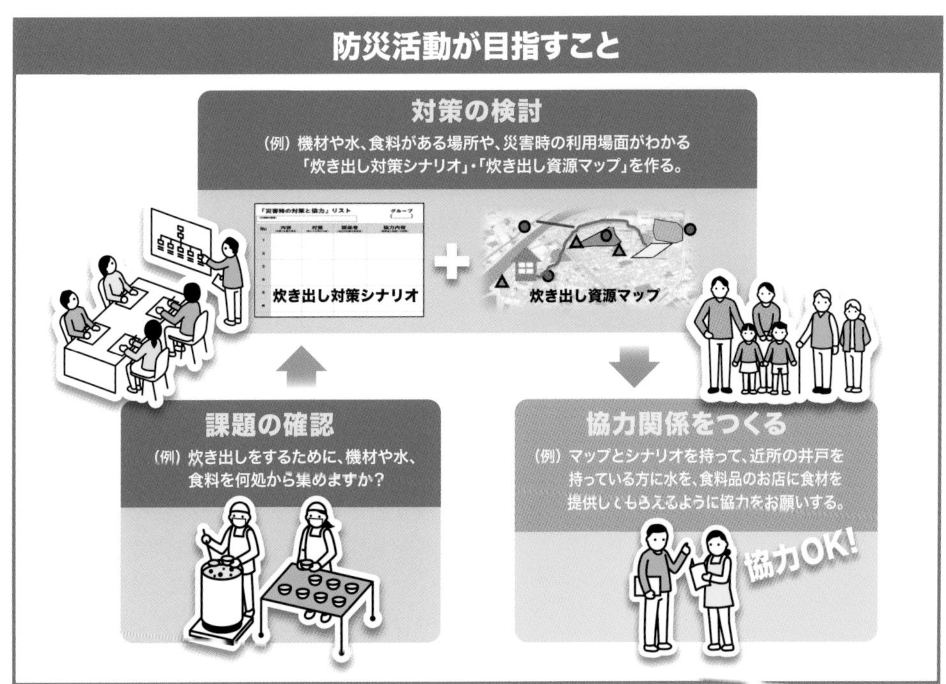

防災活動が目指すこと
対策の検討
(例) 機材や水、食料がある場所や、災害時の利用場面がわかる
「炊き出し対策シナリオ」・「炊き出し資源マップ」を作る。
炊き出し対策シナリオ
炊き出し資源マップ
課題の確認
(例) 炊き出しをするために、機材や水、
食料を何処から集めますか?
協力関係をつくる
(例) マップとシナリオを持って、近所の井戸を
持っている方に水を、食料品のお店に食材を
提供してもらえるように協力をお願いする。
協力OK!

(図版:防災科研)

活動では、こうしたプロセスはほとんど省略されており、消火訓練や避難訓練など、よくある防災訓練だけが行われていることがしばしばあるという。前述のようなプロセスを経れば、地域で真に必要な防災訓練を見出せる。特に、こうしたプロセスを進めていく中では、地域内のさまざまな関係者の視点から、災害時の課題や対策に関する知識・知恵を結集させ、これらの「知」が活用できる体制をつくることが地区防災計画における「共助」の1つのあり方ともいえる。

これらの「知」は、「専門知」「地域知」「経験知」の3つで構成する。「専門知」は、ハザードマップや被害想定など、防災の専門家や行政が持っている科学的な根拠に基づいた知識である。

この「専門知」を下敷きに、その地域に住んでいる人だけが知っている地域の災害特性やヒヤリハット、伝承による災害の予兆、災害文化など、地域のきめ細かな実態に沿った「地域知」と、昔からその地域に住んでいる人が災害を受けた体験と教訓、災害エスノグラフィーなどの「経験知」という3つの知を重ね合わせながらコミュニケーションを行っていくことで、その地域で起こり得る課題が明確になり、地域の実態に沿った効果的な対策が講じられるようになると考えられる。

これら3つの「知」を合わせた防災対策としてどんなものが考えられるかというと、たとえば次のようなケースだ。

ある地域では、行政が公開しているハザードマップや被害想定を見ると、大きな地震が発生する危険性が高いことが確認された(専門知)。しかし、住民同士で話し合ってみると、地域住民のほとんどは、防災に興味がなかったので防災活動がまったく進んでおらず、地域内には防災倉庫も備蓄もないということが確認できた(地域知)。これに対して、古くから住んでいた年配の方々は、「数十年前も、大きな地震が発生して、ライフラインが途切れて住民の多くが学校の避難所で生活していたが、何よりも水と食料が足りなかった」ということを課題として指摘してきた(経験知)。そのため、行政の支援を受けて水・食料を備蓄する防災倉庫を設置するほか、住民らが街歩きをして、炊き出しができるような食材や機材を持っている店舗や、井戸を持っている家庭を調べて協力を依頼したりするなどして「炊き出し支援マップ」をつくり、災害に備えた地域の協力体制を整えた。こうした地域の実情に即した課題の設定とその解決に向けた対策を取りまとめていくことで、地区防災計画がつくられていく。

COLUMN 尼崎鉄工団地での避難計画作成の事例

兵庫県の尼崎(あまがさき)市にある尼崎鉄工団地では、中小企業を中心とする24社が集まって南海トラフ地震で想定される津波の避難計画をつくるプロジェクトが立ち上がった。この鉄工団地は大阪湾の沿岸に位置し、行政から指定された避難所は2カ所あったが、このどちらも津波が来たときには浸水被害を受ける。そこで独自の避難計画をつくることになり、防災科研が協力した。

まず南海トラフ級の地震が起こった場合、ほぼ安全だろうと考えられるのはJRの東海道線以北であると考えられていた。工業団地からそこまで直線距離で５㎞ある。津波の到着予想時間は地震発生から117分後とされている。その間に支度をして５㎞移動するのは容易ではないことから、工業団地は津波避難要注意地域に指定されている。

そこで目標を「JR東海道線以北」ではなく、「１時間で行けるところ」にまで下げ、それでも津波に巻き込まれそうなった場合は高いところへ逃げる「垂直避難」に切り替えることにしたところ、２つのモデルプランが完成した。この２つの避難ルートを実際に歩いてGPSでトラッキングし、津波のシミュレーションと合わせて、安全に避難できるかどうかを検証した。その結果一方のプランは車の往来が激しく避難に向かないことがわかった。

そして、津波に追いつかれる可能性が高い、つまり２時間経(た)った頃に通過するのが、運河にかかった跳ね橋の箇所であることがわかった。言い換えれば、２時間以内にこの跳ね橋を越えることができれば津波に追いつかれることはほぼない。だが２時間以内にこの地点を通過できないことがわかったら、とにかく近場の高いところに垂直避難する必要がある。

当初、工業団地で働く人々は、ハザードマップを見るだけでは避難計画を考えることが難しかった。防災科研の研究者がWebツールなどを用いて考え方の道筋や方向性を支援したことで、「２時間以内に跳ね橋」というポイントにたどり着いた。当初は「縦に逃げるか、横に逃げるか」しか選択肢を考えていなかったが、まず「横に逃げ」て、津波に追いつかれそうになったら「縦に逃げる」という考え方の導入で避難計画づくりが進んだことは、研究のうえでも大きな発見だったという。

こうした取り組みを他の地域でも応用できるように、防災科研では考え方のパターン（思考のフレーム）を提示するための研究を進めている。そもそも避難場所は行政が指定した場所である。しかし、その避難場所は必ずしも災害を想定したものではない。尼崎の鉄工団地のように、地域の事情に即して「まずは水平避難、２時間経ったら垂直避難」などの選択肢をつくっておくことは重要である。

これは水害についても言える。冠水した道路を移動して避難するより自宅の２階に避難するほうが安全であるケースもある。また、高層マンションで垂直避難したとしても、電気設備が水没して長期的に停電して孤立するといったことも考えて、水平避難か、垂直避難か、どの時点になったら水平避難から垂直避難に切り替えるかといったことを実態に即して計画しておくことが求められる。

●尼崎鉄工団地の例

- 南海トラフ級の地震で、117分で最大水位４mの津波が到来
- 鉄工団地は１～３mの浸水が想定される
- 「津波避難要注意地域」に指定されている

- 安全な地域は JRの東海道線以北。そこまでは直線距離で５㎞。
- 117分の間に５㎞を移動できるか？

- 目標を「JR東海道線以北」ではなく「１時間でどこまで行けるか」に変更
- １時間後に到達した場所で「垂直避難」
- 実際に歩いて検証したところ……

- 津波に追いつかれる可能性が高いのは運河にかかった跳ね橋の箇所
- ２時間以内にこの地点を通過できない場合は、ビル、マンションなど高所に避難
- 「縦に逃げるか、横に逃げるか」の選択肢ではなく
まず「横に逃げ」て、津波に追いつかれそうになったら「縦に逃げる」という方法がある！

大きな発見！

●新たな避難情報

2021年度に災害対策基本法が改正された。これによって従来、避難とは「避難所に行く」という考えであったものが、「屋内安全確保」「立退き避難」と「緊急安全確保」という３つが避難行動として規定されるようになった。

たとえば、毎年のように発生する風水害の場合だが、このときは避難所に行くだけではなく、ホテルなどの宿泊施設や親戚、友人知人宅へ避難することも考えよう。あるいは高台へ避難することなども含め、避難場所の選択肢を増やしたうえで最適な避難を行うことを促している。

(内閣府・消防庁「新たな避難情報に関するポスター・チラシ」より)

25 マイ・タイムライン作成で災害に備える

災害に備えるには、個々人がそれぞれの状況に合った準備をすることが必要となる。自分の住む場所にどのようなリスクがあり、いざ災害が起こったときにはどんな行動をとるべきか、事前に一人ひとりが想定しやすくするために「マイ・タイムライン」が考え出された。

■マイ・タイムラインのつくり方

マイ・タイムラインとは、「住民一人ひとりの防災行動計画（タイムライン）」のこと。国土交通省によると、2015年９月の関東・東北豪雨で鬼怒川が氾濫し、避難の遅れや避難者の孤立が多数発生したのを受けて、国、栃木県、茨城県、鬼怒川・小貝川沿いの市町で構成される「鬼怒川・小貝川上下流域大規模氾濫に関する減災対策協議会」の取り組みの中で、住民一人ひとりが水防災に関する知識と心構えを共有し、事前の計画等の充実を促すために開発されたとされている。

マイ・タイムラインは、台風等の接近に伴い、大雨で河川の水位が上昇するときに、自分自身がとる防災行動をあらかじめ時系列順に整理し、自ら命を守る避難行動を速やかにとれるようにするためのものである。

作成は以下の手順で行う。

①知る：洪水ハザードマップなどで自分が住んでいる場所にどんな水害リスクがあるのか、どんな防災情報がどこから発信されるのかを知る。

②気づく：知った知識を踏まえ、感じたことをメモしておく。

③考える：自分や家族構成、周辺状況に置き換えて、安全に避難する方法を考えていく。どんな避難行動が必要か、どんなタイミングで避難するのがよいのかをみんなで考え、家族で共有する。

いつ起こるかわからない地震とは違い、風水害の場合は気象予報によってある程度、発生を予測することができる。しかし、避難にあたっていつからどのような行動を起こすべきかは、「台風が近づいているとき」「大雨が長引くとき」「短時間の急激な豪雨が発生するとき」でそれぞれ違う。「気象特別警報・警報・注意報」や「指定河川洪水予報」「土砂災害警戒情報」は気象庁から発表され、避難に関する情報は「高齢者等避難」「避難指示」など警戒レベル１～５までの情報が市町村から発信される。

これらの情報は、テレビ・ラジオ、市町村のホームページや防災アプリ、自治体から配信されるメールサービスなどで確認できる。

これらを確認したら、実際にマイ・タイムラインを作成してみよう。ひな形になる作成シートが国土交通省や各自治体などで配布されている。

東京都による書き方例を示そう。P124～125に実際の記入例見本を掲載しておくので参考にしてほしい。まず❶避難する場所を記入する。そして❷「避難情報や気象情報から避難のタイミング」を考えて、❸「避難準備の開始」や「避難開始」「避難完了」がどれくらいで可能かの時期などを記入。そうしたら❹「避難開始」までの行動（常備薬の確認、避難グッズの準備など）を考えて記入し、❺家族や地域の人たちと話し合ってみる。

大事なことは、１度つくったらそれで終わりではなく、気になったらその都度、考え直すことだ。

【国土交通省マイ・タイムラインウェブサイト】
https://www.mlit.go.jp/river/bousai/main/saigai/tisiki/syozaiti/mytimeline/pdf/nigekid.pdf

●マイ・タイムラインの考え方

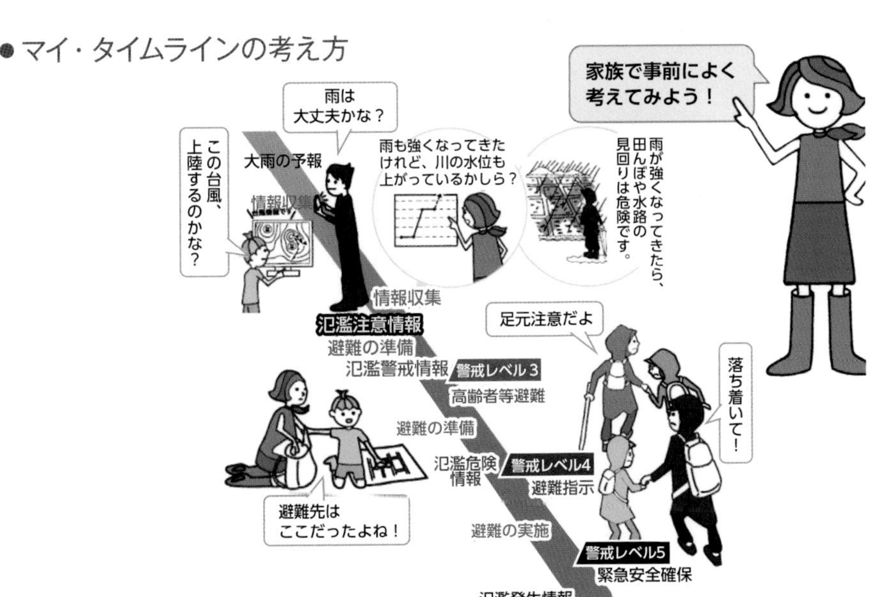

（国土交通省鳥取河川国道事務所Webサイトより）
https://www.cgr.mlit.go.jp/tottori/river/conference3/mytimeline.html

●避難行動の整理表　身の安全を確保するためにとる下記の全ての行動が避難行動である

避難行動	避難先	（詳細）	居住者等が平時にあらかじめ確認・準備すべきことの例	リードタイムの有無	当該行動をとる警戒レベル・避難情報	当該行動が関係する災害種別
緊急安全確保	•安全とは限らない自宅・施設等 •近隣の建物（適切な建物が近隣にあると限らない）	•上階へ移動 •上層階に留まる •崖から離れた部屋に移動 •近隣に高く堅牢な建物があり、かつ自宅・施設等よりも相対的に安全だと自ら判断する場合に移動 等	•急激に災害が切迫し発生した場合に備え、自宅・施設等及び近隣でとりうる直ちに身の安全を確保するための行動を確認 等	リードタイムを確保できないと考えられる時にとらざるを得ない行動	**警戒レベル5 緊急安全確保 （※津波は避難指示のみ発令）**	洪水等 土砂災害 高潮 津波
立退き避難	安全な場所	•指定緊急避難場所（小中学校・公民館、マンション・ビル等の民間施設、高台・津波避難ビル・津波避難タワー等） •安全な自主避難先（親戚・知人宅、ホテル・旅館等）等	•避難経路が安全かを確認 •自主避難先が安全かを確認 •避難先への持参品を確認 •地区防災計画や個別避難計画等の作成・確認 等	リードタイムを確保可能な時にとるべき行動 （※津波は突発的に発生するため、リードタイムの確保の可否は個々に異なる）	**警戒レベル3 高齢者等避難 警戒レベル4 避難指示 （※津波は避難指示のみ発令）**	洪水等 土砂災害 高潮 津波
屋内安全確保	安全な自宅・施設等	•安全な上階へ移動 ※「上階へ移動」は、自らが居る建物内に限らず、近隣に身の安全を確保可能なマンションやビル等の民間施設がある場合に、当該建物の上階へ移動（垂直避難）することも含む •安全な上層階に留まる 等	•ハザードマップ等で家屋倒壊等氾濫想定区域、浸水深、浸水継続時間等を確認し、自宅・施設等で身の安全を確保でき、かつ、浸水による支障を許容できるかを確認 •市町村・地域と民間施設間で避難に関する協定を締結 •孤立に備え備蓄等を準備 等	リードタイムを確保可能な時にとり得る行動	**警戒レベル3 高齢者等避難 警戒レベル4 避難指示**	洪水等 高潮 （土砂災害と津波は自宅・施設等が外力により倒壊するおそれがあるため立退き避難が原則）

●リードタイムとは、指定緊急避難場所等への立退き避難に要する時間のこと。リードタイムを確保可能であれば、基本的には、災害が発生する前までに立退き避難を安全に完了することが期待できる。あわせて、水、食料、薬等の確保が困難になるおそれ、電気、ガス、水道、トイレ等の使用ができなくなるおそれも考えよう。

（内閣府「避難情報に関するガイドライン」より）
http://www.bousai.go.jp/oukyu/hinanjouhou/r3_hinanjouhou_guideline/pdf/hinan_guideline.pdf

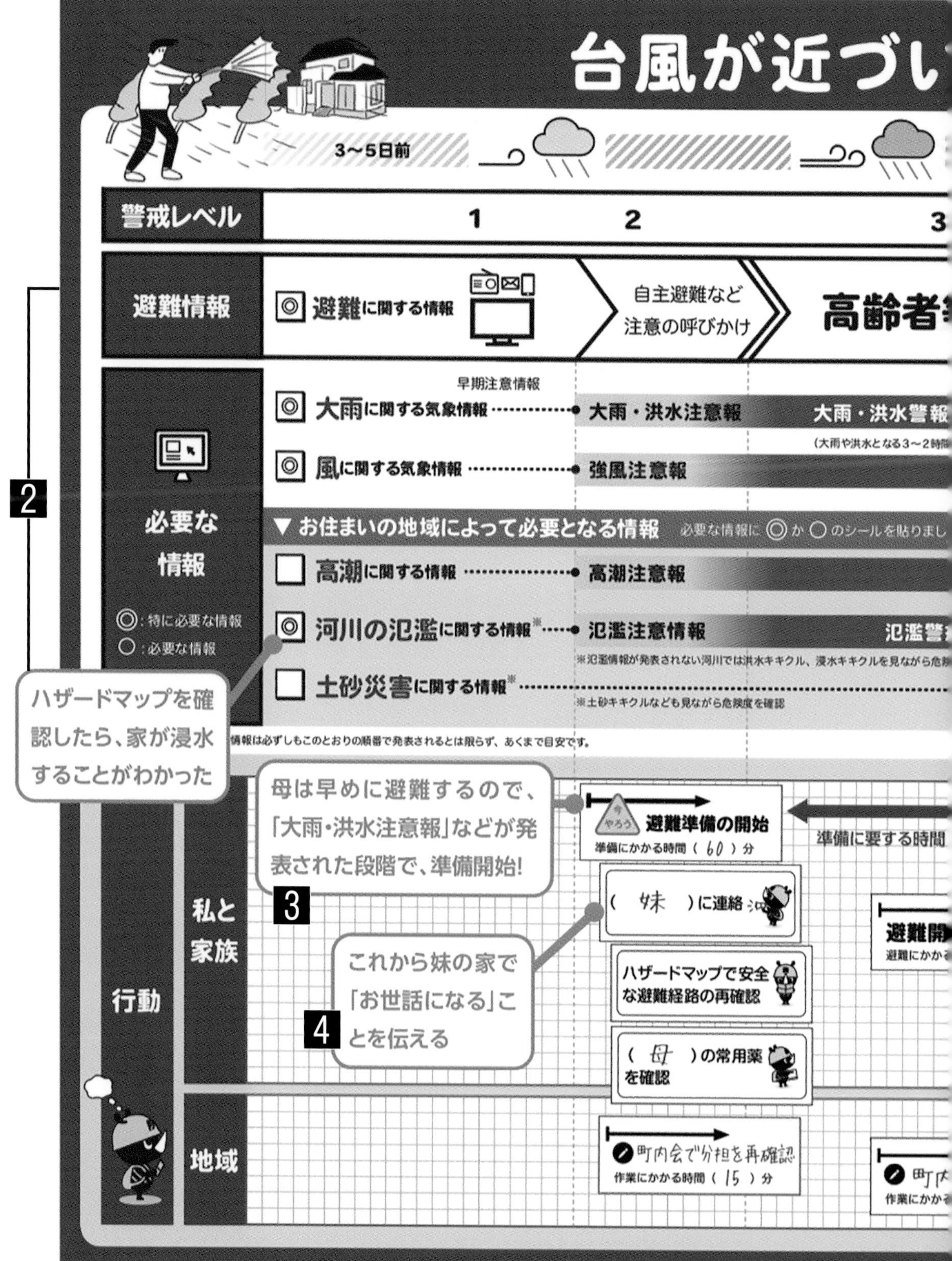

台風が近づい
3〜5日前
警戒レベル
1
2
3
避難情報
避難に関する情報
自主避難など
注意の呼びかけ
高齢者
早期注意情報
大雨に関する気象情報
大雨・洪水注意報
大雨・洪水警報
(大雨や洪水となる3〜2時
風に関する気象情報
強風注意報
必要な
情報
◎:特に必要な情報
○:必要な情報
▼お住まいの地域によって必要となる情報
必要な情報に ◎ か ○ のシールを貼りまし
高潮に関する情報
高潮注意報
河川の氾濫に関する情報※
氾濫注意情報
氾濫警
※氾濫情報が発表されない河川では洪水キキクル、浸水キキクルを見ながら危
土砂災害に関する情報※
※土砂キキクルなども見ながら危険度を確認
情報は必ずしもこのとおりの順番で発表されるとは限らず、あくまで目安です。
2
ハザードマップを確認したら、家が浸水することがわかった
母は早めに避難するので、「大雨・洪水注意報」などが発表された段階で、準備開始!
3
これから妹の家で「お世話になる」ことを伝える
4
今やろう
避難準備の開始
準備にかかる時間(60)分
準備に要する時間
(妹)に連絡
ハザードマップで安全な避難経路の再確認
(母)の常用薬を確認
避難開
避難にかか
行動
私と家族
地域
町内会で分担を再確認
作業にかかる時間(15)分
町内
作業にかか

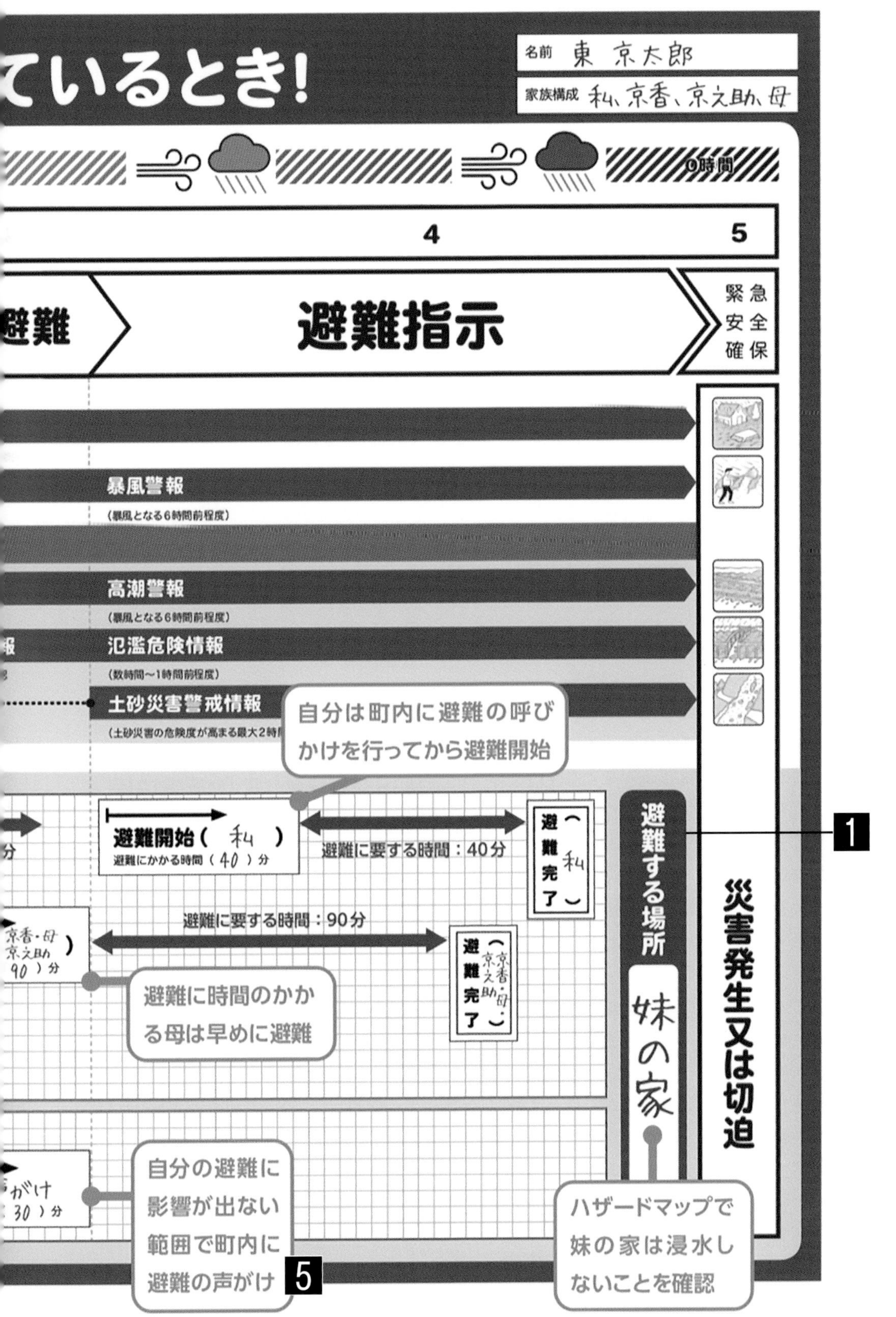

(東京都防災ホームページより編集部が一部改変)

https://www.bousai.metro.tokyo.lg.jp/_res/projects/default_project/_page_/001/006/417/r4/sakuseirei-ippan04.pdf

流域治水という防災の視点

急峻な地形を流れる日本の河川は、ひとたび大雨が降ると洪水が起こりやすい。そのため、上流から下流までを一体的に捉えて、総合的な治水対策をすべきであるという「流域治水」の考え方が始まりつつある。「流域治水」の考え方を知って、一人ひとりの防災にもつなげて備えたい。

■流域で総合的に治水に取り組む「流域治水」

近年、気候変動の影響などにより、大規模な台風や豪雨による被害が増大している。もともと日本は自然条件的に水災害が起こりやすい特徴がある。春の雪解け、梅雨、台風の３時期に大きな洪水が起こり、また、急峻な山を多く抱える地形の特徴から、集中的に降った雨が一気に山を下り、あるいは平地にたまるなどして、これまで毎年のように大きな被害を出してきた。

以前の治水の考え方は都市部を重視し、そこを流れる河川を中心に施策が打たれていたのだが、これでは災害は防げないとの考え方から、上流から下流まで河川をトータルで捉えた「流域治水」の考え方が出てきた。河川は行政界をまたがって流れるため、既存の行政単位ではなく流域として捉え、施策を打ち出していく必要があるということだ。各河川管理者が単独で対応するだけではなく、企業や住民も含めて、河川の流域のあらゆる関係者がみんなで治水に取り組むことが求められる。

もう１つの変化は、「被害対象を減らすための対策」だ。これまではダムや堤防を築くといったハードによる対策が中心だったが、こうした施策だけでは甚大化する災害に対応できなくなってきた。そこで、そもそも浸水しやすい場所には住まないようにする、あるいは大雨時には水につかることをあらかじめ想定したうえで農地として活用しようといった考え方が広まってきた。

P127の表を見てほしい。現在も進められている堤防の整備やダムの建設といった「①氾濫をできるだけ防ぐ・減らすための対策」に加えて、河川の氾濫を想定して、リスクの低い地域への住居や施設を移転するといった「②被害対象を減らすための対策」、さらには、災害時に素早く避難できるような体制づくりや、自治体などの支援体制の強化といった「③被害の軽減・早期復旧・復興のための対策」という３つの柱となる対策を流域ごとに行うのが、流域治水の考え方だ。そしてそのための法的施策や経済的支援も整備されつつある（P128）。

COLUMN

令和元年東日本台風（台風第19号）の災害を最小限に食い止めた「遊水地」

2019年10月の台風第19号で、流域治水効果が発揮され大災害を未然に防ぐことができた事例がある。

神奈川県を流れる鶴見川流域では、横浜国際総合競技場の周辺に遊水地を設置していた。その規模は84ha、ためられる水量は最大で390万㎥、東京ドーム３杯分に相当する。競技場の１階は駐車場にして、水が入り込んでもよい構造とし、競技フィールドは高床式に設計されていた。災害当時の流入量は93万㎥に達したが、許容範囲に収まったことで下流の氾濫を防ぐことができ、翌日のラグビーW杯の日本vsスコットランドの一戦も無事開催することができた。

● 流域でのさまざまな治水対策

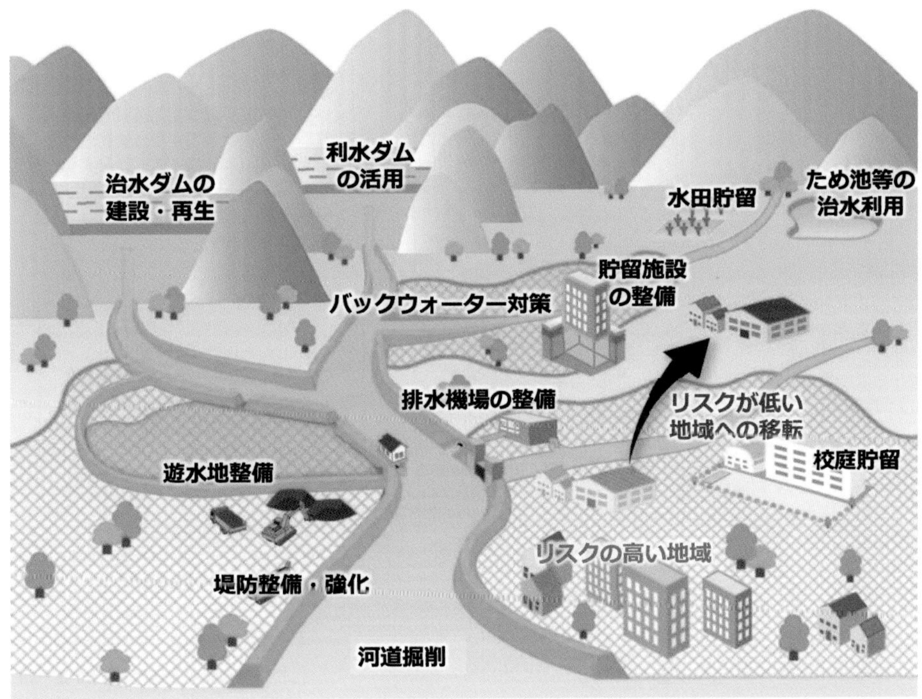

（資料：国土交通省）

● 流域治水の３つの対策

①氾濫をできるだけ防ぐ・減らすための対策	②被害対象を減らすための対策	③被害の軽減・早期復旧・復興のための対策
【集水域】	【氾濫域】	【氾濫域】
雨水貯留機能の拡大（県・市、企業、住民） •雨水貯留浸透施設の整備、 •ため池等の治水利用 【河川区域】 流水の貯留（国、県・市、利水者） •治水ダムの建設・再生 •利水ダム等で貯留水を事前に放流し、洪水調整に活用 •土地利用と一体となった遊水機能の向上（国・県・市） 持続可能な河道の流下能力の維持・向上（国・県・市） •河床掘削、引堤、砂防堰堤、雨水排水施設等の整備 氾濫水を減らす（国・県） •「粘り強い堤防」を目指した堤防強化等	リスクの低いエリアへの誘導、住まい方の工夫（県・市、企業、住民） •土地利用規制、誘導、移転促進 •不動産取引時の水害リスク情報提供、金融による誘導の検討 浸水範囲を減らす（国・県・市） •二線堤（万一洪水で河川が氾濫した場合、氾濫水による被害を最小限にとどめるためにつくられる第二の堤防）の整備、自然堤防の保全	土地のリスク情報の充実（国・県） •水害リスク情報の空白地帯解消、多段型水害リスク情報を発信 避難体制を強化する（国・県・市） •長期予測の技術開発、リアルタイムの浸水・決壊把握 経済被害の最小化（企業、住民） •工場や建築物の浸水対策、BCP（事業継続計画）の策定 住まい方の工夫（企業、住民） •不動産取引時の水害リスク情報提供、金融商品を通じた浸水対策の促進 被災自治体の支援体制充実（国、企業） •官民連携によるTEC-FORCE（大規模な自然災害時に、被害状況の迅速な把握、被害の発生及び拡大の防止、被災地の早期復旧などに取り組む国土交通省緊急災害対策派遣隊）の体制強化 氾濫水を早く排除する（国・県・市等） •排水門等の整備、排水強化

（資料：国土交通省）
https://www.mlit.go.jp/river/kasen/suisin/pdf/01_kangaekata.pdf

●水災害の危険性を踏まえた街づくり

水災害の危険性の高い地域の居住を避ける取り組み

開発の原則禁止

○災害レッドゾーンにおける
自己居住用住宅以外の開発を原則禁止
・病院・社会福祉施設・ホテル・
自社オフィス等の自己業務用施設の開発を
新たに原則禁止（2022 年 4 月～）

高齢者福祉施設の新設への補助要件の厳格化

○特別養護老人ホームなど高齢者福祉施設について、災害レッドゾーンにおける
新規整備を補助対象から原則除外
〈厚生労働省にて 2021 年度より運用開始〉

参考：災害レッドゾーン
- 浸水被害防止区域（2021 年 11 月施行）
- 災害危険区域（崖崩れ、出水等）
- 土砂災害特別警戒区域
- 地すべり防止区域
- 急傾斜地崩壊危険区域

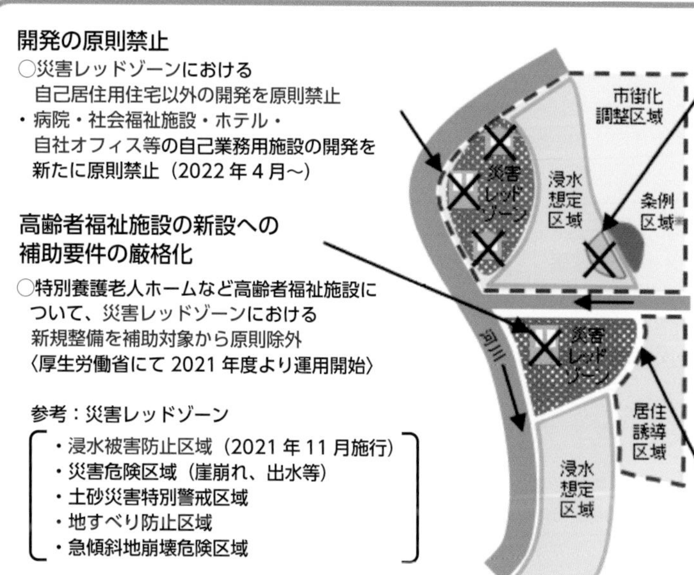

市街化調整区域内の開発許可の厳格化

○市街化調整区域内で市街化区域と同様の開発を可能とする区域＊から災害レッドゾーン及び災害イエローゾーンを原則除外
（2022 年 4 月～）

＊都市計画法第 39 条、第11号、第12号に基づく条例で指定する区域

参考：災害イエローゾーン
- 浸水想定区域
（土地利用の動向、浸水深（3.0ｍを目安）等を勘案して、洪水等の発生時に生命又は身体に著しい危害が生ずるおそれがある土地の区域に限る）
- 土砂災害警戒区域

居住誘導区域から原則除外

○災害レッドゾーンを立地適正化計画の居住誘導区域から原則除外

居住する場合にも命を守る取り組み・移転を促す取り組み

浸水被害防止区域における安全措置
（特定都市河川浸水被害対策法）

○住宅・要配慮者施設等の安全性を事前確認
　―住宅（非自己）・要配慮者施設の土地の開発行為について、
　土地の安全上必要な措置を講ずる
　―住宅・要配慮者施設の建築行為について、
○居室の床面の高さが基準水位以上
○洪水等に対して安全な構造とする

既存の住宅等の浸水対策（嵩上げ等）を支援
（災害危険区域等建築物防災改修等事業）

○補助対象に浸水被害防止区域内の住宅等を追加
〈2022 年度予算より〉

被災前に安全な土地への移転を推進
（防災集団移転促進事業）

○補助対象に浸水被害防止区域内の住宅を追加
〈2021 年度予算より〉
○事前移転の場合、一定の要件の下で
補助対象経費の合計に設定されている
合算限度額を設定しないこと等による
事前防災の推進　〈2023 年度予算より〉

（がけ地近接等危険住宅移転事業）

○補助対象に浸水被害防止区域内の住宅を追加
〈2022 年度予算より〉
○除去等費に係る補助限度額を拡充
〈2023 年度予算より〉

（都市構造再編集中支援事業）

○居住誘導促進事業における浸水被害防止区域等＊からの移転支援を強化　〈2023 年度予算より〉

＊防災指針に即した災害リスクの高い地域

支川（特定都市河川）
浸水被害防止区域
家屋の居室の高さを浸水が想定される深さ以上に確保
居室
基準水位
敷地の嵩上げ
移転
本川
住宅団地

浸水被害防止区域から
被災前に安全な土地への移転が可能になる

（国土交通省資料より）
https://www.mlit.go.jp/river/kasen/tokuteitoshikasen/index.html

COLUMN グリーンインフラやEco-DRRの活用

古来、日本人は森林や田畑など、自然の環境をうまく使って、自然からの脅威をうまく受け流すようにして防災に取り組んできた。そうした考え方を現代風に発展させていこうという考え方がグリーンインフラやEco-DRRである。

・グリーンインフラの例:霞堤(かすみてい)

グリーンインフラは、自然がもつ多様な機能を賢く利用することで防災に役立て、経済の発展にも寄与する土地利用のこと。自然の防波堤として森林を活用したり、遊水地として田畑を利用したりといったことが挙げられる。

霞堤はその一例だ。霞堤とは、堤防のある区間に開口部を設け、上流側の堤防と下流側の堤防が、二重になるようにした不連続な堤防のこと。堤内地にたまった水を河道に戻したり、上流で増水した水を開口部から逆流させて堤内地に溜まるように設計されており、下流に流れる流量を減らすことができる。計画的に水を溢れさせて、それ以外の土地を守る伝統的な治水施設である。

この霞堤が優れているのは河川の生物を守れる点にもある。洪水時に霞堤周辺の流れが緩やかな部分に多くの生物が避難することができるので、下流まで流されず、一時的に退避することができる。洪水による災害を防ぎながら生物多様性も保つことができるのだ。

・Eco-DRR:「生態系を活用した防災・減災(Ecosystem-based Disaster Risk Reduction)」

生態系を維持することで危険な自然現象に対する緩衝帯・緩衝材にし、人間や地域社会の自然災害への対応を支える対策。減災と気候変動適応の双方を達成する効果的なアプローチの1つ。

Eco-DRRの考え方には「暴露の回避(自然現象から遠ざかるようにする)」「脆弱性(ぜいじゃくせい)の低減(自然現象に対して強くする)」により、災害から人命・財産を守るという側面と、多様な生物を育む「生物涵養(かんよう)」という側面がある。

Eco-DRRの考え方では、たとえば森林保全によって山の斜面崩壊を防止したり、遊水地や水田、保全・再生された湿地などを活用することにより洪水を緩和することもできる。また、緑地を多く確保しておけば、土壌が雨水を吸収させて浸水被害を緩和することもできる。

ダムなどの人工構造物を活用する治水は高い効果を発揮し、地域に雇用などの経済効果もあるものの、単一の機能しかなく、あくまで設計レベルの性能を発揮するものである。それを超える災害が予想される今、生態系が多重防御で安全性を高め、日常的には自然の恵みを提供するという働きに着目することは重要な発想で、地域を豊かにすることにつながると期待されている。

●霞堤の仕組み

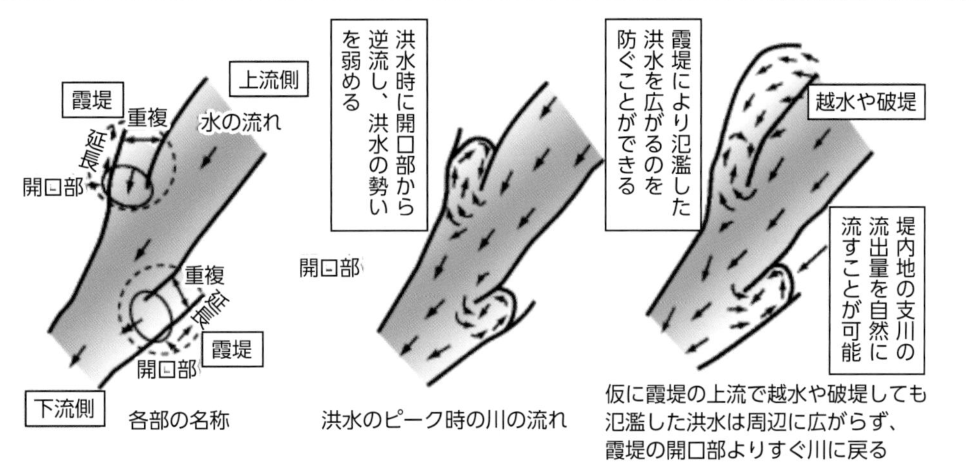

(国土交通省資料より)

27 BCPとは何か？

2001年にアメリカで起こった同時多発テロをきっかけにBCPという考え方が広がった。BCPとは「事業継続計画」のことであり、有事の際にも事業を継続させるための計画のことである。それから20年以上が経過したが、日本では浸透したのだろうか。

■BCPとは何か

BCPとはBusiness Continuity Planningの頭文字をとったもので、民間企業など、何かしらの事業を行っている組織が、緊急事態下においてその事業を継続するために事前に準備しておく復旧計画のことである。

P131の図に示したように、縦軸に操業度、横軸に時間をとった場合、平時には100%操業しているものが、災害が起こると操業はストップしてしまう（操業度０%）。そこからできるかぎり早く100%にしましょう、というのが、以前の考え方だった。

しかし、そうではなく、これを２つの側面から素早く回復しようとするのがBCPということになる。まずは重要業務の特定と維持である。企業が行っている業務には重要度の高いものもあれば、必ずしもそうではないものもある。他は止まっても、重要業務だけは止めないでおくための対策を講じるのである。もう１つは、目標復旧時間の設定である。「できるだけ早く」というあいまいな言い方ではなく、具体的な復旧目標期間を設定したうえで、それを達成するための対策を講じるのである。

こうした考え方で復旧を進めることができれば、仮に施設等に被害が発生したとしても、それによる事業の損失は軽減することができる。これがBCPの基本的な考え方である。

すでにこうした考え方は、国や大企業の間では認識が高まっているが、中小企業を含めた普及にはまだ課題がある。中小企業がBCPを策定するにはマンパワーや知識が不足しているからだ。そこで、大企業と中小企業が一体となってBCPに取り組んでいくことも提案されている。というのも、中小企業の成果物は多くの大企業のサプライチェーン（物流網）に組み込まれているからである。上流の流れが止まれば、下流にも影響があるように、原材料や部品をつくっている中小企業の生産が滞れば、その先の製品組み立て工程にも影響が波及し、大企業にも影響が及ぶからだ。

これが顕著な例となって示されたのが、2011年のタイの水害だった。このとき、タイの工業団地が被災し、多くの工場が稼働できなくなった。特に製造業を中心として、タイの工場に部品供給を依存していた世界のメーカーは、最終製品がつくれないという事態に陥った。

こうした状況を回避するために、BCPを準備しておくことが重要である。そのためには災害リスクの想定や被害予測など、BCPをより高度なものにするためにさまざまな知見が活用されることが求められている。

■「復旧」と「復興」を捉え直す

広辞苑によれば、“復興”とは「ふたたび盛んになること」と定義され、“復旧”とは「もと通りになること」とされている。阪神・淡路大震災のときまでは、復旧は被災の影響を「ゼロ」に戻していく過程であり、復興は被災前からプラスアルファの状態をつくり出していくものだと解釈されてきた。

しかし、2004年に起こった新潟県中越地震でこの概念は変化した。被災地域は中山間地を多く含んでおり、地震前から人口減少が顕著だった。

● 企業の事業復旧に対する「防災・事業継続計画」導入効果のイメージ

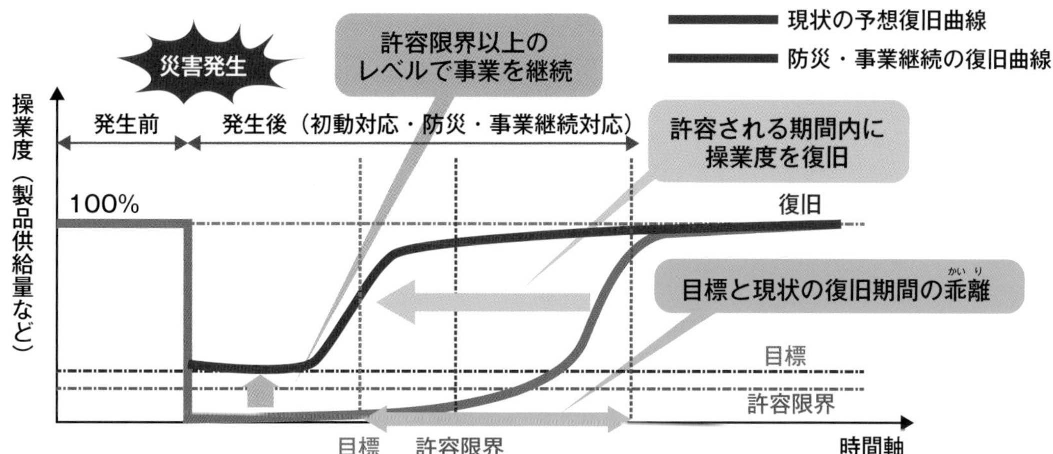

災害・事故で被害を被ると、企業の操業率は落ち込み、事業の復旧が遅れ、事業の縮小や廃業に追い込まれる恐れがある。
しかし「防災・事業継続計画」を策定し、対策を講じておけば、以下のようなメリットが得られる。

・災害・事故等への迅速な対応が可能になる。
・中核事業の継続が可能になる。
・地域貢献、地域との共生ができる
・平常時から取引先や市場の信頼を得ることが可能となり、事業の拡大も期待できる。

（中小企業のための「防災・事業継続計画」策定マニュアル【製造業版】：内閣府ガイドラインをもとに作成）
https://www.bousai.go.jp/kyoiku/kigyou/keizoku/pdf/bcp-manual.pdf

そもそも、日本全体の人口も減少局面に突入しつつあった。人口だけで見ても、震災前よりも増えるということは非現実的である。ならば、復旧も成し遂げられないし、いわんや復興は永遠に成し遂げられないことになる。つまり、復旧があって復興という考えは、現代社会にはそぐわなくなってきたのである。国際社会では「ビルド・バック・ベター」（より良い復興）を目指すべきだというのが合い言葉になっているが、なにを持って「より良い」というのかは難しい問題である。少なくとも、街並みがきれいになることや、人口が増えることといったものだけで評価することはできない。

なお、「復興」についての問題提起は、Chapter4-38で詳述することにする。

● 「防災・事業継続計画」のイメージ

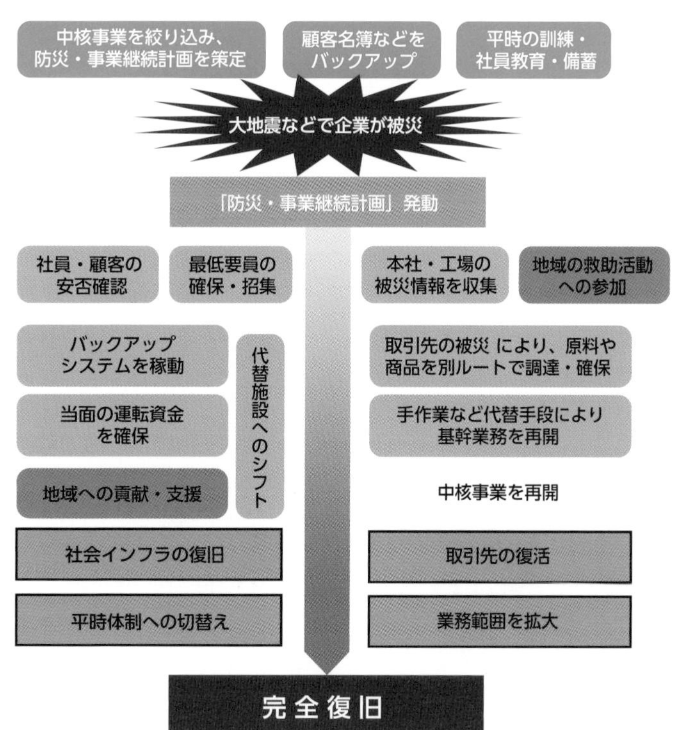

（内閣府防災「中小企業の防災・事業継続の手引き」より編集部が色を変更）
https://www.bousai.go.jp/kyoiku/kigyou/keizoku/pdf/bcp-manual.pdf

28 災害時要配慮者への備えと対応

災害時に影響を受けやすいのが、小さい子どもや高齢者、障害者などである。過去の災害を見ても、避難の遅れにより命を失ったり、長引く避難生活で亡くなったりするケースが多く見られる。「災害弱者」であるこれらの人々を救うためには、どのようなことが必要だろうか。

■避難が難しい人のための個別避難計画

東日本大震災における全体死亡率と障害者死亡率の比較を見てほしい（下の表）。障害者手帳を交付された人の死亡率は、宮城県では2.3倍も高い。全体でも約2倍の死亡率となっている。東日本大震災では津波による死者が多いのが特徴であり、障害者は逃げ遅れた人が多かったからだと見られている。

2016年の台風第10号では、岩手県岩泉町で川が氾濫し、高齢者施設の入所者９人が死亡した。2018年７月の西日本豪雨（平成30年７月豪雨）、2019年の台風第19号（令和元年台風）などでも多くの犠牲が出ている。

災害対策基本法などでは、高齢者、障害者、病気の人、乳幼児、妊婦、外国人や観光客などを「災

●東日本大震災における全体死亡率と障害者死亡率の比較（県別）

県	全体			障害者手帳交付者		
	被災地人口(人)	死者（人）	死亡率	被災地人口(人)	死者（人）	死亡率
岩手小計	205,437	5,722	2.8%	12,178	429	3.5%
宮城小計	946,593	10,437	1.1%	43,059	1,099	2.6%
福島小計	522,155	2,670	0.5%	31,230	130	0.4%
総　計	1,674,185	18,829	1.1%	86,503	1,658	1.9%

同志社大学社会学部立木茂雄氏の『翔べフェニックスⅡ』より。
（出典：NHK「福祉ネットワーク」および「ハートネットTV」取材班の調査より、2012年９月５日現在）
https://www.nhk.or.jp/heart-net/topics/19/data_shiboritsu.html

●「自分でつくる安心防災帳」

1 わたしの身体

自分の身体状況について記入してください。

障害種別		性別	□男 □女	年齢	歳

歩行	□支障なし □支障あり →詳細（　）
腕・指	□支障なし □支障あり →詳細（　）
排泄	□支障なし □支障あり →詳細（　）
視力	□支障なし □支障あり →詳細（　）
聴力	□支障なし □支障あり →詳細（　）
口腔	□支障なし □支障あり →詳細（　）
体温調節	□支障なし □支障あり →詳細（　）
認知	□支障なし □支障あり →詳細（　）
常用薬	□なし □あり →詳細（　）

生活環境を記入してください。

同居者	□夫 □妻 □父 □母 □子供（　）人 □孫（　）人 □その他（　）人		
居住地	都・道・府・県		市・区・町・村
住宅	構造 □木造 □鉄骨造 □鉄筋コンクリート造		築年数 約（　）年
	居住階（　）階	エレベータ □あり □なし	ペット □あり □なし

その他・備考

2 わたしの生活

自分の一日の活動時間帯を矢印（⟷）で記入してください。

時間	就寝	食事	排泄	入浴	外出	その他	介助者
0:00							
1:00							
2:00							
3:00							
4:00							
5:00							
6:00							
7:00							
8:00							
9:00							
10:00							
11:00							
12:00							
13:00							
14:00							
15:00							
16:00							
17:00							
18:00							
19:00							
20:00							
21:00							
22:00							
23:00							
24:00							

記入例：電動ベッド エアマット

（提供：国立障害者リハビリテーションセンター研究所）　http://www.rehab.go.jp/ri/kaihatsu/suzurikawa/res_saigai01.html

害時要配慮者」と位置づけ、特別な対策が必要だとしている。

要配慮者の名簿を作成すること、避難支援のプランをつくることなどが進められてきて、2021年の法改正により、「個別避難計画の作成」が市町村の努力義務とされた。これは、災害時に一人で避難することが難しい人のため、誰が避難行動を助けるか、避難する場所はどこにするかなど、一人ひとり個別のプランを作成することである。作成には、日頃の生活や介護の状況をよく知っている民生委員や福祉関係者などが参画することが求められており、さらに町内会など地域での支援も重要になってくる。現状では、個別避難計画の作成はまだまだ進んでいないが、少子高齢社会において、計画の作成はますます必要になるだろう。

■要配慮者に必要な備えとは

要配慮者はどのようなことに困り、どのような対策が必要なのか。一例として、障害者自身が災害対策を考えられるようにつくられた「自分でつくる安心防災帳」（国立障害者リハビリテーションセンター研究所）を見ながら考えてみよう。

「わたしの身体（からだ）」「わたしの生活」というパートでは、自分の身体、住まい、生活習慣について書き出すことで、どのようなツールやサービスを使って自分が生活しているかを整理する。「現在の備え」「必要な備え」では、すでにある備えを把握したうえで、いざ災害が起こったらその備えで足りるのか、足りないならどのように確保するかを考える。これを記入するために、たとえば特別支援学校に通っている生徒なら、通学では電車やバスを使うのか、放課後はデイサービスや訓練に通っているのか、ヘルパーさんがいるなら連絡先を知っているか、飲み続けなければいけない薬はあるか、などを思い浮かべる必要がある。そして、足りないことを考えていく中で、地域の人と顔見知りになることが必要、といったこともわかってくる。本人と周囲の人が一緒にこのようなワークをして共に考えれば、いざというときの課題を共有することになり、何よりもお互いを知るきっかけとなるだろう。

■避難所で必要な配慮とは

高齢者や障害者は、災害が起こった後の避難生活でも配慮が必要になる。たとえば、足腰の弱い高齢者にはベッドが必要だったり、視覚障害者は壁伝いに移動できるように居住スペースを配置したりすることなどが挙げられる。また、耳や目の不自由な人のために、情報は音声と文字の両方で伝えること、日本語のわからない外国人のために多言語や図形などのサインも活用することが必要となる。避難生活では犯罪も起きやすくなるため、女性や子どもなど、犯罪に巻き込まれやすい人へのケアも欠かせない。

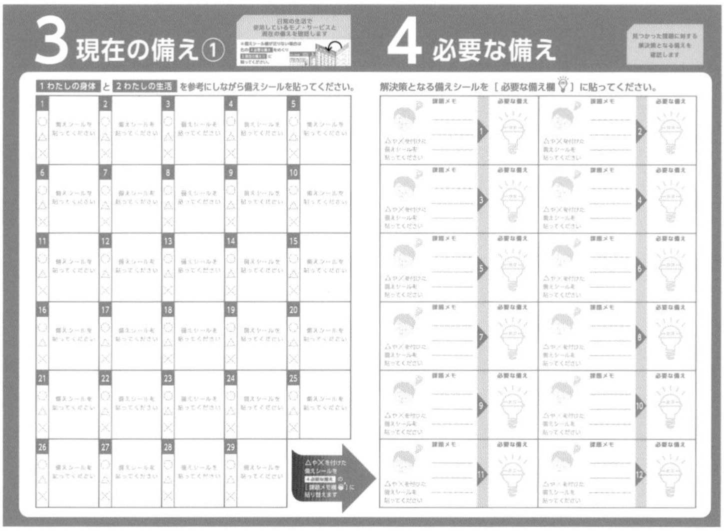

避難所は、避難者を中心とした自主運営が求められている。そして避難所は、避難者の受け入れだけでなく、在宅避難者など避難所以外の避難者への支援拠点としての機能も求められている。その際に、「誰も取り残さない」という視点を持つことが望まれる。そのために必要な知識や福祉への理解は、平時のうちにこそ重要となる。

COLUMN 大型降雨実験施設で「豪雨」を体験してみた

映像を見たり、人から聞いたりするだけでは自然災害の恐ろしさは本当の意味では理解できない。しかし、ケガをしたり命の危機に直面したりしてから実感しても遅い。そこで各地の防災館に体験できる施設があるわけだが、防災科研でも豪雨を体験できる機会がある。茨城県つくば市天王台にある防災科研の敷地内にある「大型降雨実験施設」では、年に１回程度、一般の人が豪雨を体験できるイベントが開かれている。

2022年８月９日に開かれた親子向けのイベントに編集部も参加した。10分間に50㎜もの豪雨を15分体験することができた。雨と同時に風も発生させているため、雨はほとんど横から吹き付け、傘は用をなさなかった。雨の中を歩くのは非常に体力を使う行為だということがわかり、避難するなら雨が強くなる前に完了していなければならないと痛感した。

母親とともに参加した小学５年生の女子児童は、「すごい雨だった。こんな雨の中を歩いたことはないけど、避難所まで歩くのは大変だと思った」と感想を口にしていた。

防災科研のこの施設は、10分間雨量の日本最高記録に匹敵する雨量を再現することができる。豪雨による建物や自動車などへの影響、土砂災害を感知するセンサーの開発など、さまざまな目的の研究に使用されており、防災科研以外の研究機関や民間企業でも利用されている。一般公開は、市民にも実際に豪雨を体験することで防災意識を高めてもらいたいという目的で実施している。機会があれば、ぜひ体験してみてはいかが？

【問い合わせ先】
防災科学技術研究所　広報·ブランディング推進課
toiawase@bosai.go.jp

（撮影：蒔苗仁）

(AdobeStock)

Chapter 4

対応のための科学

どんなに予測・予防に力を入れても、災害は発生する。しかし、発災直後の迅速な対応、復旧時の適切な対応があれば、多くの人命が助かり、速やかにもとの生活に戻ることができる。Chapter 4では、避難情報や災害時医療体制、災害対応に役立つ情報システム、衛星やドローンなどを用いた情報収集の技術などを紹介する。また、災害からの「復興」には

29 気象庁の防災気象情報

私たちが普段、目や耳にする注意報や警報といった情報は、どのようにして発信されているのだろうか。気象庁からは「防災気象情報」という形でさまざまな情報が発信される。速やかな避難行動につなげるために一連の流れを確認しておくことが必要だ。

■気象庁の防災気象情報と自治体による避難情報

気象災害の場合、気象条件が深刻な状態になってから避難するのでは逃げ遅れてしまうため、状況を常に観察・分析・予測して、避難行動に役立てることが必要だ。観測・予測を行う機関からは、「現状はこうで、今後このような事態になる可能性がある」との情報が発信される。それに基づいて、自治体（市町村）が避難指示などの各種避難情報を住民に対して発令するのが、まずは基本的な流れだ。

観測・予測の面で主体となる気象庁からは、大雨、暴風、大雪、高潮などによる災害発生の恐れを伝えるために、多岐にわたる防災気象情報が発表される。災害が起こる恐れのあるときは「注意報」、重大な災害が起こる恐れのあるときは「警報」、さらにこれまで経験したことがないような重大な災害が起こる恐れが著しく大きいときは「特別警報」が発表される。また、土砂災害の危険度が高まったときには「土砂災害警戒情報」が、指定河川洪水予報の対象河川から氾濫が発生した場合には、「氾濫発生情報」が発表される。このほか、台風が発生した際には台風情報が、竜巻やダウンバーストなどによる激しい突風が予測されるときには、雷注意報を補足する「竜巻注意情報」が気象庁から発表される。なお、気象ではない津波や地震、火山噴火の情報についても、日本では気象庁が出すことになっている。

■５段階のレベル分けで視覚的にもわかるように

2021年５月に改定された「避難情報に関するガイドライン」（内閣府・防災担当）では、住民は「自らの命は自らが守る」意識を持ち、自らの判断で避難行動をとるとの方針が示されている。この方針に沿って、住民がとるべき行動を直感的に理解しやすくなるよう５段階の警戒レベルを明記して防災情報が提供されることになっている。

これは、2018年７月に広島・岡山で甚大な被害を出した「西日本豪雨」や2019年の「東日本台風」を契機として、避難情報の発令基準や伝達方法の見直しが行われたものである。

これにより、すべてレベル１～５で、数字が大きくなるほど危険度が高くなるように統一された。また、警戒レベルを示す色についても、レベル１は白、レベル２は黄色、レベル３は赤、レベル４は紫、レベル５は黒というふうに、ISO（国際標準）に準拠した、世界に共通するカラーコードに統一されつつある。これにより、危険度を色によっても直感的に認識することができるようになった。気象庁の防災気象情報でも、注意報、警報、特別警報などをこの警戒レベルに合わせて設定している。

大雨警報、洪水警報は、レベル３に相当する。高齢者や障害者など通常の避難に支障をきたす可能性のある人は避難を始めることが望ましい。

大雨特別警報には、「大雨特別警報（浸水害）」と「大雨特別警報（土砂災害）」の２つがあり、これらはレベル５に相当する。これらの特別警報

●防災気象情報の役割

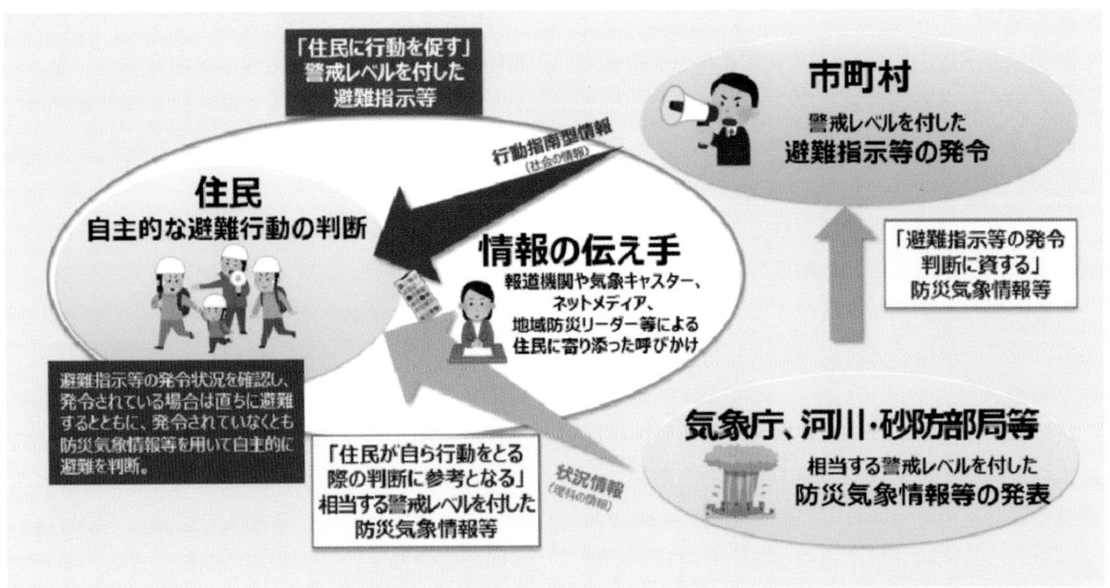

（気象庁資料より・内閣府ホームページに掲載）
https://www.kantei.go.jp/jp/headline/bousai/keihou.html

●気象庁が発表する防災気象情報の流れ

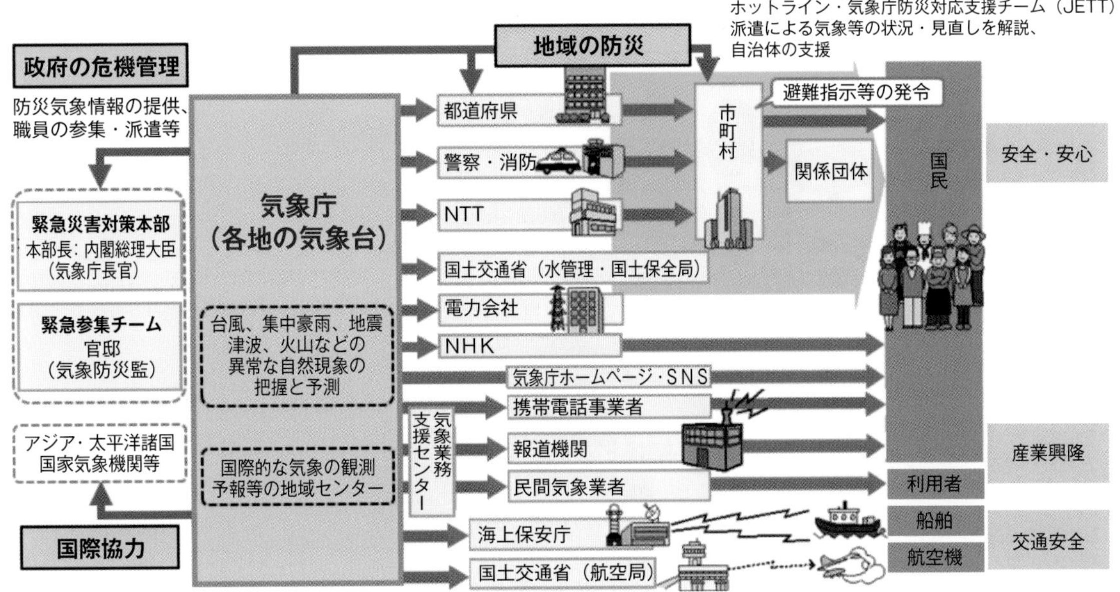

（気象庁「気象庁ハンドブック2023」より）

が発令される基準は、災害対策本部が設置される程度であり、発信された時点ですでに何らかの災害が発生している可能性が高い。なお、火山噴火に関してはChapter2-12に示したとおり、レベル5が「避難」で、レベル4が「避難準備」となっているので注意が必要だ（以下、レベル3「入山規制」、レベル2「火口周辺規制」、レベル1「活火山であることに留意」となっている）。

■リアルタイムで危険度がわかる「キキクル」

防災気象情報の中でもリアルタイムで危険度の情報を得られる情報源として、気象庁が発信している「キキクル」（危険度分布）はぜひとも活用したい。

キキクルでは、降雨の状況はもとより、土砂災害、浸水害、洪水災害の危険度分布を見ることができる。単に気象情報を発信するだけでなく、災害のほうに一歩踏み込んで情報を発信しているわけである。

避難情報を出すのは市町村だが、防災気象情報は気象庁から発表される。そのため、市町村から避難指示などが発令されていなくても、キキクルや河川の水位情報などを確認して自ら避難の判断をすることが重要だ。

■プッシュ型サービスを活用しよう

「キキクル」は、気象庁ホームページのトップ画面にある「キキクル（危険度分布）」のアイコン・バナーから直接アクセスできる。トップ画面から「防災情報」へ進み、そこから「キキクル（危険度分布）」へ行くこともできる。

また「キキクル」を活用し、大雨による災害の危険の高まりを、スマートフォンのアプリやメールにリアルタイムで知らせてくれる「プッシュ型」の通知サービスもある。登録して受け取る設定をしておけば、危険時には通知が届き、避難が必要な状況となっていることに気づくことができるため、自主的な避難の判断に役立つだろう。離れて暮らす家族が住んでいる場所を登録しておけば、通知を自分が受けて、家族に連絡できる。そうすれば、家族に速やかな避難を呼びかけられるはず

●警戒レベルと防災気象情報

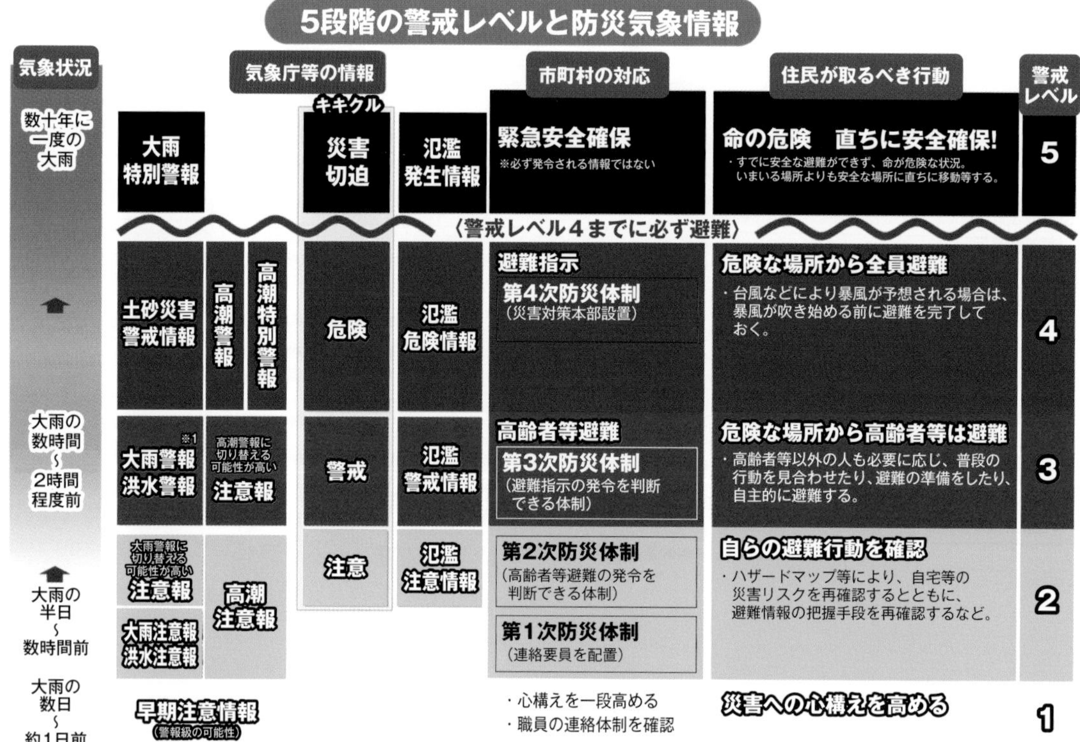

＊1 夜間～翌日早朝に大雨警報（土砂災害）に切り替える可能性が高い注意報は、警戒レベル3（高齢者等避難）に相当。

（内閣府：「避難情報に関するガイドライン」に基づき気象庁作成）
https://www.jma.go.jp/jma/kishou/know/bosai/alertlevel.html

である。

このような通知サービスは2023年１月現在、Yahoo! JAPANなどの事業者が提供している。詳しいサービスの概要や利用方法などは気象庁のWebサイトを参照いただきたい。

（Adobe Stock）

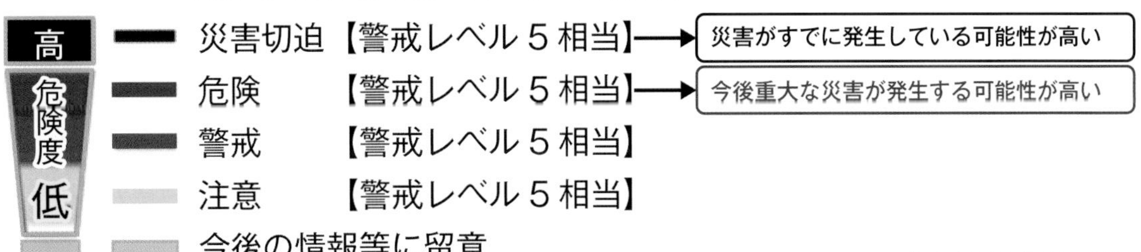

（気象庁Webサイトより）
https://www.jma.go.jp/jma/kishou/books/hakusho/2020/index3.html

●警報等が発表されたら、危険度が高まっている場所を確認

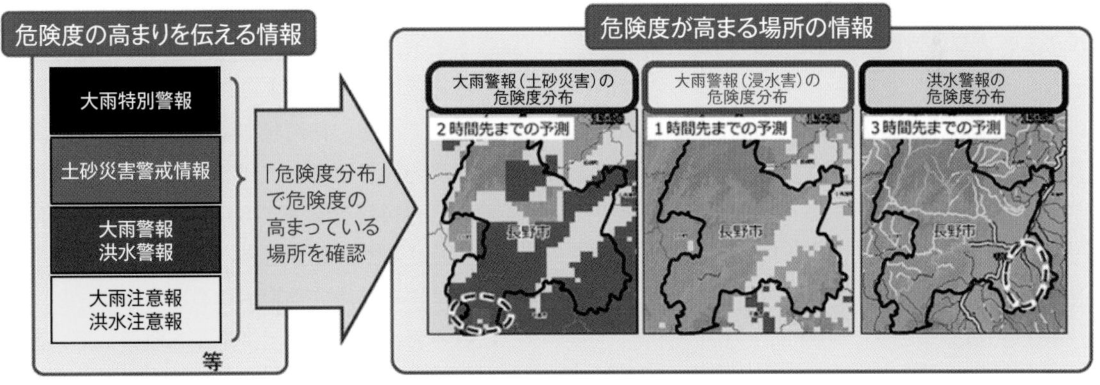

大雨特別警報や大雨・洪水警報、注意報、土砂災害警戒情報が市町村単位で発表されるのに対し、危険度分布は１㎞メッシュごとの危険度の高まりを確認することができる。大雨警報等が発表されたときには、自分がいる場所の危険度を危険度分布で把握して、避難指示等が発令されていなくても自ら避難の判断をすること。危険度が高まっていなくても、自治体から避難指示が発令された場合には、速やかに避難行動を。

（気象庁Webサイトより）
https://www.jma.go.jp/jma/kishou/books/hakusho/2020/index3.html

30 自治体が発信する避難情報

避難をするかどうかの判断に、自治体から発せられる避難情報は極めて重要である。避難情報がどのように発信されるかを知り、気象庁の防災気象情報とともにうまく活用し、適切な避難行動が起こせるように準備しておこう。

■避難情報とは

警戒レベルには５段階ある。行動を促す情報のレベル１は「早期注意情報」で、住民は「災害への心構えを高める」段階だ。情報を収集して避難する判断を行うための準備が重要となる。

レベル２は「大雨·洪水·高潮注意報」で、住民は「自らの避難行動を確認する」。避難経路や持ち出し袋などを確認すること。このレベル１、２については気象庁が発表する。次のレベル３からは自治体の発表する避難情報となる。

避難情報は国でも都道府県でもなく、市町村が発令することになっている。地域の状況をより詳細に把握し、災害に一義的に対応するのは市町村であるからだ。

レベル３は「高齢者等避難」で、「危険な場所から高齢者等は避難」すること。行動に制約が出そうな高齢者等は避難を始めなければならない。

レベル４は「避難指示」で「危険な場所から全員避難」。すべての人が避難行動を行い、避難を完了していなければならない。かつて市町村では「避難勧告」を用いていたが「勧告」では切迫状況を伝えきれず避難が進まないとして「指示」に一本化された。

レベル５は「緊急安全確保」。すでに災害が発生している可能性が高い状態である。

「避難」には災害に応じてさまざまな種別がある。避難所に避難するのは「立ち退き避難」、「水平避難」などと呼ばれる。これに対し、より安全な高層階に避難する方法を「垂直避難」という。また、台風などの到来があらかじめ予想される場合に、親戚宅など遠く離れた場所に事前に避難することを「事前避難」、そのまま家にいる場合を「在宅避難」といったりする。水害の場合、「立ち退き避難」では余計にリスクが高まる場合に、他の方法をとることが推奨されることもある。

また、たとえば東京都江戸川区のある地域など、地域全体に浸水被害が及ぶと予測される場合は、その地域の住人全員を行政の引率のもと移動させるといったことが行われる。こうした避難は「広域避難」という。このようにさまざまな避難行動の種類を理解し、自らの安全を確保する方法を選択することが重要である。

■情報の伝達方法

市民への伝達方法としては、報道機関や気象キャスター、ネットメディアなどが伝え手となって発信する方法がある。もう１つは市町村から住民へ直接伝達する方法である。たとえば防災無線による周知である。市町村ではエリアごとに設置された拡声器（スピーカー）で防災気象情報や避難指示などの情報を伝達する。多くの市町村ではメールで伝えるサービスもある。最近ではソーシャルメディアを活用する自治体も出てきた。

これらさまざまなチャンネルを駆使して、避難情報を速やかに住民に伝えることが重要となっている。

● 5段階の警戒レベル

警戒レベル	状況	住民がとるべき行動	行動を促す情報
5	災害発生 又は切迫	命の危険　直ちに安全確保！	緊急安全確保※1
〈警戒レベル４までに必ず避難！〉			
4	災害の おそれ高い	危険な場所から全員避難	避難指示（注）
3	災害の おそれあり	危険な場所から高齢者等は避難※2	高齢者等避難
2	気象状況悪化	自らの避難行動を確認	大雨・洪水・高潮注意報 （気象庁）
1	今後気象状況 悪化のおそれ	災害への心構えを高める	早期注意情報 （気象庁）

※1 市町村が災害の状況を確実に把握できるものではない等の理由から、警戒レベル５は必ず発令されるものではない
※2 警戒レベル３は、高齢者等以外の人も必要に応じ、普段の行動を見合わせ始めたり危険を感じたら自主的に避難するタイミングである
（注）避難指示は、2021年の災対法改正以前の避難勧告のタイミングで発令する

（内閣府防災情報「避難情報に関するガイドライン」より）
https://www.bousai.go.jp/oukyu/hinanjouhou/r3_hinanjouhou_guideline/pdf/hinan_guideline.pdf

● 住民がとるべき行動

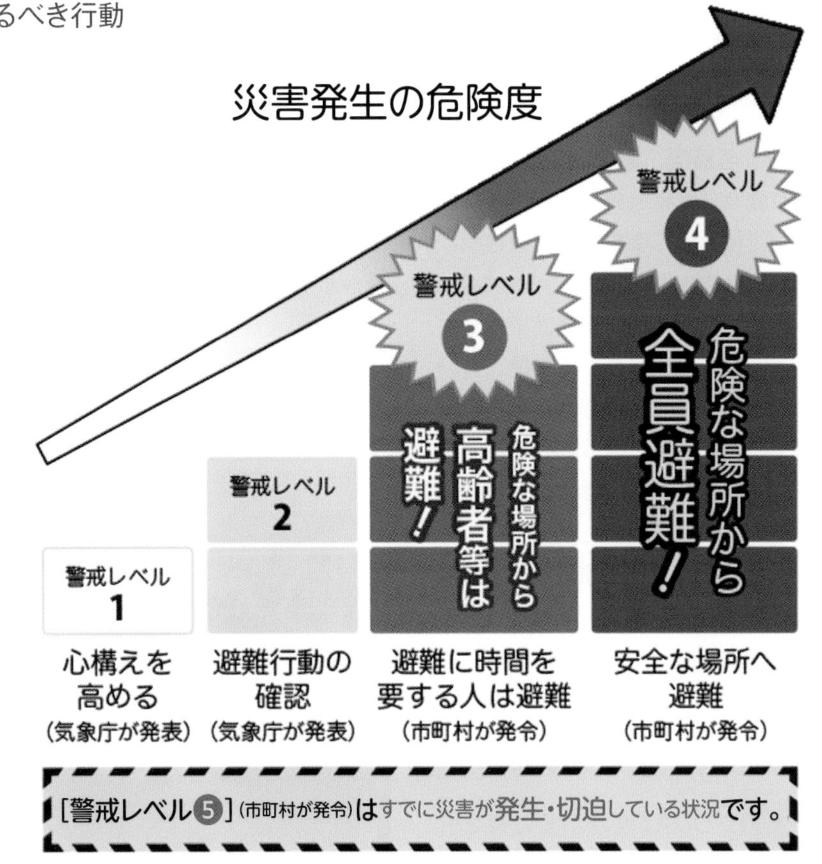

（政府広報オンラインより）
https://www.gov-online.go.jp/useful/article/201906/2.html

31 災害時の医療援助体制

災害時に最優先されるのは人命の救助である。そのためには、緊急時の医療を支援する体制がしっかりと整備されている必要がある。さまざまな大規模災害を経験し、多くの団体やチームが組織された。それぞれの役割を詳しく見ていこう。

■医療機関を支援するDMAT

阪神·淡路大震災では、災害発生初期に医療体制に混乱が生じ、対応の遅れを余儀なくされた。このとき、平時の救急医療レベルの医療が提供されていれば救命できたと考えられる「避けられた災害死」が約500人いた可能性が指摘された。

そこで、「災害派遣医療チーム（DMAT＝Disaster Medical Assistance Team）」が組織された。大規模災害や多傷病者が発生した事故などの現場で、急性期（おおむね48時間以内）に活動できる機動性を持った、専門的な訓練を受けた医療チームのことである。

DMATは、医師、看護師、業務調整員（医師·看護師以外の医療職及び事務職員）で構成され、災害発生後速やかに被災地に参集して超急性期における医療体制の構築を支援する。病院も被災している場合は、通常レベルの医療を提供できるようになるまで、病院の指揮下に入って支援を行い、多数の重傷患者が発生している場合は、患者を被災地の外に搬送する広域医療搬送体制を構築するなど、その活動は、機動性、専門性を生かした多岐にわたるものだ。

厚生労働省が組織するDMATと都道府県が独自に組織するDMATが存在しており、それぞれ災害時の速やかな災害支援を目的として派遣される。

■DMATの後を引き継ぐJMAT

初動対応で動くのがDMATだが、その後を引き継いで活動するのが、「日本医師会災害医療チーム（JMAT＝Japan Medical Association Team)」である。

JMATは現地で医療活動を行い、被災地医療の回復に努め、地域医療の再生まで長期で支援することを目的とする。JMATは被災県の医師会の要請によって出動する。全国横断的なネットワークのある日本医師会がコーディネートして、被災都道府県の医療を統括する県医師会と、現場の指揮をとる市区医師会とがそれぞれ連携し、医療ニーズを見極めながら支援を行う。

JMATの組織後すぐに発生した東日本大震災では、医師や看護職員などの医療従事者からなる約1400チーム・延べ6000人以上が被災地に派遣され、避難所·救護所等での医療·健康管理、公衆衛生対策を実施した。１つのチームが３日から１週間程度現地に滞在し支援にあたるため、医療活動が途切れることなく提供されたことには大きな意義があったという。

東日本大震災におけるJMATの活動は、平時レベルの医療が現地で提供できるようになった2011年７月15日まで続き、長期支援を目的とするJMATIIに引き継がれた。

医療チームの被災地での活動（厚生労働省資料より）

● 災害派遣医療チーム（DMAT）

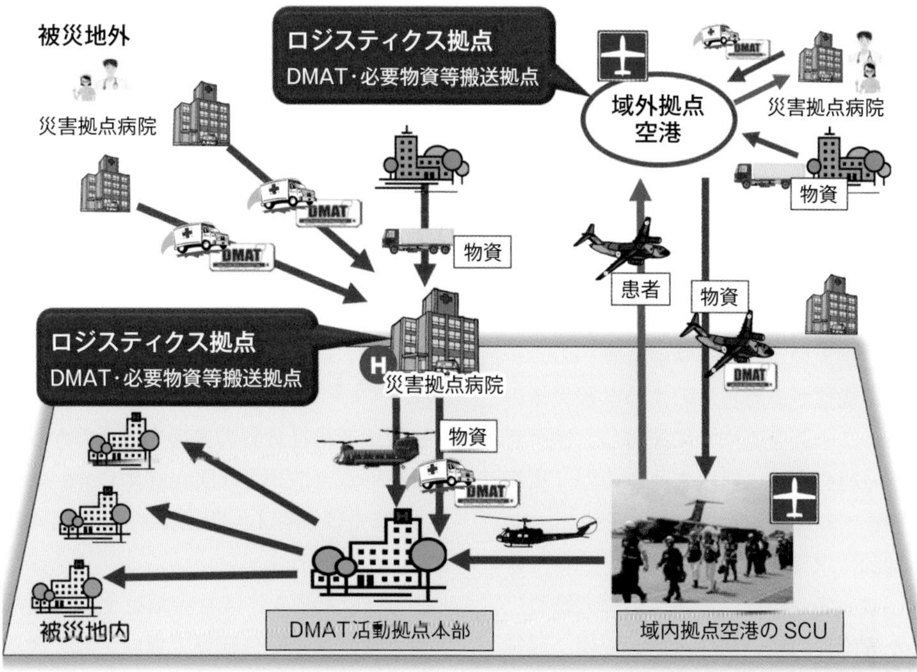

・災害発生時からEMIS（広域災害救急医療情報システム）を使って最新の情報を関係機関に提供。
・災害急性期（発生からおおむね48時間以内）に、要請を受けてDMATが被災地に参集し、被災地の病院の支援活動や自衛隊等の航空機を使った広域医療搬送などを行う。

・広域医療搬送：被災地内の空港等に患者搬送拠点としてSCU（航空搬送拠点臨時医療施設）を設け、被災地外からのDMATを派遣。
・災害拠点病院：多発外傷性等の災害時に多発する重篤救急患者の救命医療を行うための高度の診療機能を持つ。

（国土交通省四国地方整備局「四国地震防災基本戦略の推進に向けて」より。出典：DMAT事務局）
https://www.skr.mlit.go.jp/kikaku/senryaku/pdf/kihonsenryaku/03.pdf

● DMATとJMATの役割分担

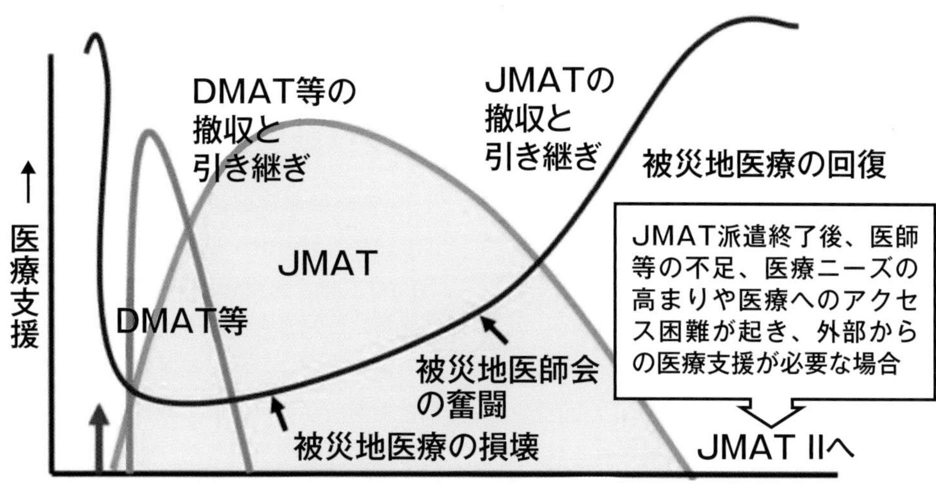

〈日本医師会「JMATに関する災害医療研修会」（2012年３月10日）の資料「DMATとJMATの連携」小林國男　日本医師会「救急災害医療対策委員会」委員長（当時）を改変。救急医療災害対策報告書（JMAT活動に関するワーキンググループ）2018年２月号）より抜粋）。

■精神面のケアを行う DPATの活動

災害で負った体の傷は治っても、心の傷はなかなか癒やされない。災害で命が助かった人もその後の精神疾患等で自死を選ぶ人も少なくない。震災に限らず、あらゆる災害における被災者は、身体的損傷だけでなく、心理的にも大きなストレスを抱えることが知られている。集団が巻き込まれるような犯罪、航空機・列車事故など集団災害が発生した場合、被災地域の精神保健医療へのニーズが拡大する可能性がある。このような被災後の精神保健医療のニーズを速やかに把握し、被災者の心の傷に取り組むために組織されたのが「災害派遣精神医療チーム（DPAT＝Disaster Psychiatric Assistance Team）である。

DPATは、被災者（時には被災自治体の職員）を対象にした専門性の高い精神医療の提供、精神保健活動の支援の継続等を行う。また、被災地域の精神保健医療ニーズの把握、他の保健医療体制との連携、各種関係機関等とのマネージメントなども行う。

こうした活動を行うために、都道府県及び政令指定都市において、専門的な研修・訓練を受けた精神科医師、看護師、業務調整員（ロジスティクス：連絡調整、運転等、医療活動を行うための後方支援全般を行う者）など、車での移動を考慮した機動性の確保できるチームにより構成される。加えて、現地のニーズに合わせて、児童精神科医、薬剤師、保健師、精神保健福祉士や臨床心理技術者等が適宜チームに参加して、機動的に被災者の心のケアにあたる。

■感染制御支援チームICAT

さらに「感染制御支援チーム（ICAT＝Infection Control Assistance Team）」が組織される場合もある。

東日本大震災の被災地域では、県の地域防災計画に定められた防疫計画では対応が困難な状況であった。そこで、DMAT等を参考に岩手医科大学及び県立病院の感染制御の専門家のアドバイスを受けてICATが設置された。

ICATは主に避難所での集団感染の発生予防、拡大防止などに取り組む。東日本大震災時には2011年４月から８月にかけて避難所の巡回·監視、サーベイランス（感染症発生動向調査）を実施した他、感染症発生予防、拡大防止等の措置などで成果を上げた。

■福祉面での支援をする DCAT／DWAT

被災地で福祉分野の支援を行うのが「災害派遣福祉チーム（DCAT＝Disaster Care Assistance TeamまたはDWAT＝Disaster Welfare Assistance Team）」である。

DCAT／DWATは社会福祉士、介護福祉士、保育士など福祉関係職員で構成され，大規模災害時に避難所等において、高齢者や障害者などの要配慮者に対する福祉的なケアを提供し支援を行う。また、要配慮者の避難生活以降、予想される生活困難から命と生活を守るための中長期的支援も行う。「福祉避難所への誘導」「要配慮者へのアセスメント」「日常生活上の支援」などがその主な活動内容だ。現在、各都道府県でDCAT／DWATの設置を含む災害時の福祉支援体制の構築が進められている。

■保健活動を支援するDHEAT

「災害時健康危機管理支援チーム（DHEAT＝Disaster Health Emergency Assistance Team）」は、医師、薬剤師、保健師（主に保健所職員）などから構成され、災害発生時に１週間から数カ月程度、被災都道府県の保健医療調整本部と保健所が行う保健医療行政の指揮調整機能等を応援する専門チームだ。防ぎえた災害死と二次的な健康被害を最小化することが目的で、避難所における被災者の要望の把握はもちろん、妊産婦、乳幼児、要介護者等の把握と対応、衛生管理状態の把握と評価等を実施する。

■チームを情報で支援するシステムEMIS

DMATなどの活動において、情報共有は非常に重要である。DMATはおおむね48時間以内に現地で活動開始できることを想定しており、災害が起こった場合、まず指定された参集拠点に集まり、そこから被害地域に出動することになっている。被害を受けた病院へ支援に向かうためには、どこの病院の緊急性が高いのかを判断して優先順位などを決めなければならない。

被災地の医療機関の状況を共有し、DMAT等の活動を情報面から支えるシステムが「広域災害救急医療情報システム（EMIS＝Emergency Medical Information System)」だ。被災地の病院や保健所は、災害発生後できるだけ早くEMISに施設の被害や医療活動の継続可否などを入力することになっている。医療調整本部ではこれらの情報に基づいて、DMATの派遣チーム数、支援対象とする医療機関，医療支援物資の供給先などを判断し、限りある支援リソースの配分を差配する。

●災害時における災害派遣精神医療チーム（DPAT）連携体制等のイメージ

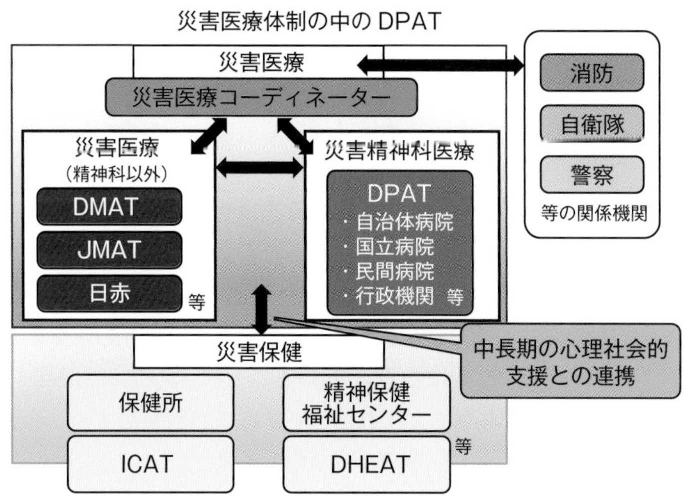

（岩手県ホームページ「災害時における災害派遣精神医療チーム[ＤＰＡＴ]活動体制[案]より」
https://www.pref.iwate.jp/_res/projects/default_project/_page_/001/004/158/siryou2_1.pdf
（原典はDPAT事務局）

●DCAT派遣のイメージ

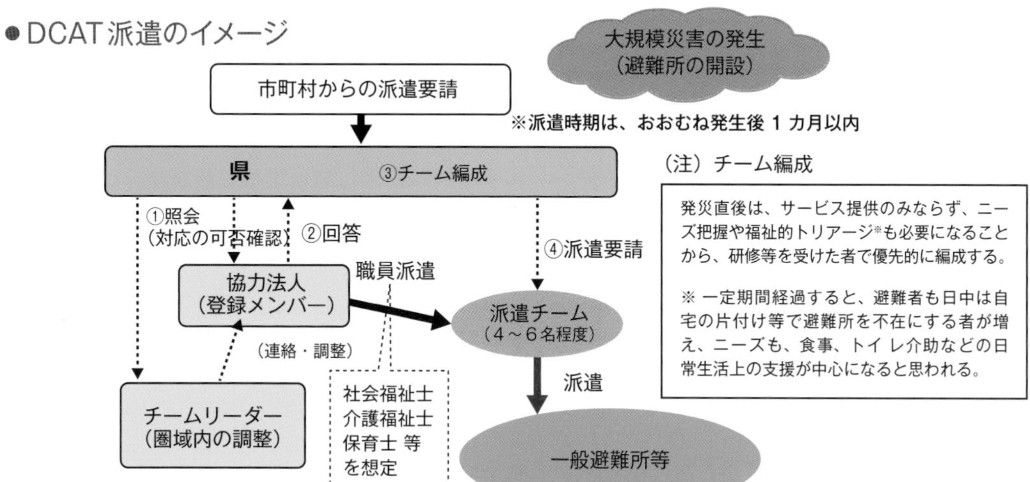

※トリアージ:重傷度や治療緊急度に応じた「傷病者の振り分け」。災害時には医療スタッフや医薬品などの医療資源が限られるので、効果的に傷病者の治療を施すために治療や搬送の優先順位を決定する。

（鹿児島県Webサイト「災害派遣福祉チーム（DCAT）について」より）
https://www.pref.kagoshima.jp/ae04/fukushikikaku/documents/75298_20191121145819-1.pdf

32 情報共有の技術

災害が起こったとき、組織間で情報共有が円滑に行われないと、それぞれの状況認識が異なるため、行動の重複や欠落にもつながる。災害対応を効果的に行うために、組織間での情報共有は極めて重要だ。

■情報共有で状況認識を統一する「SIP4D」

災害が起こると、災害対応組織は状況を把握するために情報を収集する。従来、その方法は「電話」「ファクス」「人づて」が主だった。集めた情報はデータ化されていないアナログ情報だったり、そもそも他の組織と共有する前提ではないため、それぞれが保有する情報は個別に独立しており、その結果、各組織の状況認識が異なるという状態だった。

一方で、各組織にとって共通して必要な情報もある。例えば、道路の通行可否に関する情報。被災地に早急に向かわなければならない組織にとって、どの道路が通れる・通れないといった情報は必要不可欠だ。道路の状況がわからないと、行き当たりばったりで行動するしかなく、現場への到着が遅延したり、たどり着けないといったことが起きる。東日本大震災では、傷病者を搬送する際、道路の状況がわからず、ところどころで車両が通行できないケースが発生し、搬送途中で亡くなった人もいたという。

しかし、道路状況の情報が存在しなかったのかというと、決してそうではなく、人工衛星からの観測画像があったり、津波の遡上範囲の情報があったり、通信カーナビを通じて車両の通行履歴を集約した「通れた道マップ」といったものも存在した。問題はそうした情報が必要とする組織まで共有されなかったことだ。

この教訓に基づき、異なる活動をする組織が収集・作成した情報を相互に共有することによって状況認識を統一し、的確な災害対応を実現するために生まれたのがSIP4D（基盤的防災情報流通ネットワーク）である。

SIP4Dで企図したのは、各組織が保有するシステム間の仲介役となることで、個々それぞれがつながる煩雑さや調整の負荷を解消することだった。SIP4Dがパイプラインとなり、各組織はそのパイプラインにシステムをつなぐだけで、情報共有ができるようにしようという発想である。

そのためには何が必要か。すべての組織が統一されたデータフォーマット（ファイル形式）で情報を管理するという方法もあるが、各組織はそれぞれの目的にかなったシステムをすでに構築しているので、その統一は容易ではない。そこで、SIP4Dが各データを使う側が使いたいフォーマットに自動変換することによって、SIP4Dにつなぎさえすれば、さまざまな情報を入手・利用できる形をつくったのである。

また、道路のように出どころが多岐にわたる情報は、個別にデータを集め、自ら統合する必要がある。しかし、これも各組織に共通して必要な情報であれば、SIP4Dが統合処理まで行い、各組織は統合結果を入手することで、個別でデータを入手したり統合したりする必要がなくなり、自分たちのやるべき活動に専念、特化できるようになる。

SIP4Dは2021年に、国の防災基本計画にも記載された。今後は内閣府の総合防災情報システムに機能が提供されることにもなっている。大きな災害時には、内閣府と防災科研の協働で組織されるISUT（災害時情報集約支援チーム）が災害対策本部に派遣され、共有される情報を効果的に活用した情報支援を行うこととなっている。

● SIP4Dが目指す情報共有のコンセプト

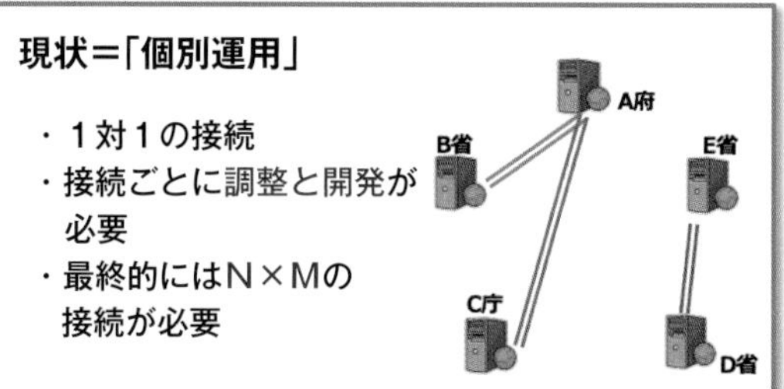

現状=「個別運用」
・1対1の接続
・接続ごとに調整と開発が必要
・最終的にはN×Mの接続が必要
A府
B省
E省
C庁
D省

現状=「利活用側が探し、入手し、処理」

・情報がどこにあるのか探さなければならない
・印刷物やPDFになっていて、処理に適さない
・複数ある場合、選択や統合が必要
・予定していた情報が入手できない場合、代替情報を探す必要
・災害時には余裕がない、混乱

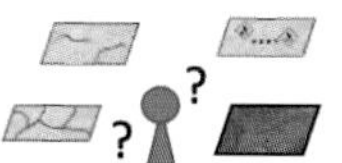

SIP4D=「仲介運用」

・接続の手間は仲介役が担う
・接続にかかる調整は仲介役との1回だけ
・仲介役が各システムに合わせて変換するので開発負荷は軽微
・最終的にはN+Mの接続で効率化

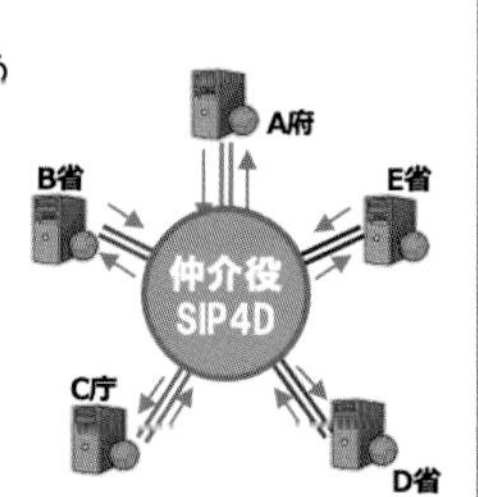

SIP4D=「利活用側が必要な形で提供」

・複数の情報を1つのデータに統合して提供
・データとして提供するため、そのまま処理が可能
・情報源の更新や追加に合わせてデータを更新=常に「最大限現実に近い情報」として提供

● SIP4Dを介した災害時の情報共有の流れ

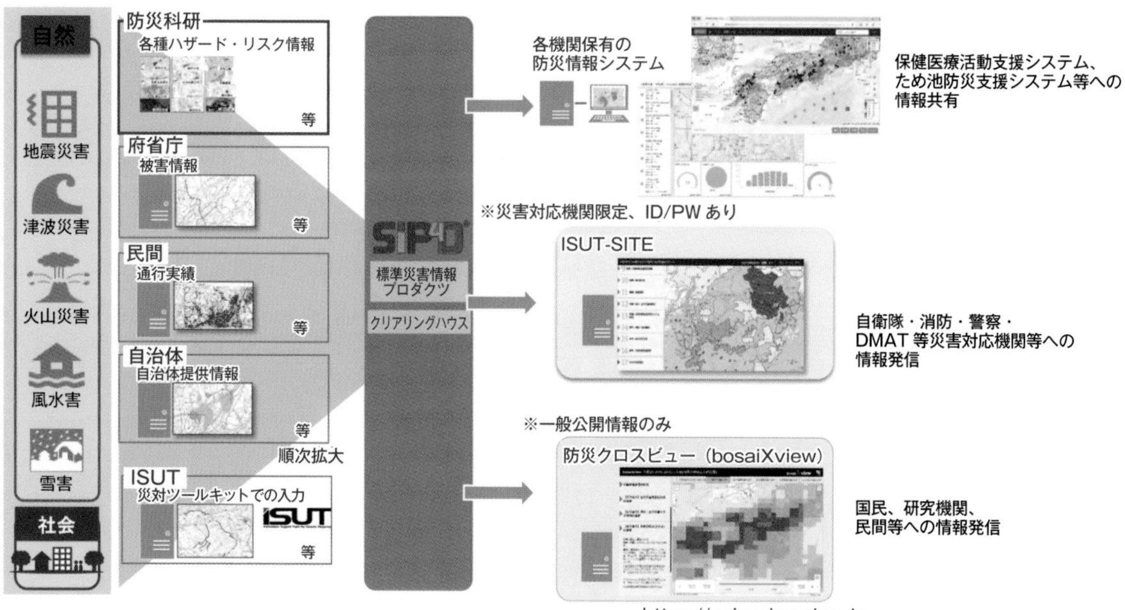

https://xview.bosai.go.jp

(図版:防災科研)

● 基盤的防災情報流通ネットワーク「SIP4D]

現場と各機関同士をつなぐ「パイプライン」を実現し、国全体としての災害対応の効果最大化を目指す

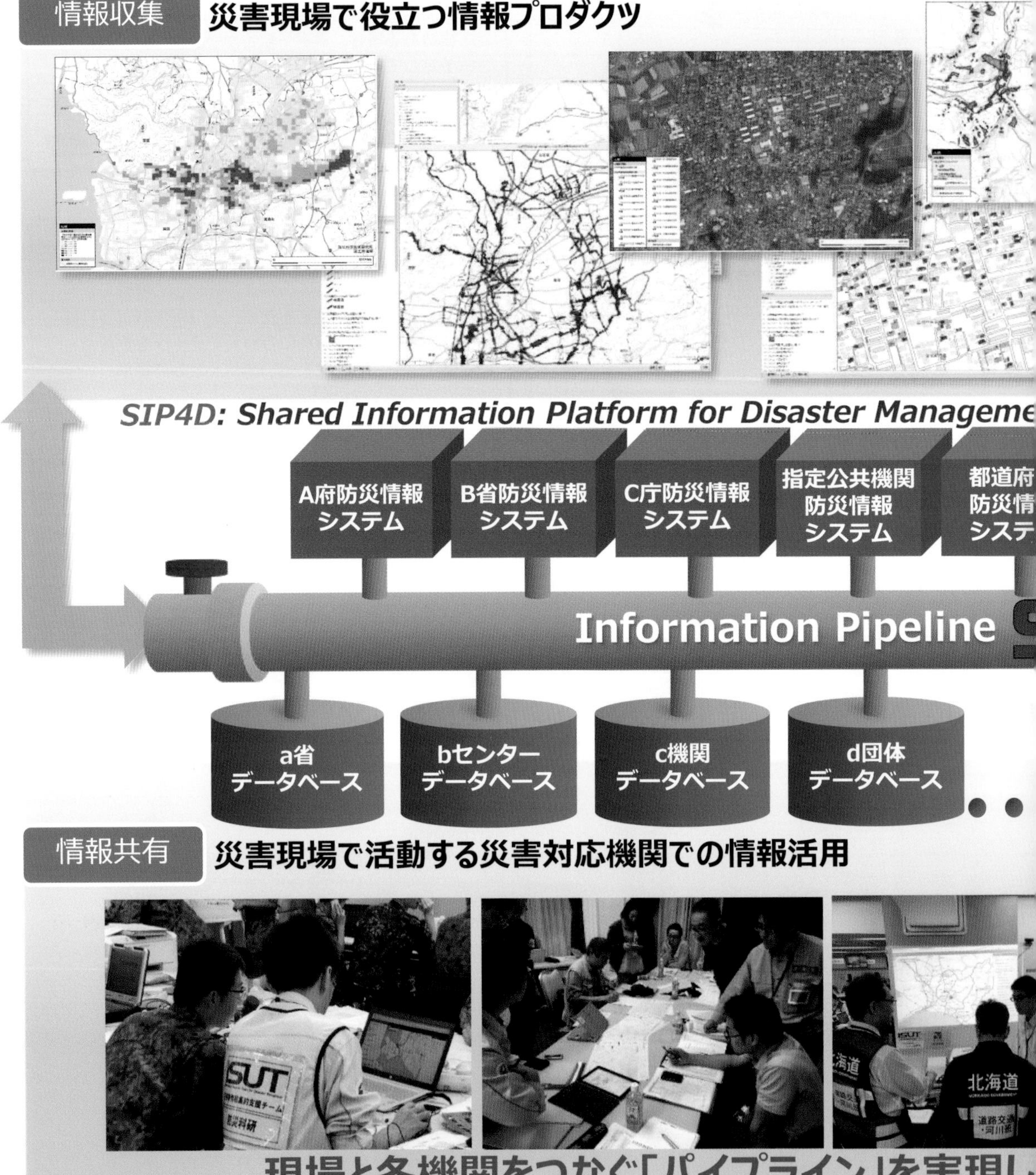

SIP4D: 基盤的防災情報流通ネットワーク
(Shared Information Platform for Disaster Management)

ISUT: 災害時情報集約支援チーム（ Information Support Team）

■情報の共有、加工、利用を推進

情報共有がどのように行われるか、実際の例で見てみよう。2015年の関東・東北豪雨のとき、鬼怒川が決壊し、常総市内で広範囲に浸水被害が発生した。このとき翌日に上空から撮影した写真をもとに、防災科研が浸水被害エリアの情報を作成し、災害対策本部に提供して災害対応支援を行った。道路や避難所の状況も地図上に集約し、常総市のHP から公開することで誰でも見られるようにした。DMATにも道路状況を共有することで速やかな活動支援を行った。

2016年の熊本地震では、複数県にまたがって被害が発生したため、行政境界を越えてさまざまな情報を集約し、各組織の活動支援を行った。その中で、ある組織が撮影した航空写真を、別の組織が入手し、そこからブル―シートのかかった家屋を抽出し、それを役所が住民に対して罹災証明を出す際に利用した、といった、情報共有、加工、利用が組織を超えて行われた事例が生まれた。

2018年の大阪府北部地震では、複数組織の異なる分野の情報を組み合わせることで、別の組織の意思決定に役立ったという事例が生まれた。ガス会社は自らの業務の進捗状況として、停止した都市ガスの復旧状況を公開していた。一方、行政は避難者がどこにどれだけいるかという状況を把握していた。これらの情報を地図化し、重ね合わせて共有すると、たとえば「お風呂に入れない避難者がどこにどれだけいるか」がわかり、さらに「入浴支援をどこで行えばいいか」を自衛隊が判断できるようになった。

自らが持っている情報だけで動くのではなく、共有されたさまざまな情報を加工し、活用すると、効果的な対応をすることができる。情報が共有できてこそ、こうしたことが可能になるという好例である。

●防災クロスビューの一例

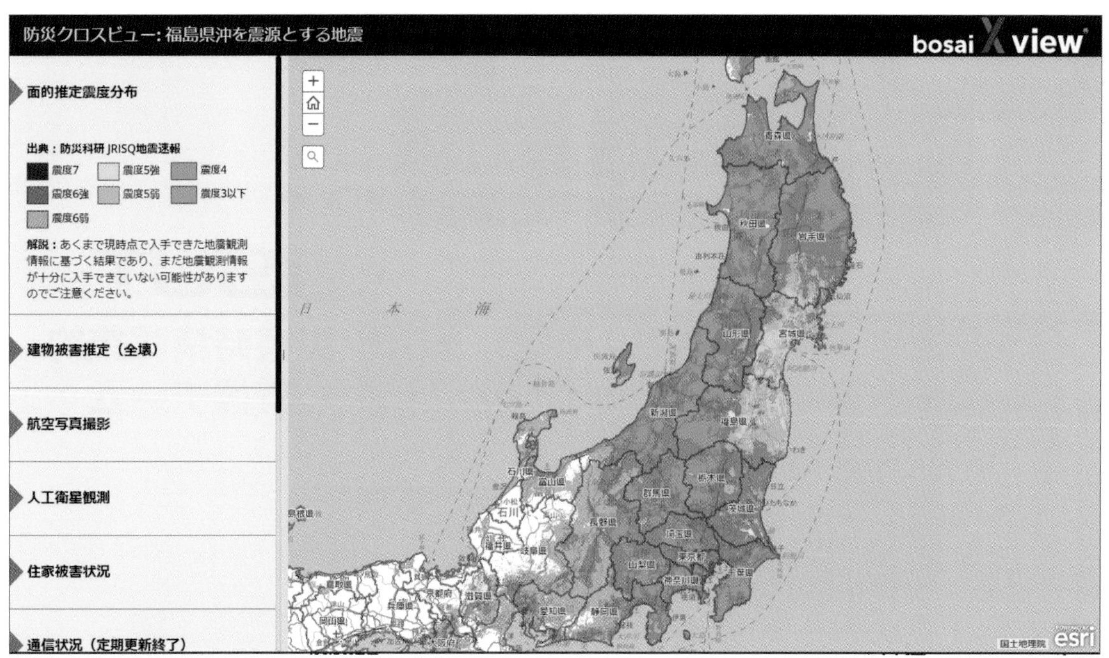

2022年3月、福島県沖を震源とする地震の例。　（図版：防災科研）

■一般公開されている「防災クロスビュー」

SIP4Dで共有されるさまざまな情報のうち、一般に公開できるものについては、防災科研の「防災クロスビュー」というWebサイトで公開している。平常時は過去の記録や現在の観測、未来の災害リスクなど、災害時は発生状況、進行状況、復旧状況、関連する過去の災害、二次災害発生リスクなどの災害情報を重ね合わせて（クロスさせて）、災害の全体を見通し（ビュー）、予防・対応・回復の全フェーズを通じて活用できるシステムだ。

水害、雪氷災害、火山活動、大雨の稀さ情報（P82）など、多岐にわたる防災情報が提供されている。

2021年に静岡県熱海市で土砂災害が起こったときには、民間企業がドローンを用いて撮影した写真から抽出した土砂流出推定エリアを公開するとともに、推定エリア内の建物数推計などを算出している。

（https://xview.bosai.go.jp）

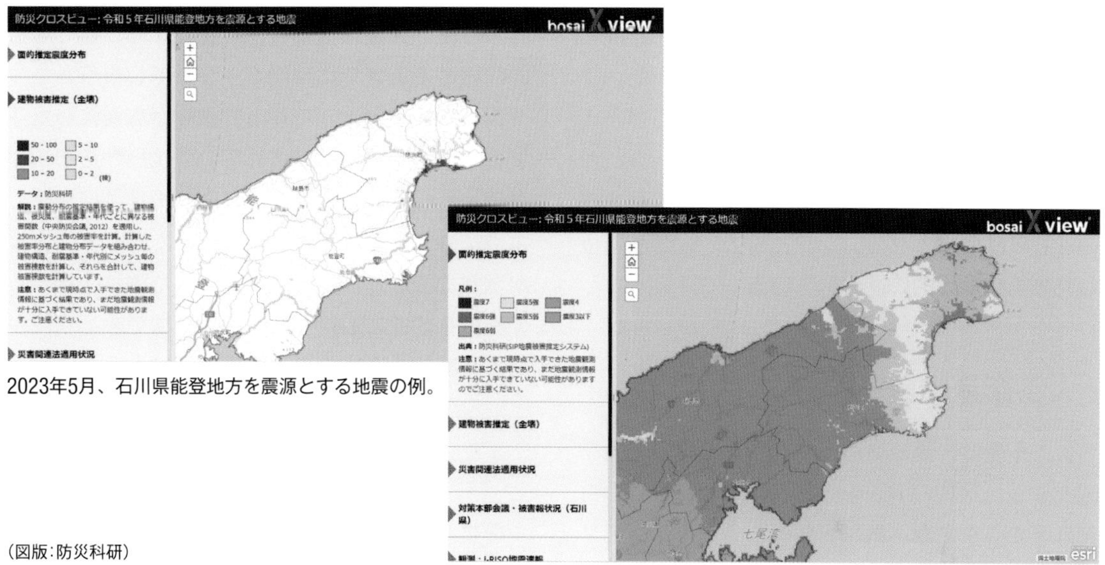

2023年5月、石川県能登地方を震源とする地震の例。

（図版：防災科研）

COLUMN オペレーション「OneNAGANO」の成果

2019年秋に発生した台風第19号、後に「令和元年東日本台風」と命名された災害では、「OneNAGANO」という多組織協働でのオペレーションが実行された。

この台風による豪雨で千曲川が長野市内で決壊し、新幹線の車両基地が浸水するなど多大な被害が出た。このとき問題になったのが、浸水被害に遭った住居から出る大量の家財の処理だった。住居から出される速度が撤去処理よりも速く、道路に堆積するようになり、通行ができなくなったり、渋滞を引き起こしたりした。その結果、復旧活動に遅れが生じ始め、時間経過とともに増えていく家財をいかに早く処理するかが復旧を早めるために必要だった。

そこで、まずどこにどれだけの家財があるかを把握するために、市民やボランティアなどに現地の状況を位置情報付きで写真に撮って送ってもらい、地図上に点描して、関係機関間で共有できるようにした。実際の撤去作業のときにはこの情報をもとに道路の規制を行政や警察が行い、小さく集められた集積所から大規模な集積所に運ぶときには自衛隊がこの情報を活用した。地図による情報共有が行われたことによって、こうした役割分担がスムーズに行われることとなった。

33 上空からの被害把握

人工衛星やヘリコプター等を用いた上空からの観測技術は、近年、ドローンが登場するなど日進月歩で進化している。詳細な観測は被害把握の精度を高め、防災に寄与することができるため、今後もいかに技術を高めていけるかが重要である。昨今の観測技術の進化について見ていこう。

■飛躍的に発達したリモートセンシング

災害情報にはそのもととなる観測データが重要だ。より詳細なデータが得られれば得られるほど、災害対応に必要な情報の精度が上がるからだ。

上空からの観測の方法にはさまざまあるが、人工衛星や航空機、ヘリコプター、ドローンなどが活用されている。遠く離れた場所からの観測方法のことをリモートセンシングと言い、近年、こうした技術は飛躍的に進歩している。

■人工衛星による観測

人工衛星は、地球を周回しながら地球の表面を観測する。地球の周回の仕方（軌道という）の種類はさまざまだが、地球を観測する衛星として２種類ある。それは地球の自転と同じ速度で地球の周りを回る「静止軌道衛星」と、南北に周回しながら回る「極軌道衛星」である。

静止軌道衛星は、赤道上空の高度約３万6000㎞を周回していて、いつ地上から見上げても、必ず同じ方向に存在しているように静止して見える。通信衛星や放送衛星のほか、特定の地域を常時観測することに向いているため、気象衛星はこの軌道である。

極軌道衛星は、地球から約数百㎞上空をほぼ南北に「縦方向」で周回する。地球は自転により「横方向」にずれていくので、衛星が何度も周回しているうちに、地球をまんべんなく観測できることになる。ある地点を一定の周期で観測することができ、地表面を細かく観測する衛星はこの軌道を採用している。ただし、このように周回する衛星は、ほぼ南北に周回するため、１度の観測で、東京と大阪のように東西で離れた地域を同時に観測することはできない。そのため、南海トラフ地震のように、東西に広く被害が発生する災害の場合は、観測するまでに時間がかかってしまう。

災害の規模が大きくなって被害が広域にわたる場合、通信手段が遮断されていて現地からの情報が得られなかったり、外部から被災地域に派遣しようにも交通手段が寸断されていたりして、支援が困難なことが多くなる。そうした際は、空からの画像をすぐに取得して状況を把握できる利点があるため、人工衛星の重要性は高い。

■人工衛星の種類と数

衛星が搭載しているセンサは、光学センサとレーダーセンサの２種類である。「光学センサ」は一般的なカメラと同じ原理で、太陽光が地球で反射した光を観測して画像にする。「レーダーセンサ」は、衛星から地球に電磁波を照射して、その反射したものを観測して画像にする。光学センサは、夜の場合は暗いために地表面の状況がわかりにくく、雲がある場合は地表面が把握できない。一方、レーダーの場合は太陽光の有無は関係ないため昼夜を問わず、電磁波が雲を透過するため雲があっても観測できるという利点がある。

大型の人工衛星の場合、数多く打ち上げることができず、撮影したい場所に再び戻ってくるまで時間がかかる。しかし、近年登場してきた小型の人工衛星の場合は、数多く打ち上げることができるため、欲しいタイミングで撮影できる可能性があり、迅速な被害把握に期待がかかる。

● 地球を観測するリモートセンシング技術

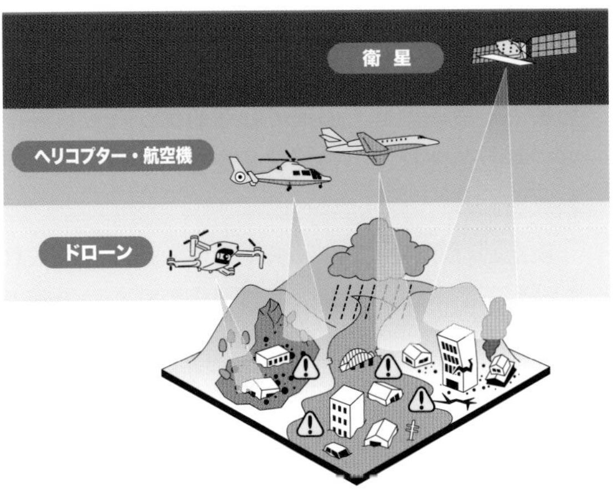

● 衛星の軌道

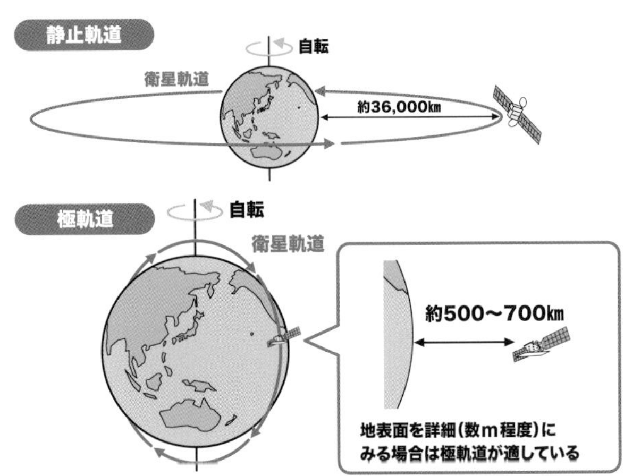

● 上空からの撮影における特徴

	衛星（SAR）	衛星（光学）	固定翼航空機	ヘリコプター	ドローン
迅速性	○（数時間〜）	○（数時間〜）	○（数時間〜）	◎（30分後〜）	△（数日後〜）
軌道の融通性	×（固定）	×（固定）	○（あり）	○（あり）	○（あり）
周期性	○（定期観測）	○（定期観測）	×（なし）	×（なし）	×（なし）
撮影範囲	◎（広域）	◎（広域）	○（やや広域）	○（中程度）	△（狭域）
撮影高度	500〜1000km	500〜1000km	1〜5km	0.3〜1km	〜150m
解像度	△（〜3m）	○（〜30cm）	○（〜20cm）	○（〜5cm）	◎（5cm以下）
天候	◎（影響なし）	△（雲の影響）	△（荒天不可）	△（荒天不可）	△（荒天不可）
夜間観測	◎（観測可）	×（不可）	×（不可）	×（不可）	×（不可）

● 衛星が搭載するセンサ

光学センサ

- **●太陽などの反射光を衛星が観測**
  - **◆一般の写真と同じ見え方**
  - **◆夜間には観測できない**
  - **◆雲にさえぎられる**

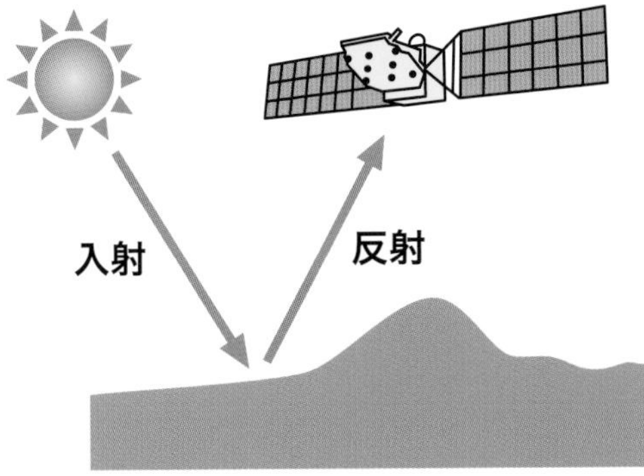

レーダーセンサ(SAR：合成開口レーダ)

- **●自ら電波を出してその反射波を観測**
- **●雲を透過することが可能**
  - **◆昼夜および天候に関わらず観測可能**
  - **◆一般の写真と異なる見え方のため、解釈のための知識が必要**

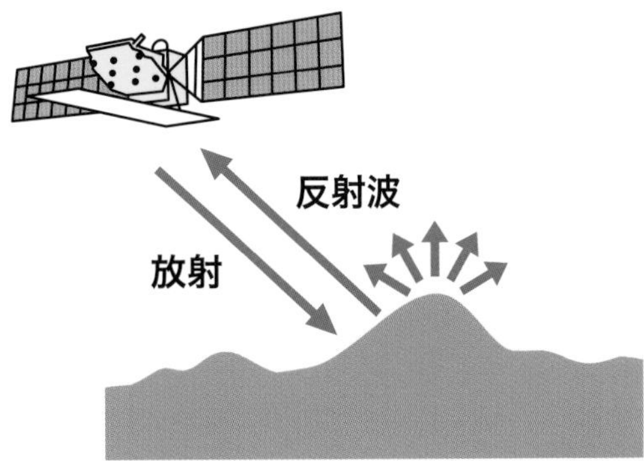

（図版はすべて防災科研）

■ドローンによる観測技術

昨今、飛躍的に技術が高まっているドローンを使った観測技術も期待されている。ドローンは、航空機やヘリコプターなどと比べて、機体が小さいために準備時間が短く容易に飛ばすことができることから、災害時の迅速な被害状況の把握や情報収集に貢献している。

また、災害現場を俯瞰できるので、写真や動画の撮影はもちろん、広範囲な三次元測量も短時間で実施でき、災害現場の地図を作成して救助や復旧等の活動に役立てられる。

一般のドローンに搭載されている光学カメラ以外にも、人の体温など温度を検知できる赤外線カメラを搭載したドローンも開発されており、逃げ遅れた被災者がいた場合でも、早期に発見できる可能性がある。

ほかにも、火災が発生している現場でドローンを活用し、上空から消火剤を散布したり、災害現場で被災者に必要な物資を届けるなど運搬の役割も果たすことができる。輸送用のドローンなら５kg～200kgの積載量があるので、多くの物資を素早く届けられる。輸血や薬が必要な被災者がいる災害現場では特に威力を発揮するだろう。

総務省消防庁によると、2022年４月現在、全国の６割の消防本部がドローンを導入している。今後、さらにドローン技術が進歩して積載量が増えたり、飛行時間が長くなれば、災害用としてもドローンの需要は増大していくはずである。

■実災害におけるドローンの活躍

2016年の熊本地震では、被災地の空撮によって効果的な働きを見せた。主にドローンの空撮映像を使って目的地までの道のりを確認したり、熊本城や神社仏閣などの被災状況を確認するために使われた。

また2017年の九州北部豪雨では、人が立ち入れない場所にドローンを飛ばし、撮影した被災地の映像から流木の位置を把握したほか、撮影した映像を、交通規制や避難場所の開設状況の地図とともにWeb上で共有した。またこれらの情報は政府や自治体の災害対応にも活用され、行方不明者の捜索活動などにも用いられた。

2021年７月に起こった静岡県熱海市の土砂災害では、ドローンで撮影した映像が活用された。このときさまざまな機関がドローンを飛ばして、動画や写真を撮影した。特に、愛知県春日井市の民間企業は、上空から直下の災害現場の画像を250枚以上撮影し、電子地図に重ねることができる位置情報付きの１枚の写真データを作成した。これを災害前に撮影された画像と重ね合わせ、比較することで、土砂が流れた場所がわかり、どれくらいの家屋が流されたのかを把握することができた。このときは113軒に被害が及んだのではないかと推測することができた。

（AdobeStock）

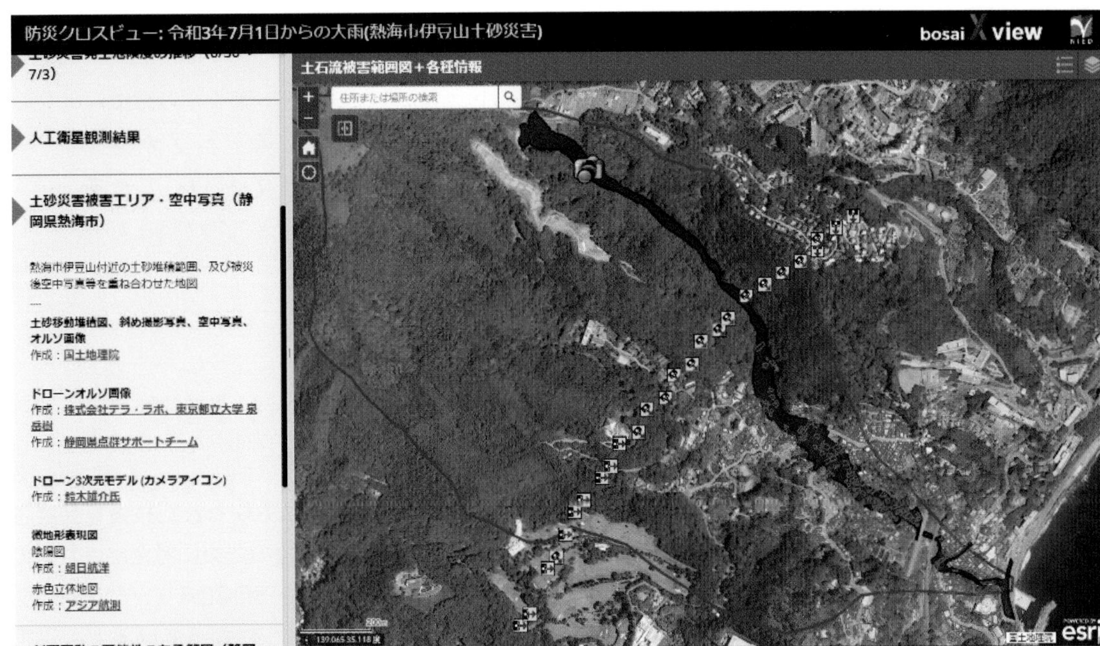

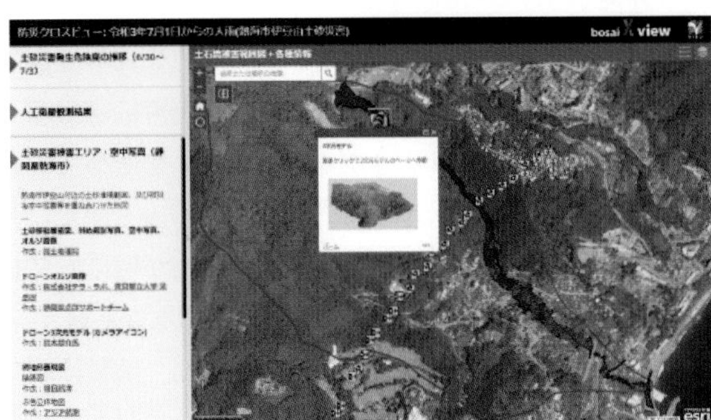

Sketchfab EXPLORE BUY 3D MODELS FOR BUSINESS

Atami Izusan Landslide 20210703
3D Model

● 2021年熱海市伊豆山土砂災害でドローンを使って作成した現場上空の地図。防災クロスビューでも公開している。（https://xview.bosai.go.jp）

（図版：防災科研）

34 SNSの活用

災害状況の把握において、特に進展が目覚ましいのはスマートフォンやSNSを使った情報集約である。日々、膨大な量が発信されており、これをビッグデータ解析やAIを活用して命や暮らしを守ろうという取り組みが全国で進んでいる。

■個人の発信情報から被害を把握

災害とは自然現象が社会に影響を及ぼして起こる。したがって、自然現象としての観測だけでなく、社会現象としての観測も必要であるはずだ。昨今、SNSが災害時の新しい情報源として注目されている。SNSでつぶやいたり画像を投稿したりすることで、市民一人ひとりが情報提供者となって状況把握の一端を担えるようになってきた。東日本大震災ではTwitterによって災害情報の共有、支援情報の拡散が行われ話題になった。

SNSを利用した情報分析が有効だとしてNICT（情報通信研究機構）が開発したのがDISAANA（ディサーナ：対災害SNS情報分析システム）やD-SUMM（ディーサム：災害状況要約システム）。Twitterで発信される情報を、AIを用いて自然言語解析し、どこでどんな災害が起こっているのか、誰がどこでどんな支援を必要としているのかを分類する技術である。

NICTによると、DISAANAとD-SUMMは2023年12月28日で終了するという。それだけ、SNSの活用が自治体や民間に広がったということだろう。

■「防災チャットボット」で被害状況を報告

DISAANA/D-SUMMで培われた技術を発展させ、より詳細な状況把握のために考え出されたのが「防災チャットボットSOCDA（ソクダ）」だ。「SOCDA」と「友だち」になっていると、災害が起こったときに「大丈夫ですか？」と問いかけてくれる。大丈夫な場合のみ、安全を確保した状態でやり取りをする。やり取りの内容によって、「位置情報を送ってください」「写真を送ってください」と問われるので、それに対応していく。それを大多数の人が同時に行い、当人が目にしている状況や必要となる支援をやり取りしていくことで、大量の情報が地図上で集約され、地域全体での被害状況や支援ニーズを把握することができる。

さまざまなやりとりが繰り返されるので、デマを省きやすくなる効果がある。アカウントを持っていることが前提になるため、匿名性もある程度低くすることができる。

「防災チャットボット」が有効に機能した一例は、2021年に福島県沖で起こった地震でのこと。南相馬市の市民の多くがこの防災チャットボットとや

●SNS情報の活用

❶SNS情報の発信

個人から写真・映像
文書等災害情報がSNSで
発信される。

❷情報収集・精査

災害情報を収集・抽出／
デマ・フェイクをチェック
・AI解析
・人間による確認

❸集約情報配信

災害関連SNS情報
集約発信

●防災チャットボットSOCDAによる情報収集

（防災科研、株式会社ウェザーニューズ、情報通信研究機構の３機関がLINE株式会社の協力を得て研究開発を実施）

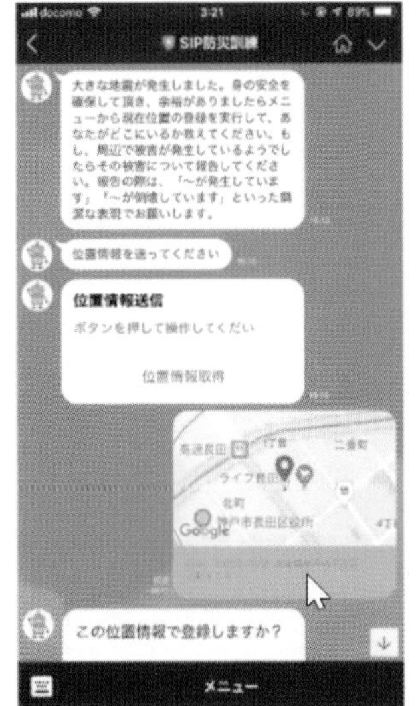

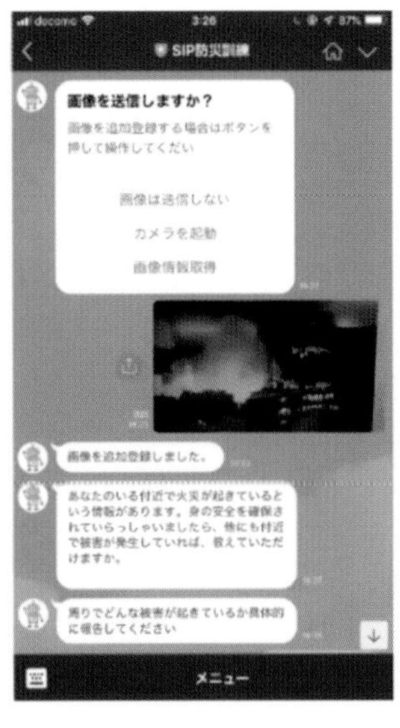

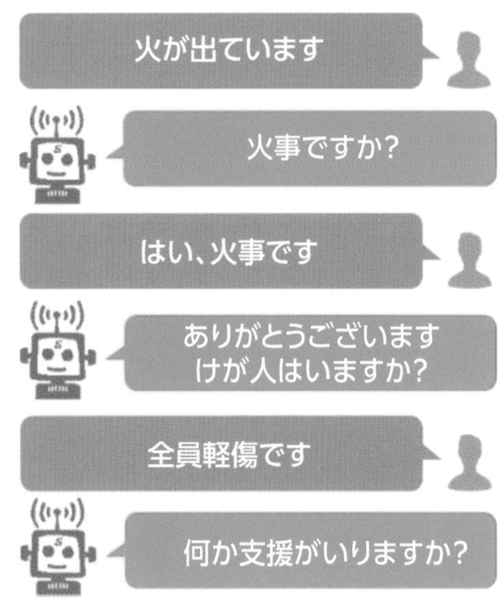

→コミュニケーション×AIによる情報収集

（出典：2018年12月21日実施の神戸市におけるSIPチャットボットの実証実験結果より）

●防災チャットボットSOCDAによる「推定や公式情報では把握されていない被害の検出」（2021年２月13日福島県沖地震の事例）

すでに社会実装が進んでいる南相馬市において、市民から自発的に投稿された情報をAIで自動分類し、「水道トラブル」が顕著であることを発災後数時間で把握。**公式情報や推定情報では現れない被害を、社会動態情報から検出**可能であることを実証。

（図版：防災科研）

りとりしたため、夜中の地震だったにもかかわらず、翌朝には自治体が災害の状況を速やかにつかむことができた。このときは水道のトラブルが多かったことが把握されていた。

なお、このときの地震では、SIP4Dに共有される各種情報には、南相馬市は被害なしと想定されていた。しかし、このチャットボットでは、実際はさまざまな被害が起こっていたことが把握できている。詳細で正確な状況把握には自然観測と社会観測の両面からのアプローチが必要であることを示した事例である。

多くの人がスマートフォンを持ち、SNSを活用している中、これを使わない手はない。一人ひとりが持っている情報は小さくても、たくさんの人が同じように対応することでビッグデータとなり、これを1つの情報として集約すれば、非常に有用な情報になりうる。個人個人の1つの情報提供がみんなの役に立つのなら、これを「新しい共助」と捉えることもできるのではなかろうか。

■“だいふくあまい”で SNSと付き合おう

その一方で、SNS上には災害時に間違った情報や、不安をあおるデマが流れることがある。たとえばTwitterのような個人が匿名で自由につぶやけるツールでは、どこまでが本当かわからないデマが含まれていることもある。

デマに惑わされないためには、自治体などの信頼できるアカウント以外は見ないようにすることも有効だ。そもそも「SNSにはデマが流れることがある」という意識を持って接することが大事。疑わしい情報は簡単に信用しない姿勢が大切だし、また、誤った情報やデマをリツイート・リポストなどで拡散しないように注意しよう。それをうのみにした人がさらにリツイートすると被害の正確な把握からますます遠ざかってしまう。

一例として、熊本地震の際に「動物園からライオンが逃げ出した」というデマ情報がネットに出回り、不安になった住民から動物園に100件を超す電話が相次いで、災害対応業務に支障をきたしたケースがある。

こうした間違った情報に惑わされないために、LINEみらい財団は災害時のSNSの活用で気をつけたいことを、「だいふくあまい」というキーワードにまとめている。

【受け取る際の注意点】

だ＝誰が言っているのか？

その情報は誰が言っているのかを確認すること。まったく知らない人からの情報だったり、IDを見ても想像できない人が言っている場合は、まずは疑ってみること。

い＝いつ言ったのか？

リアリティのある写真が送られてきたりすると、現実にそれが発生しているものと考えるのは無理もない。そこで、送られてきた時間をよく見てみよう。リアルタイムではなく数日前のものだったということもある。こんなフェイクにだまされてはいけない。

ふく＝複数の情報を確かめたか？

1つの情報だけでは必ずしも本当の情報かどうかわからない。そこで関連の情報を調べてみる。同じ件について複数の人が報告したり、異なった角度から撮った写真があったりすると、真実味がぐっと増す。

【発信するときの注意点】

あ＝安全を確認しよう

事故や災害が発生したからといって、危険な現場に写真を撮りに行ったりしないこと。安全を確認しないまま行動すると、自分の身に危険が及ぶ場合がある。

ま＝間違った情報にならないかと考えてみる

「この写真は古くて、いまその場のものではないけれど」と注意して発信したつもりでも、まさにいまそこで起こっているように錯覚させ、デマのもとになる可能性もある。「現実に起こっている」ものでない限り、発信するのはやめよう。

い＝位置情報を上手に使う

発信する場合は、発生場所を正確に伝えること。その被害がどこで起こっているのかわからないと救助にも行けないし、避難行動もとれない。発信する文章の中に、「いま、どこで、どんな具合の災害が発生している」という詳細な情報を載せること。救助活動や避難行動に役立つ。

また、個人情報がわかる投稿をしないことも大切。誰でも閲覧できる状態のSNSアカウントでは特に、個人情報（家の住所や現在の居場所、家を留守にしているかどうかなど）がわかるような投稿は控えること。空き巣やストーカーなどの被害に遭う可能性もあるからだ。

情報をどう見極めるか

情報は、「だいふく」で見極めよう

れが言ってるの？

つ言ったの？

すうの情報を確かめた？

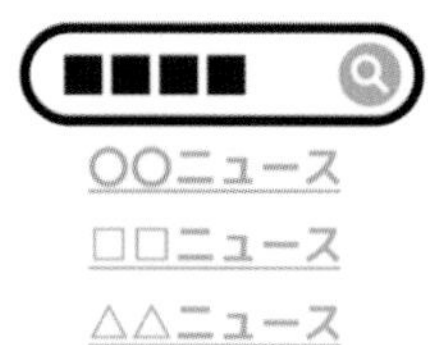

情報をどう発信するか

災害情報の発信は、「あまい」を意識しよう

安全を確認しよう

間違った情報にならないかな？

位置情報を上手に使おう

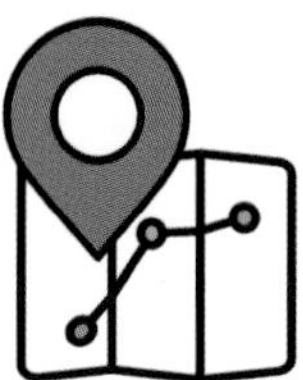

（一般財団法人LINEみらい財団教材「情報防災訓練」より）
https://line-mirai.org/ja/events/detail/63

35 デジタルツインの活用

デジタル技術の急激な進歩とともに防災の分野でもテクノロジーを存分に生かした取り組みが行われている。そこで注目されているのが、現実の世界をそのままデジタルの世界に再現する「デジタルツイン」。デジタルツインは予測に基づく試行と現実の変革による「攻めの防災」を実現する「未来の防災」の姿である。

■仮想空間に現実の"双子"をつくる

現実に起こる自然現象をいかに理解するか、その自然現象が起こったとき、社会でどんな事象が発生するか、それをいかに把握してどのように対処するか……防災研究は、これらの課題に科学的手法で取り組むことだといえる。そのための1つの方法として、現実世界の都市空間や自然地形などをデジタル空間の中に「双子のごとく」再現し、自然災害や対応に関するさまざまなシミュレーション（試行）を行い、その結果を現実世界の変革に役立てようという試み、それが「デジタルツイン」である。

現実の街をデジタル空間の中に再現するということは、写真や映像、測量の技術などを使って人工構造物などの外見を再現するだけでなく、その構造や耐震強度、その街に住む人口、経済・産業の統計情報、土地利用、自然環境、行政情報など、ありとあらゆるデータを駆使して現実の街にできる限り近い属性を備えたデジタルモデルを構築するということだ。

そのうえで、外力としての自然現象の動態データ、人の行動、物流、交通流などの社会的事象の動態データを入力し、デジタルモデルを使ってシミュレーション（試行）を行う。その結果をもとに現実世界を変革していこうというのがデジタルツインの考え方だ。再現・試行・変革の3つがそろうことが重要だ。

さらに、変革には2つの方法がある。1つは、「フィードバック」、もう1つは「フィードフォワード」である。前者は、すでにある現実の街、現行の計画や制度を「こう変えたほうがより良い」という考え方で変革する方法。後者は、試行した結果を踏まえて未来を想像し、新たに取り組まなければいけないものについて提案をするという変革の方法。つまり、すでにあるものを改善していくのがフィードバック、未来を先取りして、まだないものを創造していくのがフィードフォワードというわけだ。

デジタルツイン活用の意義は、特にこのフィードフォワードを可能にするところにある。それこそが「攻めの防災」の意味するところである。

■静岡県のデジタルツインの試み

デジタルツインの概念が現場で活用された一例として静岡県の取り組みがある。

2021年7月3日に熱海市で発生した土石流災害のときのことだ。

静岡県では、静岡県未来まちづくり室を拠点に、デジタルツインの取り組み「バーチャル静岡」を6年前から始めていた。測量の技術を駆使して、県内の構造物や自然地形のデータを蓄積し、オープンデータとして公開してきたのだ。

熱海市で土石流が発生したとき、県の担当者や大学の研究者、データ分析の専門家らによる産官学のメンバーがSNS上でチームを結成し、このデータを活用して災害状況の把握と二次災害の防止に取り組んだ。調査の結果、5万㎥が土石流となって被害を及ぼし、さらに2万㎥が流出して二次被害が発生するおそれがあることが予想された。そこで、土砂が崩れる兆候を検知し警報で知らせるセンサや、定点観測カメラを設置した。

このように、現場のデジタルデータがすでにあったことや、オープンデータ化により速やかに知見を集めることができたことにより、先手を打って対策を立てることができた。まさにフィードフォワードの好例である。

災害が予想されるとき「ここで手を打たなければ住民に大きな影響が及ぶ」と決断し、先回りして対策を講じるのがフィードフォワードだが、言葉による説明だけでは具体的なイメージがつかみにくい。仮想空間で自由なシミュレーションを行い、その結果をリアリスティックに「見える化」することができれば、誰でも理解しやすく、活動に結びつきやすい。

●デジタルツインの概念図

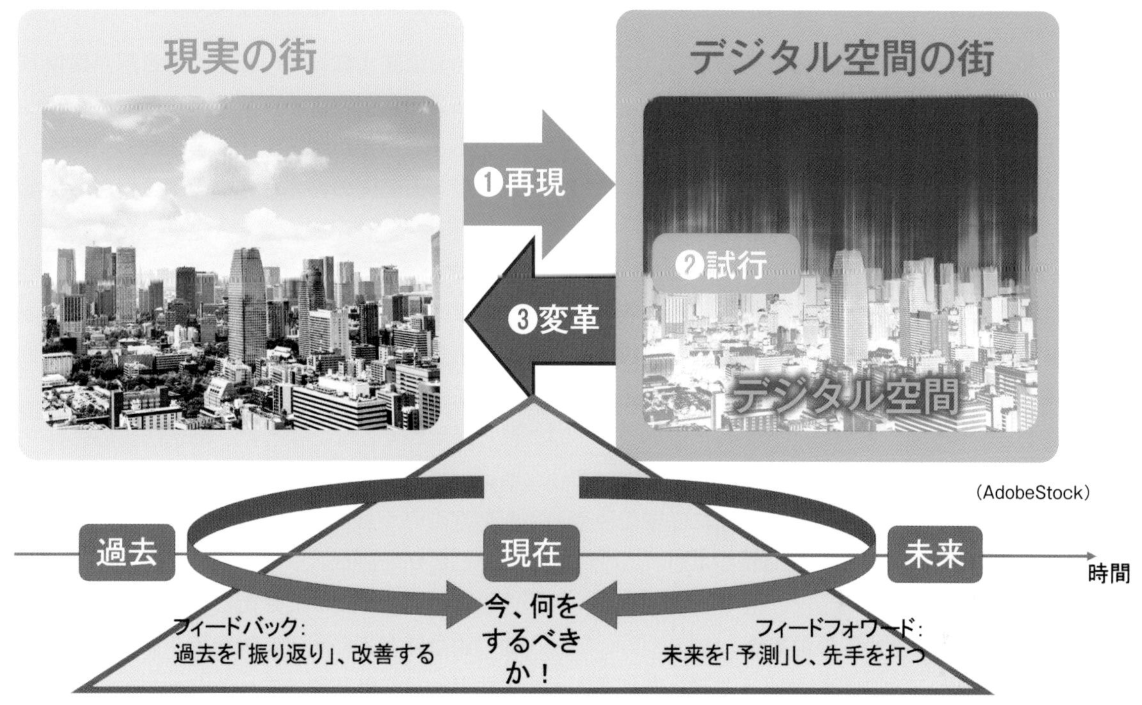

(図版:防災科研、編集部)

個人でできる防災

災害が起こる前に取り組む防災としては、地区防災計画(Chapter3-24)やマイ・タイムライン(Chapter3-25)について触れた。では、実際に災害が起こったときに具体的にどんな行動をとればいいのだろうか。災害を想定してイメージを膨らませておけば、そのときに落ち着いて行動できるはずだ。東京都の発行する『東京防災』を参考に解説する。

■発災直後の行動に気をつける

地震は予期せぬときにやってくるから、まずは落ち着いて、テーブルや頑丈な家具の下に逃げ込むなどして身を守り、揺れが収まるのを待とう。その次に以下の行動を開始する。

・火元の確認

地震発生時に火を使っていたら、揺れが収まってから落ち着いて火元を確認しよう。コンロの火だけでなく、暖房や給湯器なども運転を停止する。

・出口を確保する

いつでも建物から脱出できるように部屋の戸や窓、玄関を開け放って出口を確保しよう。

・スリッパや靴を履いて移動する

揺れが収まって室内を移動するとき、もし室内に割れたガラスや陶器などが散乱していたら、スリッパや靴を履いて移動する。

・トイレや浴室にいるとき

トイレや浴室にいるときに揺れに見舞われたら、閉じ込められないようにドアを開け放って出口を確保する。浴室から出るときには洗面器などで頭部を守り、安全な場所に移動する。

・外にいるとき

ブロック塀やガラスから離れ、かばんなどで落下物から頭を守る。パニックにならないように落ち着いて、学校であれば先生、駅やお店では係員の指示を聞こう。

■揺れに対する室内の備え

阪神・淡路大震災時の死者の約８割が建物の崩壊や家具の転倒による圧死であったことが知られている。こうした地震の死傷者を減らすには、揺れに対する室内の備えと建物の耐震化が必要だ。

・なるべく部屋に物を置かない

まず室内においては、「室内のレイアウト」「転倒防止」の備えが必要だ。寝室のベッドや布団のそばにタンスや書棚がないだろうか。就寝時にこれらが倒れてこないように、転倒防止の金具やつっぱり棒を設置するなどの処置をしたり、そもそも寝室にそうした家具を置かないレイアウトを考えることが必要だ。

また、家具が倒れてきたとき出入り口をふさがないようにドアの周辺に物を置かないようにする。

オフィスや自宅ではキャスターがついているキャビネットや棚がある場合は、キャスターをロックしておく。テーブルやイスのすべり止めの処置をしておくことも大切だ。

キッチンにはガラスや陶器、刃物が収納されているため、地震のときに物が飛散すると凶器になる。食器棚は壁にネジなどで固定し、棚の扉はロック機構を設置するなどして、揺れで開閉することのないようにしておく。

・避難経路を確保しておく

ドアや避難経路をふさがないように家具の配置やレイアウトを工夫する。部屋の出入り口や廊下には家具類を置かないように。また、引き出しの飛び出しに注意し、家具を置く方向を工夫する。

● 室内の備え

1　なるべく部屋に物を置かない。

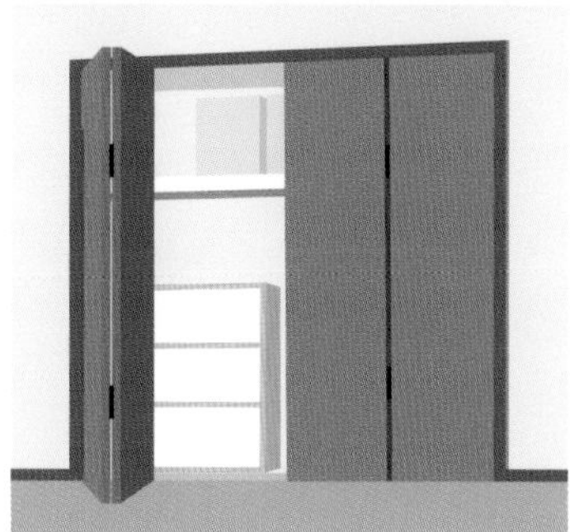

緊急地震速報のとき、物を置いていない空間に逃げれば安全。

2　避難経路を確保しておく。

部屋の出入り口や廊下には家具を置かない。部屋の家具も引き出しの飛び出し方向を考えて置く方向を決める。

3　火災などの二次災害を防ぐ。

火は揺れが収まったら消す。発火の危険性がある家具や家電は転倒に注意。家具や衣類のストーブ上の落下にも注意。

（「東京防災」を参考に編集部が作成）

・火災などの二次災害を防ぐ

家具類がストーブに向かって転倒したり落下・移動すると、火災などの二次災害を引き起こすこともある。発火の恐れがある家具・家電にも、転倒・落下・移動対策が必要。なお、揺れが収まっても、ガスに引火する危険があるので火はつけないこと。火災の危険を防ぐために、感震ブレーカーの設置が推奨されている。

■住居の耐震化

1981年６月１日に改正建築基準法が施行されたため、これ以降に建てられた建物については耐震性能が備わっていると考えられている。しかし、これ以前の建物は大地震に対する安全性が十分ではないと考えられる。

以下のチェックシートにしたがって、自宅の耐震性能をチェックし、多くの項目に該当するようなら専門家による耐震診断を受けよう。

● 住宅耐震化チェックシート

- □ 1981年５月31日以前に建てた家である。
- □ 増築を２回以上している。増築時に壁や柱の一部を撤去している。
- □ 過去に床上・床下浸水、火災、地震などの大きな被害にあったことがある。
- □ 埋立地、低湿地、造成地に建っている。
- □ 建物の基礎が鉄筋コンクリート以外である。
- □ 一面が窓になっている壁がある。
- □ 和瓦、洋瓦などの比較的重い屋根葺(ふき)材で、１階に壁が少ない。
- □ 建物の平面がＬ字型やＴ字型で、凸凹の多い造りである。
- □ 大きな吹き抜けがある。
- □ 建具の立て付けの悪さ、柱や床の傾きなどを感じる。
- □ 壁にひびが入っている。
- □ ベランダやバルコニーが破損している。

＊以上でチェック項目が多い場合は専門家の診断を受けること。

（『東京防災』より）

■「備蓄」と「非常用持ち出し袋」を用意する

災害が起こった場合、その種類によって在宅避難と避難所という２つの選択肢がある。在宅避難の場合は、電気・ガス・水道などのライフラインが断たれた場合に備えて備蓄が必要であり、避難所の場合は非常用持ち出し袋も必要となる。災害用の備えとしては「備蓄」と「非常用持ち出し袋」の２つの観点から考えておくようにしよう。

■備蓄のコツ

備蓄品に関しては、通常、家庭の冷蔵庫には家族分の飲料や食料が３日分程度入っているはずなので、プラス４日分を用意し、計１週間分の準備が目安だ。

最近はレトルトソースが充実しているのでパスタを準備しておけば、飽きずに食べられるだろう。缶詰と合わせていろいろな味付けにもできるので、パスタは多めに準備しておきたい。ただ、避難所の食事は炭水化物に偏ってしまい、ビタミン・ミネラルが不足しがちになるため、青汁やドライフルーツ、フルーツシリアルなどで栄養を補えるようにしておくとよい。

■備蓄は「ローリングストック」で

かつての災害用備蓄は、乾パンやヘッドライトなど日常的に使わないものを備えておく特別な準備と考えられていた。しかし、それだといざとなったときに賞味期限が切れていたり、電池が腐食して使えないなど、管理の難しさがあった。昨今の備蓄は、普段利用している食料品や日用品を少し多めに準備しておく「日常備蓄」で十分であるという考え方になってきた。

水やレトルトご飯、麺類、缶詰やレトルト食品、菓子類など多めに買っておき、少なくなったら買い足しておく「ローリングストック」ならムリなく備蓄できる。

●備蓄は「ローリングストック」

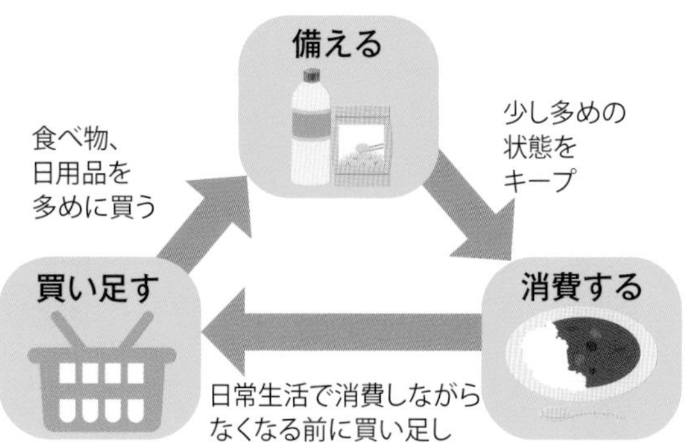

P165のチェックリストを参考に、日常生活を思い起こして自分なりの必需品を書き出してみよう。

■非常用持ち出し袋

避難場所に避難する際に当面必要となる最低限の品を非常用持ち出し袋として準備しておけば、緊急時にも慌てることなく必要なものを持ち出すことができる。避難所での生活をイメージし、自分の生活で必要なものを厳選し、リュックサックなど１つにまとめて納めておく。この持ち出し袋を玄関のすぐに取り出せるところに置いておけば、急いでいるときでも忘れずに持ち出せる。重量は、背負って走れる重さのものを準備する。

■生活環境に合わせて準備する

食料品や日用品の備蓄、非常用持ち出し袋や貴重品の管理においては、自らの生活環境に合ったものにすることが必要だ。せっかくこれらのものを準備しても、非常時に使えなければ意味がないからだ。たとえば、常備薬や財布などの貴重品は、寝床の周辺にきんちゃく袋などにまとめて入れておき、避難のときには玄関に置いておいた非常用持ち出し袋にそれを入れて、避難所に向かうという方法がある。また、食物アレルギーのある人、乳児や高齢者のいる家庭、ペットを飼っている家庭でも準備すべきものは異なる。

●「非常用持ち出し袋に入れておくものの例」

- □ **飲料水**（500mlペットボトル2本）
- □ **医薬品**（マスク、消毒薬、鎮痛剤など）
- □ **衣類（防寒具）**
- □ **アイマスク、耳栓**
- □ **ロープ**
- □ **ビニール袋**（大小3、4枚。半透明・黒色）
- □ **ウェットティッシュ**（携帯用のものを数パック）
- □ **ガムテープ**
- □ **風呂敷、てぬぐい**
- □ **ローソク、マッチ、ライター**
- □ **筆記具**（油性マジック、ボールペン）
- □ **貴重品**（財布、印鑑、通帳、現金など）
- □ **懐中電灯**
- □ **携帯ラジオ**

●キャンプ用品をまとめておけば避難グッズになる！

・ポータブル電源
USBだけでなく、100V用のコンセントを備えて家電が使えるものや、DC出力を備えているものもある。スマホの充電などに重宝するため、ソーラー充電のできるパネルとセットで購入しておくとよい。

・ランタン、ヘッドランプ
災害時には停電がつきものでランタンは必需品。夜間の避難やさまざまな行動のときにはヘッドランプが役に立つ。ガスボンベで点灯するライトもあると重宝する。

・カセットコンロ、バーナー、クッカー
お湯を沸かしたり、煮炊きするのに便利。アウトドア用コンロや携帯型燃料なども用意しておくとなおよい。クッカー（持ち運べるナベやフライパン）も便利。

・テント
避難所では段ボールで囲えてもプライベート空間を保ちにくい。簡易なテントがあれば、安心して過ごせる。

・寝袋、マット
寝具が不足することがある避難所では寝袋があると安心。段ボールを敷いた上にさらにマットで覆えば、床からの冷気を防ぐことができ、寝心地も良くなる。

●「備蓄品チェックリスト」

□ **飲料水**
（1人1日3l（リットル）が目安。飲用のみで最低3～4日分）

□ **非常食（家族が3日間困らない程度）**
- レトルト食品（ご飯、カレーなど）
- インスタント食品（カップ麺）
- 菓子類　● 缶詰　● 乾麺
- 野菜ジュース　● 調味料

□ **医薬品**
- 常備薬　● 三角巾
- 包帯　● ガーゼ
- 脱脂綿　● ばんそうこう　● はさみ
- ピンセット　● 消毒薬　● 整腸剤
- 持病のある人のための薬　● 生理用品

□ **衣類（重ね着のできる衣類）**
- 防寒具　● 毛布　● 下着類
- 靴下　● 軍手　● 雨具

□ **停電対策**
- 懐中電灯　● ランタン　● ろうそく
- マッチ　● 携帯ラジオ　● 予備の電池
- 携帯充電器・手動発電機

□ **緊急時の避難・救助用**
- 笛　● コンパス
- ナイフ　● ロープ
- 懐中電灯　● シャベル
- バール、ノコギリなどの工具

□ **長期避難用グッズ**
- 燃料　● 卓上カセットコンロ
- ガスボンベ　● 固形燃料
- 調理用具　● 寝袋
- 洗面用具　● ティッシュペーパー
- トイレットペーパー
- ウェットティッシュ
- 新聞紙　● カイロ
- バケツ　● ラップ　● ビニールシート
- 断水に備えて携帯用トイレ・簡易トイレ
- 紙袋　● ビニール袋

（『東京防災』を参考に編集部作成）

大地震の心得

いざ大地震発生！というときに適切な行動がとれるように、
ふだんから心がけていることが大切です。
地震の被害を防いだり、軽くしたりするために、
ぜひ実行してほしいことを標語にしました。

丈 夫な机、テーブルに身をかくそう

グラッときたら、まず丈夫な机やテーブルなどの下に身をかくし、落ち着いて次の行動を考えましょう。

ゆ れがおさまったら火のしまつ

ゆれているあいだは、熱湯や油でやけどをすることがあります。無理をせず、ゆれがおさまってから、あわてずに火のしまつをしましょう。

※火が天井に届いたら、ひなんが優先です

あ わてて戸外にとび出すな

あわてて戸外にとび出すと、窓ガラス・タイルなどの落下物が多いので、とても危険です。

せ まい路地・へいの近くをさけよう

広い道・広い庭などにひなんしましょう。ブロックべいなどがたおれてくるので注意しましょう。

落ちついて行動をはじめよう

ゆれがおさまったら、落ち着いて、適切な行動をはじめるようにしましょう。ただし、大きな地震では、余震がいくつも続いて発生することがあるので注意しましょう。

海岸や川の近くでは津波に注意 すぐ高台へひなんしよう

津波は、地震直後にやってくることもあります。海岸付近や川沿いでゆれを感じたら、すぐに高台へひなんしましょう。強いゆれがなくても津波がくることがありますので、注意しましょう。

山地では山くずれ 傾斜地ではがけくずれ

大地震では山くずれや、がけくずれが発生します。谷に住む人はふだんから注意し、いざというときはすぐにひなんしましょう。

人命救助にも消火が第一

大地震では、まず第一に火を出さないようにしましょう。出火した場合は、まわりの人と協力してすぐに消火することが、多くの人命を救うために大切です。

確実な情報を得よう

大地震のあとはデマがとぶことがあります。ラジオやテレビなど、発信元の確かな情報を得るようにしましょう。

われがちの行動は混乱のもと

移動やひなんに自動車を使うと、交通の混乱をまねき、緊急車両の通行のさまたげになります。順番や、きまりを守り、協力しあうことが大切です。

（防災科研のパンフレット「そのときに備えて」より）

COLUMN 日頃から頭に入れておく「災害対策」心がまえ

● 大雨・暴風

☆風水害は事前の備えが大切

・最新の気象情報に注意

注意報→警報→特別警報の順に危険度が増す。重大な災害が出る前に早目の避難行動を。

・特に注意が必要な気象条件

梅雨前線（春〜盛夏）
秋雨前線（夏〜秋）
台風（7月〜10月頃）
高潮（特に湾岸部・沿岸部）

・特に注意が必要な場所

低地帯（大雨で冠水の恐れ）
地下室・半地下室（建物や道路より低い場所）
河川（大雨で氾濫（はんらん）の危険性が高い）
山間部（大雨による土砂災害の危険性）

● 風水害から身を守るには

・情報を聞く
・浸水危険箇所を知る
・排水設備の点検、清掃して排水を良くする
・土嚢などで簡単な浸水防止措置をとる
・地下にいたら速やかに避難する

● 集中豪雨から身を守るために

・河川や用水路には決して近づかない
・地面より低い道（アンダーパス）は通らない
・地下・半地下から避難する
・冠水している道路は通らない

● 土砂災害

☆前兆を知っておく

・崖崩れ→崖のひび割れ、小石が落ちてくる。崖から水が湧き出る。地鳴りなど
・地すべり→地面のひび割れ、陥没、亀裂、段差、崖や斜面から水が噴き出るなど
・土石流→山鳴り、川の水の濁り、流木など

● 土砂災害から身を守るために

・土砂災害危険箇所を知る
・避難場所の確保

● 落雷

・樹木などの高いものに近づかない
・開けた場所は直撃されやすいので危険。鉄筋コンクリートの建造物、バスや列車の内部に避難
・安全な場所がないときは、電柱など高いものから4m以上離れる。姿勢を低くしてやり過ごす

● 竜巻

・屋内なら窓から離れて頑丈なテーブルの下に
・屋外では頑丈な建物の中に。あるいは物陰やくぼみに隠れる

● 火山噴火

・防災マップで危険地域を確認
・指定避難場所を事前に確認

（各種資料をもとに編集部作成）

COLUMN 知っておきたい「安否確認」「緊急時の連絡」のしかた

・災害用伝言ダイヤル

災害時に家族や親族、知人の安否確認のためにNTTが災害用伝言ダイヤルを設置している。「171」に電話をかけると、案内メッセージに沿って被災者が伝言メッセージを録音できたり、その他の人がそれを聞いたりすることができる。

●災害用伝言ダイヤル

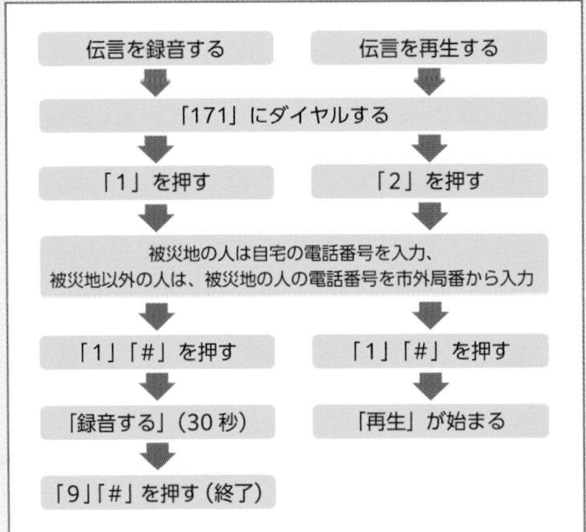

・災害用伝言板

携帯電話各社は文字を使った安否確認サービスを提供している。携帯メニューからポータルサイトにアクセスすることで、掲示板に伝言を残したり、それを閲覧したりすることができる。

●災害用伝言版

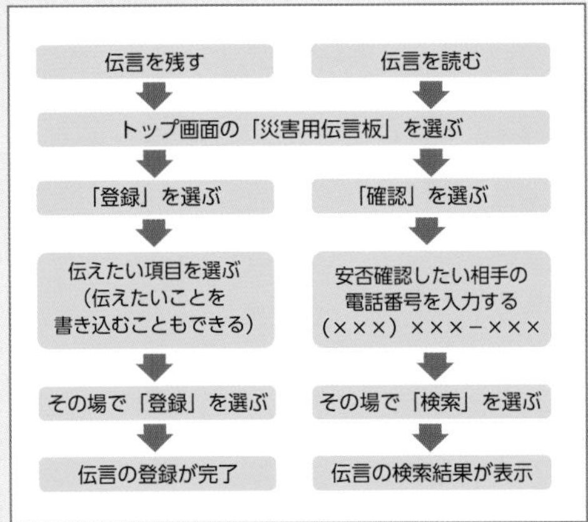

(いずれも『東京防災』より)

・家族の一員・ペットの安全も守ってあげよう

【避難にあたって】

災害が起きたとき、自分自身の身を守ることが最優先だが、家族と、家族の一員であるペットの安全についても考えておきたい。

・避難に備えて、ペット用の水とフードを日頃から備えておく。
・一緒に避難できるように最低限のしつけを行い、キャリーバッグにも慣れさせておく。
・キャリーバッグを抱えて避難できるようなルートを事前に確認しておく。

【避難所では】

避難所では、ペットと一緒に生活する「同伴避難」ではなく、人間の生活場所とは別のスペースで過ごす「同行避難」が推奨されている。動物用のスペースを確保し、そこに飼い主が通って世話をすることになる。

・慣れない環境でパニックを起こさないために、普段からゲージに慣れさせておきたい。
・動物が苦手な人や、アレルギーを持っている人のことも考慮し、避難所のルールに従って迷惑をかけないように世話をすることが大切。

【迷子にさせないために】

・マイクロチップを装着しておく。

過去の災害ではペットと離れ離れになると飼い主のもとに戻れないケースが多く見られることから、所有確認のできるマイクロチップの活用も考えておきたいものだ。
(※すでに2022年からペットショップで販売される犬猫についてマイクロチップの装着と登録が義務化されている)

(環境省のパンフレットなどを参考にしました)

37 避難生活・復旧までを耐え抜く

かつては避難所に行くことだけが避難と考えられていたが、いまは在宅避難や遠隔避難、ホテル避難など、避難所以外の避難方法も認識されるようになってきた。自宅や職場で被災したとき、どうすべきかだけでなく、自分なりの避難生活を送るための準備をしておこう。『東京防災』を参考に解説する。

■避難の判断

・まず正しい情報を得る

地震などの揺れが収まったら、行動する前にまず「正しい情報」を得るようにする。停電時でも聞ける電池式（または充電式）ラジオ、スマートフォンのラジオやテレビ、消防署や行政のサイトから、正しい情報を得るようにする。

・SNSを活用する

SNSは貴重な情報源だが、災害時は不正確なうわさや情報が流布することがある。そんな情報をそのまま信じることなく、ダブルチェックでどれが正しそうか見極めよう。

・家族の状況を確認

揺れなどが収まったら、一緒にいる家族同士でケガがないか、家に危険がないかを確認する。

・家の内外を目で確認

次は家の中をチェック。火の始末はできているか、避難経路までの道は大丈夫か。ラジオなどの情報に耳を傾けながら、しっかりと周囲の状況を判断する。

・『東京防災』は一家に一冊、常備しておきたい。都民でなくても役に立つ。

■在宅避難という考え方

自宅が安全そうなら、避難所に行かずにそのままとどまって様子を見る方法もある。避難所では環境の変化によって体調を崩す人もいるため、自宅にい続けることができるなら在宅避難という選択肢を持っておきたい。

・事前に住宅の耐震化を進めておく（P163表）
・食料品や日用品を備蓄（P165表）
・ガス・電気・水道の代替品を用意

ガスはカセットコンロ、電灯は乾電池で作動するヘッドランプを用意。水は日頃からペットボトルなどを多めに用意し、近所の給水拠点を確認しておくこと。なお、在宅避難者も地域の避難所では食料の支給を得られるので、避難所は救援の拠点となることも知っておきたい。

・下水道を確認

下水が溢(あふ)れ出していないか、自宅の排水設備が壊れていないかを確認。使用できない場合は、備蓄した携帯用（非常用）トイレや行政が用意したトイレを使用する。

・遠隔避難や垂直避難に備えておく

水害などに備えて事前に親戚や知人の家、あるいは遠隔地にあらかじめ避難しておく「遠隔避難」、２階に避難する「垂直避難」がある。水害時には垂直避難したほうがいい場合もあるので、その場合に備えて、あらかじめ家電や備蓄品を２階で使うことも想定しておこう。

■避難所という選択肢

自宅で生活できなくなった人を、公共施設に一時的に受け入れるための場所が避難所だ。避難所生活を余儀なくされたほとんどの人が「自分がまさか避難所に行くことになるとは思わなかった」という。そうならないために、避難生活を想定した準備を進めておくことが大切だ。

まず、各自治体では細かな地域ごとに必ず避難所が設定されているため、役所やその出張所などの防災マップで場所を確認しておくこと。ただし、この避難所は災害の種類によって区別されている場合もあることは知っておきたい。居住地ではどのような災害リスクがあるのかを判断したうえで、地震のときと水害のとき、その他のときでどの避難所に行くのかを想定しておこう。

■避難所生活

避難所では、まず受け入れ準備が行われ、レイアウトづくりができたら、受付を設置して避難者を受け入れ始める。自分が避難所に入るときにはまず受付で住所と家族の氏名・年齢のほかに連絡先を申告する。避難所は、住民自らが運営することが基本なので、避難した人たちが協力して運営することが必要となる。

避難所ではルールとマナーを守って過ごすことが重要だ。他の人の居住スペースに立ち入ることのないようにし、騒音や臭いにも注意しよう。それぞれが自分にできる役割を果たすようにしよう。

●「いまやろう」

それぞれの項目をチェックしてください。

□ 家具類の転倒防止をしよう

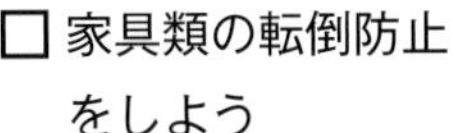

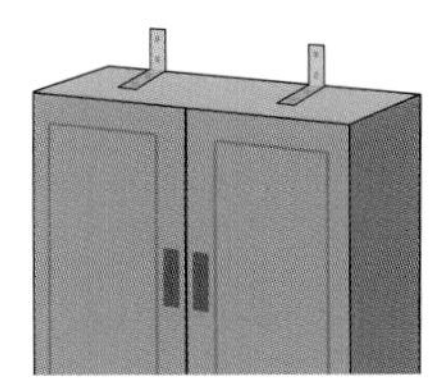

□ 耐震化チェックをしよう

□ 日常備蓄を始めよう

□ 非常用持ち出し袋を用意しよう

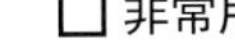

□ 避難先を確認しよう

□ 家族会議を開こう

□ 大切なものをまとめておこう

□ 部屋の安全を確認しよう

□ 災害情報サービスに登録しよう

□ 防火防災訓練に参加しよう

（図は『東京防災』を参考）

●体調維持には体温調節と睡眠対策

避難所生活は普段と違う生活環境になるため、体調を崩しがちになる。特に体温調節と睡眠については以下の点に留意しながら、体調管理に努めよう。

・体温調節

夏は適切な水分補給を行い、風通しの良い日陰で過ごすようにする。冬は効率的に暖をとれるようにする。たとえば、新聞紙は腹巻にしたり、靴下と重ねてはくなどすると温かいので重宝する。

保冷剤や湯たんぽは、首の後ろや脇の下などに当てると効率良く体を冷やしたり、温めたりすることができる。カイロは尾てい骨の上に当てると体全体を温めることができる。

アルミシートなど災害用のブランケットも数多く売られている。寒いときだけでなく、暑いときに使えるシートもある。

・靴下と新聞紙を重ねてはく

足元が冷えるときは、靴下をはいた上に新聞紙を巻き、上からさらに靴下をはくことで暖がとれる。

・腹巻をつくる

腹巻をすると体が温まる。２枚の新聞紙とラップを用意し、新聞紙を二つ折りにしておなかに巻き、その上からラップを巻きつけよう。

・他にも役立つアイテム

身につけるもの

・フルーツネット（梱包用ネット）
・ハンカチ　・アルミホイル
・気泡緩衝材　・ラップ

床に敷くもの

・段ボール　・発泡スチロール

・睡眠対策

避難所生活の就寝時では騒音と明るさでよく寝付けないことがある。そのときのためにアイマスクと耳栓は必ず用意しておきたい。夜間はスマホの明かりでも気になる人はいるので、他の人の迷惑にならないよう適切に使いたい。

●簡易ベッドのつくり方

床からの冷気をさえぎるため、ブルーシートの上に段ボールを敷く。さらにその上に発泡スチロールを敷くと効果は高まる上にクッションにもなる。上掛けとして新聞紙を使う。

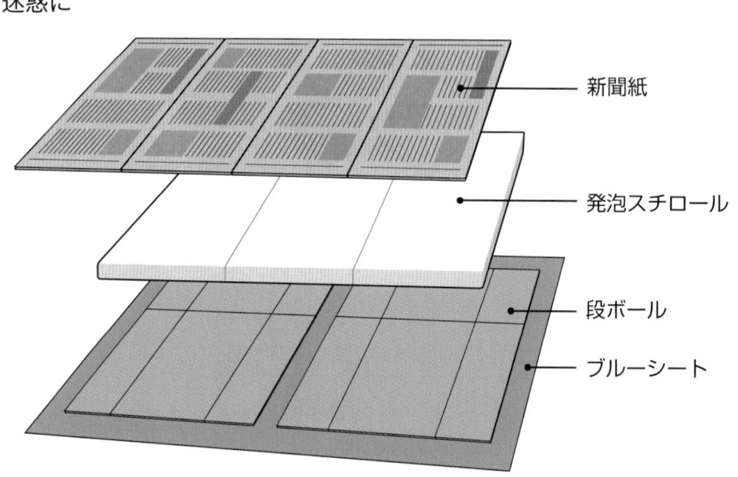

●生活用品を手づくりする

避難所では生活必需品がすぐには手に入らないことはよくある。そのときのために代用品をつくる方法を知っておこう。

・簡易ランタンのつくり方

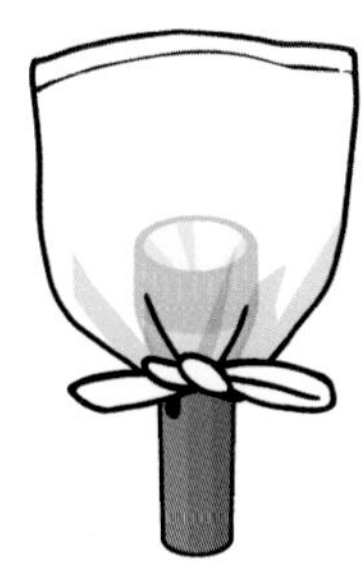

ポリ袋を利用する
材料
・懐中電灯
・白いポリ袋

ペットボトルを利用する
材料
・懐中電灯
・ペットボトル
・水　・ハサミ

懐中電灯を上に向け、その上から白いポリ袋をかぶせると、光が乱反射して拡散し、周囲を明るく照らすことができる（上の図）。

ペットボトルの下から懐中電灯の光を当てても同じような効果が得られる（右の図）。

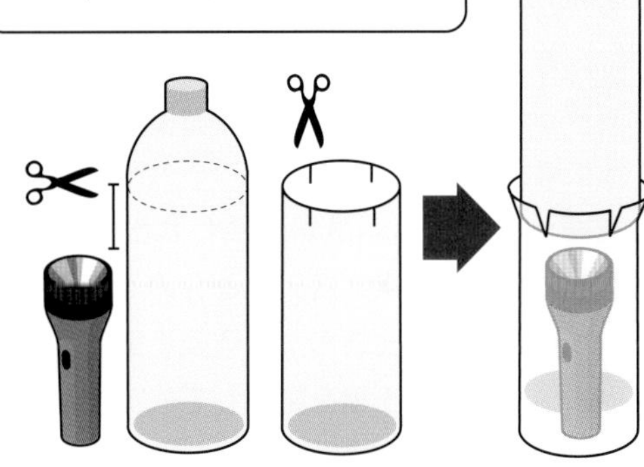

・簡易トイレのつくり方

断水した場合、汲み置きの水があり、排水できる場合はバケツ１杯の水で排泄物を流すことができる。汲み置きの水がなく、排水できない場合はポリ袋と新聞紙を使う。段ボールを用いて持ち運べる簡易トイレをつくることもできる。

排水できない既存トイレ
材料
・ポリ袋　・新聞紙

○排水できない既存トイレ

便座を上げた状態の便器の上からポリ袋を覆いかぶせ、便座を下げて２枚目のポリ袋をすっぽりかぶせる。その中に細かく裂いた新聞紙を入れる。使用後は自治体の指示にしたがって捨てる。

持ち運べる簡易トイレ
材料
・大型バケツ（または段ボール）
・ポリ袋　・新聞紙

○持ち運べる簡易トイレ

大きめの段ボールやバケツを用意し、ポリ袋を二重にかぶせ、中に細かく裂いた新聞紙を入れる。

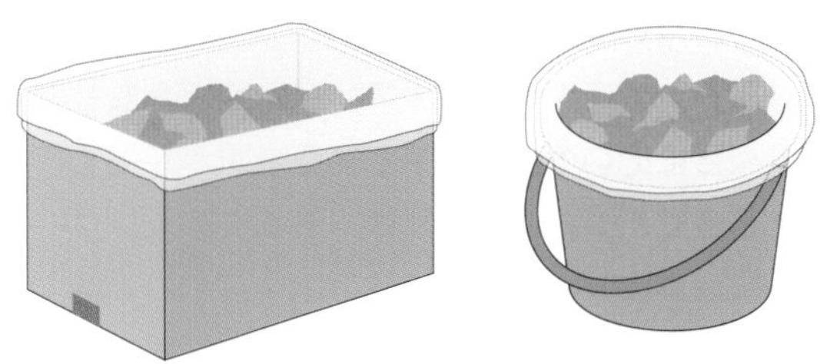

尿を固める凝固剤や消臭機能のあるポリ袋も売られているので、備蓄品として用意しておこう。

38 復興とは

生活を取り戻すために従来の復旧・復興の考え方は進化してきている。被災後、速やかに生活再建に歩みだし、「より良い復興」を実現する方策について改めて考えてみたい。

■ハードの復旧から「生活復興」へ

ありとあらゆる災害が起こる昨今、復旧や復興の考え方も進化している。これまで行政が考える復興や、法律に明記された復興とは、都市基盤を基本に考えられていた。

復興という言葉が最初に使われ出したのは、1923年に起きた関東大震災のときの「帝都復興事業」からで、このときの災害復興事業は、道路をもとに戻したり、土地を整備して住宅を新たに建てたりするなど、都市基盤をもとに戻すことを目的とするものだった。ところが、1959年の伊勢湾台風などを経て、1995年の阪神・淡路大震災の頃になると、道路や街をもとに戻したからといって、人々の生活までもとに戻るわけではないことがわかってきた。そこから「生活復興」という考え方が出てきた。

たとえば、高齢者の場合、仮設住宅で暮らせるようになっても自分の居場所がないといったことや、かつての近所の知り合い、友人と離れ離れになってしまうということが起きたり、仕事を失って生活の糧(かて)を得られなくなったりするケースである。災害時に命は助かったけれども、孤独やそれを原因として心身の病気を患い、自死を選んだり、孤独死のような問題も出てきた。

こうした状況を考えたときに、道路や街をもとに戻すだけでいいのだろうかという疑問が芽生えたことは当然だった。復興とは、あるタイミングで一斉に成し遂げられる“点”のようなものではなく、少しずつ時間がたつうちに変化をしていく“線”のようなものだからだ。

■「生活再建」に必要な７要素

では、人々が「復興した」と感じられる状態とは、どんなことが満たされた場合なのか。「復興の教科書」によると、阪神・淡路大震災から５年経ったころ、被災者が「生活が再建された実感」を語った内容は、右ページの図のように７つの要素に分類できた。

１つ目は「すまい」である。発災時の避難所生活から始まり、仮設住宅暮らし、そして個人住宅や集合住宅の再建支援、災害復興公営住宅への入居などのステップを踏むが、要するに住む場所が確保できたときに復興できたと感じられた人が多かった。

２つ目に多かったのは、「つながり」だった。やはり災害で家に損傷を受けたりすると、もとの地には住めなくなってしまう。親しい人たちとのつながりが絶たれたままだと復興したと思えないということだ。

３つ目に「まち」。つまりハード面の復興である。街の機能や公共建築物が再建されること、そして社会基盤が整備されることが重要だ。

４つ目は「こころとからだ」。慰霊や鎮魂などのイベントも含め、心の傷を癒すこと、同時に健康づくりが不可欠なのである。

５つ目は「そなえ」。安全で安心なコミュニティ形成のために、計画や体制の整備が必要なので、それが次の災害に備えることにもつながる。

６つ目は「くらしむき」。個人支援、事業者支援、産業復興などの項目があるが、要するに再建のための資金提供と、それをもとにした生活再建への道筋のことである。

●「生活再建」に必要だと感じられる7要素

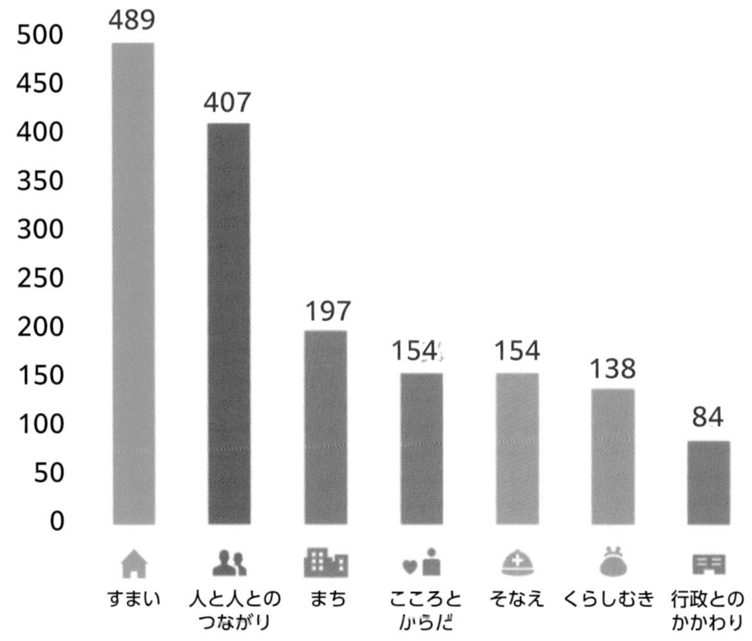

阪神・淡路大震災の被災者と支援者たちを対象に行われた。集められた現場の声の総数は1623。分析の結果、生活再建に必要な要素が７つに集約されることがわかった。　N=1,623

「復興の教科書」
https://oss.sus.u-toyama.ac.jp/fukko/

７つ目は「行政とのかかわり」。市民に対する情報提供、相談サービスなどを通じて、行政が復興に邁進（まいしん）していることを実感して、市民は「復興」を感じるということである。

中でも圧倒的多数を占めたのは「すまいの再建」と「人と人とのつながりの確保」で、２つを合わせると全体の過半数を超えている。「すまい」は生活再建の土台となるものだが、「人と人とのつながり」が同等の重要性を持っていることがわかる。被災者が「すまい」を失って避難所や仮設住宅、公営住宅などに次々に移り住むたびに、それまでの人間関係が失われ、また初めからつくり直さなければならなかったという事実がうかがえる。

ハード面など目に見える復興も大事ではあるけれども、人と人とのつながりや心の健康といった面にもケアの目を向けていくことが必要であることがわかる。

また、２度と同じような災害経験をしたくないという気持ちが「そなえの充実」という気持ちを生む。「くらしむき」も日々の暮らしを支えるためのものであるし、「こころとからだ」は「人と人とのつながり」と同様に、心身を健やかにするための重要な要素である。

P177の図は、東日本大震災の約５年後に実施されたアンケートをもとに作成された「復旧・復興カレンダー」である。震災から５年が経過した時点でも約４分の１が「⑨自分が被災者だと意識しなくなった」とは回答しておらず、被災者としての毎日を過ごしていることが考えられる。ハード面は比較的早く復旧しても、それだけで復興が叶うわけではない。人々のメンタルヘルスを含めた生活全般の回復が必要になるということだ。

この７つの要素はどれか１つに偏るのではなく、総合的にバランス良く保たれることで、「災害からの回復力」となり、それが達成されてはじめて「生活復興」になる。ハード面の復興も住民の生活のためのものであるが、それをもとにした「生活復興」は今後、より重視される概念になるはずだ。

● 復興の3層モデル

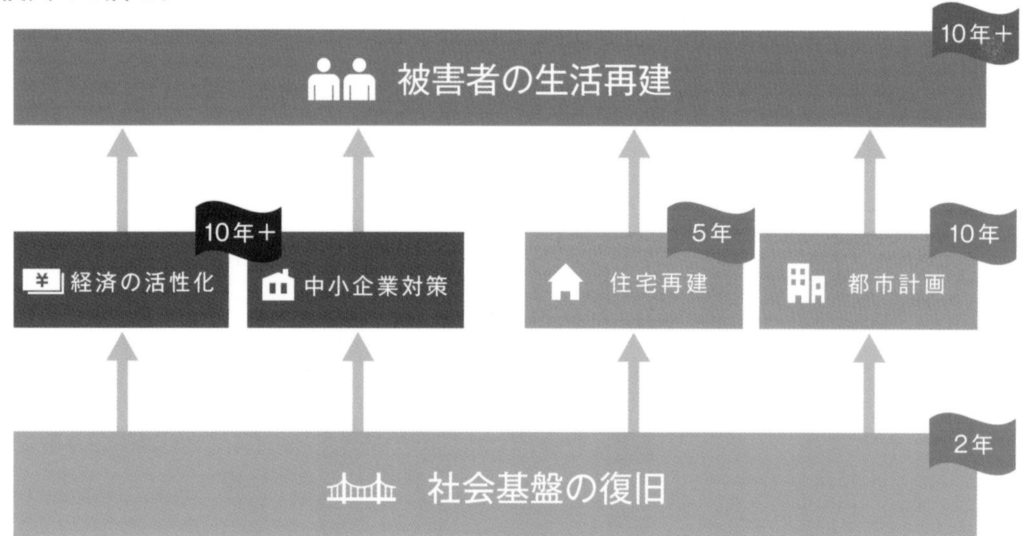

被災者の生活再建を実現するためには、住まいと収入が必要であり、そこでは地域全体での都市と経済の再建が不可欠。そのためには「社会基盤の復旧」が達成されていなければならない。
阪神・淡路大震災では「社会基盤の復旧」には2年。「都市再建」のうち「住宅再建」は5年で完了したが、「都市計画」の実現には10年の歳月を要し、「経済の活性化」や「中小企業対策」は10年では完了しなかった。そのため「生活再建」も10年の時点では「8割復興」にとどまってしまった。下の2層が実現されない限り、3層目の「生活再建」が達成されることは難しい。

「復興の教科書」
https://oss.sus.u-toyama.ac.jp/fukko/

■ より良い復興を目指して

Chapter1-4でも紹介したように、災害からの復興は、災害前と同じ状態に戻すのではなく「より良い復興（ビルド・バック・ベター：Build Back Better)」を目指そうというのが最近の考え方である。「より良い」とは、建物などの構造物を強くするだけでなく、生活スタイルや産業なども含め、人々が安心して暮らせるような仕組みにすることである。

その際に大切なのは、復興の計画や実施のプロセスに被災者も参加し、丁寧な復興を成し遂げていくことだ。同じところに住み続けられない、仕事も変えなければならない、といったことは起こってしまうので、被災者が納得しつつ、新しい街や生活に適応していけるようにする必要がある。

最近では、災害が起こる前に復興まちづくりを考えておく「事前復興」という考え方もあり、計画を策定する市町村も増えてきている。

● さまざまな生活再建支援制度

親や子どもなどが死亡した	→ 災害弔慰金
負傷や疾病による障害が出た	→ 災害障害見舞金
当面の生活資金や生活再建の資金が必要	→ 被災者生活再建支援金 → 災害援護資金
税金の減免を受けたい	→ 所得税の雑損控除 → 所得税の災害減免
住宅を再建したい	→ 災害復興住宅融資
仕事を再開したい	→ 公共職業訓練 → 求職者支援訓練 → 職業訓練受講
学校に復学したい	→ 日本学生支援機構の緊急・応急の奨学金 → 国の教育ローン災害特例措置
事業を再興したい	→ 災害復旧貸付 → 中小企業・農林漁業者への融資制度

（『東京防災』より）

● 東日本大震災（全体）の復旧・復興カレンダー［2016年3月（震災から5年）］

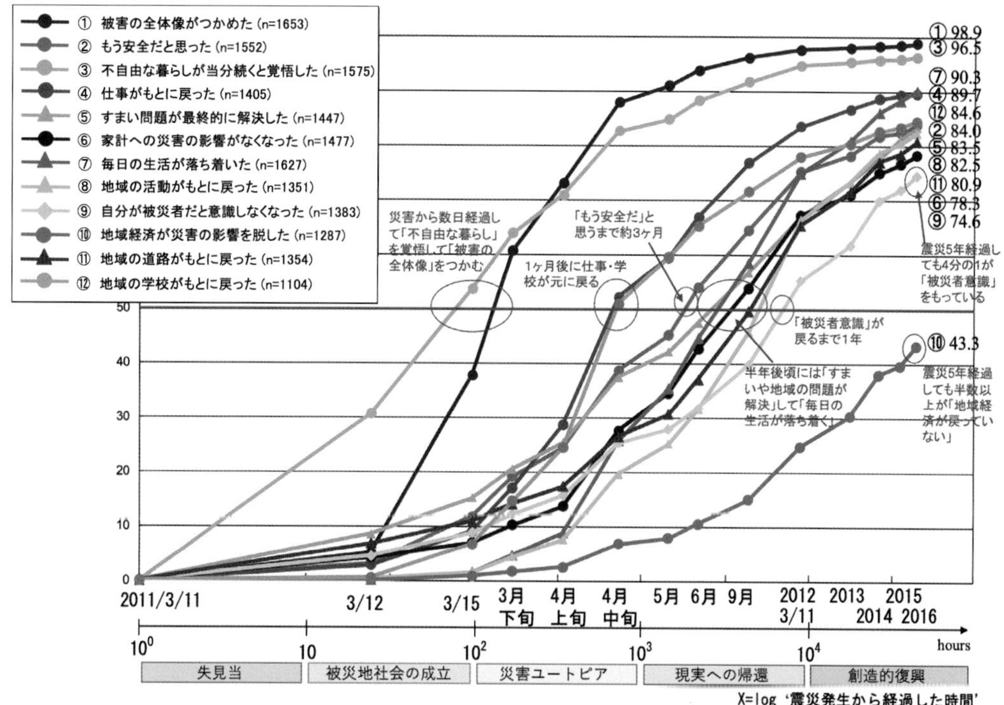

【東日本大震災から５年目の生活復旧・復興過程の現状と課題より】

被災時に岩手・宮城・福島の３県に居住していた人に対して、2016年３月～６月に大学・研究機関が中心となり、岩手県・宮城県・福島県・復興庁が協力した「震災から５年が経過するなかでの東日本大震災生活復興調査」の結果。

最初に過半数を超えた項目は、震災から数日が経過して「③不自由な暮らしが当分続くと覚悟した」「①被害の全体像がつかめた」で、１カ月以上が経過して「④仕事がもとに戻った」「⑫地域の学校がもとに戻った」、３カ月以上が経過して「②もう安全だと思った」と回答していた。

しかし、震災から５年が経過した時点でも、約４分の１が「⑨自分が被災者だと意識しなくなった」とは回答しておらず、被災者としての毎日を過ごしていることが考えられる。また「⑩地域経済が災害の影響を脱した」と感じる人は過半数に届かず、地域経済の問題は依然として被災地に強く残っていることがわかった。

（東日本大震災生活復興調査 調査チーム（兵庫県立大学　木村玲欧氏より提供））
https://kimurareo.com/images/2021/07/180301_Higashinihon_Report.pdf

COLUMN 被災時の支援制度について知る

災害によって住居や生計手段を失った人々にとって、生活再建は大きな課題である。日本では、生活再建のための支援について、国が行うもの、地方公共団体が行うもの、民間が行うものなど多数存在する。

たとえば国が行う主要なものとして、生活再建支援金の支給がある。これは住宅の被災程度に応じて、最大300万円が支給される制度である。これに加えて、都道府県によっては独自に生活再建支援金を支給しているところもある。これは民間の金融機関によるものであるが、住宅ローンの減免を行うためのガイドラインも整備されて、一定の条件のもと、手元に財産を残したまま負債を整理することも可能になった。

こうした支援を受ける際にはしばしば「罹災（りさい）証明書」が求められる。罹災証明書は市区町村長がその被害の程度を証明するもので、自治体が発行する義務がある。罹災証明の判断基準は住宅の被災程度によって全壊・大規模半壊・中規模半壊・半壊・準半壊・一部損壊と区分され、自治体の職員が判定する。

ただし、日本は申請主義であるため、制度を知らずに申請しなければ何の支援も得られない。とはいえ、P176の表からもわかるように、被災者の生活再建支援には多種多様なものがあり、すべての制度を理解して自分が使える支援を特定するのはなかなか困難である。このため、地元市町村や弁護士会などが被災者支援のガイドブックを作成していたり、個別相談に応じてくれることもある。わからなければまず、しかるべき人に相談することが大事だ。

防災お役立ちサイト

＊本書で取り上げたもの、
取り上げきれなかったものの中から、
防災に役立つサイトを紹介。

内閣府防災担当

- 内閣府防災情報トップページ
  https://www.bousai.go.jp
- 防災白書
  https://www.bousai.go.jp/kaigirep/hakusho/
- 一日前プロジェクト
  https://www.bousai.go.jp/kyoiku/keigen/ichinitimae/

気象庁

- トップページ
  https://www.jma.go.jp
- 気象庁キキクル
  https://www.jma.go.jp/bosai/risk/

国土交通省・国土地理院

- ハザードマップポータルサイト（重ねるハザードマップ・わがまちハザードマップ）
  https://disaportal.gsi.go.jp
- マイ・タイムライン（国土交通省）
  https://www.mlit.go.jp/river/bousai/main/saigai/tisiki/syozaiti/mytimeline/index.html

地震調査研究推進本部

- トップページ
  https://www.jishin.go.jp
- 地震に関する評価
  https://www.jishin.go.jp/evaluation/

防災科学技術研究所（防災科研）

- トップページ
  https://www.bosai.go.jp
- 防災クロスビュー
  https://xview.bosai.go.jp
- 陸海統合地震津波火山観測網（MOWLAS）
  https://www.mowlas.bosai.go.jp

● 地震ハザードステーション「J-SHIS」
https://www.j-shis.bosai.go.jp
● 津波ハザードステーション「J-THIS」
https://www.j-this.bosai.go.jp
● J-RISQ 地震速報
https://www.j-risq.bosai.go.jp
● ソラチェク
https://isrs.bosai.go.jp/soracheck/storymap/
● 雲レーダー観測による積雲分布（東京周辺）
https://cloud-radar.bosai.go.jp
● 雪おろシグナル
https://seppyo.bosai.go.jp/snow-weight-japan/

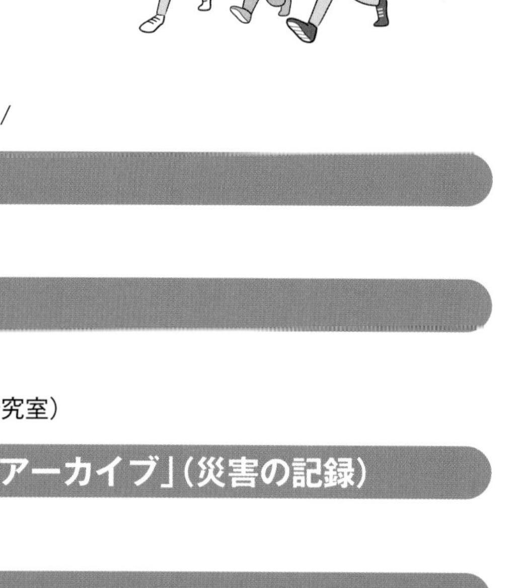

今昔マップ

https://ktgis.net/kjmapw/

復興の教科書

https://oss.sus.u-toyama.ac.jp/fukko/
https://kimurareo.com（兵庫県立大学・木村玲欧研究室）

国立国会図書館「ひなぎく東日本大震災アーカイブ」（災害の記録）

https://kn.ndl.go.jp/#/

災害医療

DMAT
http://www.dmat.jp
JMAT
https://jmat-hq.jp

東京都

● 東京都防災
https://www.bousai.metro.tokyo.lg.jp
● 東京マイ・タイムライン
https://www.bousai.metro.tokyo.lg.jp/mytimeline

復興庁

https://www.reconstruction.go.jp

（イラストはAdobeStock）

「防災科学技術研究所」（防災科研）とは

生きる、を支える科学技術

NIED 防災科研

国立研究開発法人防災科学技術研究所は、「オールハザード・オールフェイズ」を合言葉に、災害をもたらすあらゆる自然現象（ハザード）と、予測・予防から対応、復旧・復興までのすべての段階（フェイズ）を対象に研究開発する機関。略称は「防災科研」または「NIED」。

設立は1963年４月１日で、2023年で60年を迎えた。誕生のきっかけは1959年の伊勢湾台風。5000人以上が亡くなったこの風水害により、日本では防災の研究や行政による災害対応に弾みがつき、その機運の中で、防災科研は科学技術庁の国立防災科学技術センターとして発足した。1990年に防災科学技術研究所に名称変更、2001年に独立行政法人となり、2015年から国立研究開発法人となった。

2023年４月１日現在、研究系職員155人、事務系職員169人が在籍している。研究部門は８つで、理学、工学、社会科学など多くの研究分野を含み、センターとしての組織が４つある。

【部門】
- ◉ 地震津波防災研究部門
- ◉ 火山防災研究部門
- ◉ 地震減災実験研究部門
- ◉ 水・土砂防災研究部門
- ◉ 雪氷防災研究部門
- ◉ マルチハザードリスク評価研究部門
- ◉ 防災情報研究部門
- ◉ 災害過程研究部門

【センター】
- ◉ 地震津波火山ネットワークセンター
- ◉ 総合防災情報センター
- ◉ 先端的研究施設利活用センター
- ◉ 火山研究推進センター

研究拠点（全国に４カ所）
- ・茨城県つくば市（本所）
- ・新潟県長岡市（雪氷防災研究センター）
- ・山形県新庄市
（雪氷防災研究センター新庄雪氷環境実験所）
- ・兵庫県三木市
（兵庫耐震工学研究センター、Eーディフェンス）

雪氷防災実験棟

大型降雨実験施設

Eーディフェンス

見学も可能

茨城県のつくば本所、兵庫県の兵庫耐震工学研究センター（Eーディフェンス）では一般の人の見学を受け付けている。原則として団体のみ、平日（年末年始や夏期休暇を除く）に見学可能だ。詳細はWebサイトの「施設紹介」ページに掲載されている。
防災科研のWebサイト
https://www.bosai.go.jp/

講師派遣にも対応

地方公共団体、行政機関、教育機関などからの講師派遣依頼を受け付けている。小中高校などに講師が出向くこともあるので、研究者の話を聞きたい場合は相談してほしい。詳細はWebサイトの「講演の要請」のページに掲載されている。

動画やポスターで研究を紹介

所属する研究者一人ひとりの研究成果を研究紹介動画、ポスターなどでわかりやすく発信している。動画はYouTubeの公式サイトから閲覧可能。

そのほか、シンポジウムや講演会、一般公開なども実施している。

Web動画

成果発表会の模様

COLUMN 映画や小説で「防災」を考える

災害を知り、防災に役立てるには「想像力」が必要と言われる。想像力を働かせるには、災害に関連する映画や小説、手記なども役に立つ。ここでは中高生でも気軽に触れることのできる作品を紹介しよう。

●「君の名は。」「天気の子」「すずめの戸締まり」（新海誠／監督）

大ヒットしたアニメ映画。3作とも災害・防災に関わる内容だが、特に2022年公開の「すずめの戸締り」は高校生の主人公と「閉じ師」の大学生が、「災い」が入ってくる扉を締めるために旅をする物語で、東日本大震災がモチーフになっている。

●「シン・ゴジラ」（庵野秀明／総監督）

2016年公開の映画。東京にゴジラが上陸し、街を破壊し始めた。政府の「災害対策」の緊迫した現場が描かれている。

●『想像ラジオ』（いとうせいこう／河出文庫）

東日本大震災で亡くなった男性がラジオDJとして語りかける。死にゆく人、その周囲の人、直接経験していない人、それぞれの思いが描かれている。

●『神の子どもたちはみな踊る』（村上春樹／新潮文庫）

阪神・淡路大震災を受けて書かれた短編小説集。「かえるくん、東京を救う」「蜂蜜パイ」などが収録されている。

●『泥流地帯』（三浦綾子／新潮文庫）

1926年５月、北海道の十勝岳が噴火、雪が溶けて泥流が発生し、144人が犠牲になった。この事実を元に、開拓農民である主人公が災害と向き合う姿を描いた小説。

●『日本沈没』（小松左京／角川文庫など）

1973年に発表されたSF小説。日本近海の島が海底に沈んだことをきっかけに日本列島に異変が続く。日本を救うため、科学者らが奮闘する。何度も映画やドラマ化されている。

●『三陸海岸大津波』『関東大震災』（吉村昭／文春文庫）

小説家である著者が取材や調査をもとに執筆したノンフィクション。『三陸海岸大津波』は1970年、『関東大震災』は1973年に出版された。

●『芥川竜之介随筆集』（石割透・編／岩波文庫）

近代文学を代表する作家のひとり、芥川龍之介は1923年の関東大震災を経験している。本書には関東大震災の経験、その後の東京の様子などを書いた随筆が収録されている。

●『方丈記』（鴨長明、梁瀬一雄・訳注／角川ソフィア文庫）

鎌倉時代に書かれた随筆で、日本三大随筆の１つといわれる。当時の京都の地震、竜巻、飢饉などが描かれている。本書は現代語訳付きで読みやすい。

＊なお、防災科研の「自然災害情報室」では「防災教育コレクション」として書籍、紙芝居、カルタなどを収集している。Webサイトで所蔵資料の情報を見ることができるので、読書や調べものの参考にしてほしい。
https://dil-opac.bosai.go.jp/documents/education/

本書の協力者一覧

監修者

臼田裕一郎 うすだゆういちろう

国立研究開発法人防災科学技術研究所（防災科研）
総合防災情報センター長／防災情報研究部門長

筑波大学理工情報生命学術院システム情報工学研究群
リスク・レジリエンス工学学位プログラム
教授（協働大学院）

博士（政策・メディア）

1973年生まれ、長野県佐久市出身。慶應義塾大学環境情報学部環境情報学科卒業、同大学大学院政策・メディア研究科博士課程修了。2006年防災科学技術研究所入所、2016年より現職。
「情報を防災にフル活用する」という観点から研究開発に従事し、府省庁・関係機関間での情報共有を実現する「SIP4D（基盤的防災情報流通ネットワーク）」の開発、内閣府防災担当との協働「ISUT（災害時情報集約支援チーム）」の設置に寄与。社会展開の活動にも積極的で、2021年よりAI 防災協議会理事長、2023年より防災DX官民共創協議会理事長を務める。

撮影：蒔苗仁

本書にご協力いただいた防災科学技術研究所の方々（五十音順）

青井真（地震津波火山ネットワークセンター長）
李泰榮（災害過程研究部門）
飯塚聡（水・土砂防災研究部門長）
石澤友浩（水・土砂防災研究部門）
梶原浩一（地震減災実験研究部門）
櫻井南海子（水・土砂防災研究部門）
佐藤研吾（雪氷防災研究部門）
清水慎吾（水・土砂防災研究部門）
出世ゆかり（水・土砂防災研究部門）
永松伸吾（災害過程研究部門長）
平島寛行（雪氷防災研究部門）
平野洪賓（水・土砂防災研究部門）
藤田英輔（火山防災研究部門長）
藤原広行（マルチハザードリスク評価研究部門長）
前坂剛（水・土砂防災研究部門）
松川杏寧（客員研究員、兵庫県立大学准教授）

茨城県つくば市の防災科研

今野公美子／土屋泰一／若月陽子（広報・ブランディング推進課）

■ 監修 ——— **臼田裕一郎**（うすだ ゆういちろう）

■ 編者 ——— 『GEOペディア』制作委員会
■ 編集・制作 ——— 岸川貴文
未来工房（竹石健）
コトノハ（櫻井健司）
■ 協力 ——— 国立研究開発法人防災科学技術研究所
■ デザイン・DTP ——— Creative・SANO・Japan（大野鶴子／水馬和華）
■ 本文撮影 ——— 佐藤龍／蒔苗仁
■ 写真協力 ——— AdobeStockほか

GEO PEDIA ペディア 最新 知って備える 防災の 科学技術

2023年7月20日　初版発行

発行者　野村久一郎
発行所　株式会社 清水書院
〒102−0072　東京都千代田区飯田橋3−11−6
電話：東京(03)5213−7151
振替口座　00130−3−5283
印刷所　株式会社 三秀舎

Printed in Japan　ISBN978-4-389-50150-1